제4판

TOUR CONDUCTOR

유능한 국외여행인솔자가 되기 위한
자격조건과 역량 및 실무

국외여행인솔자 업무론

김병헌 저

백산출판사

Preface

관광산업은 급속도로 성장하며 글로벌 경제를 견인하고 있다. 세계관광기구(UNWTO)에 의하면, 2019년도 세계 국제관광객 수가 14억 6천만 명에 이르렀으며, 세계 국제관광 수입·지출액도 미화 1조 4,780억 달러 규모에 도달하였다. World Travel & Tourism Council(2019)은 세계 관광산업 규모가 2018년 기준으로 미화 8조 8,000억 달러 수준이며, 세계 GDP에서 차지하는 비중은 10.4%로 분석하였다. 관광산업 성장도 동년도 세계경제성장률 3.2%보다 높은 3.9%의 성장률을 보이고 있다. 세계 관광산업 고용은 2018년 기준 3억 1,900만 명으로 전체 고용의 10.0%를 점유하고 있으며, 관광산업은 이후 10년간 1억 명의 고용증가를 예상하며, 전체 고용증가의 25%를 점유할 것으로 전망하고 있다. 아울러 WTTC는 국제관광객 지출은 세계 전체 수출액의 6.5%이며, 세계 전체 서비스 수출의 27.2%를 점유할 것으로 예상하고 있다. 관광은 '고용 없는 저성장 시대'에 고용 창출의 유력한 대안으로 기대되고 있다.

우리나라의 내국인 해외여행객 수는 2007년도 1,325만 명을 정점으로 연간 15% 내외의 신장을 하여 왔다. 2009년 세계적인 경제 위기와 주변국과의 정치적 갈등으로 다소 주춤하였으나, 2019년에는 2,872만 명이 해외로 출국하였다. 2020년도 이래 코로나-19사태로 국제간의 교류가 일시적인 중단상황을 맞고 있으나, 2021년 중에는 반전을 기대하고 있다. 향후 관광산업은 국내외적으로 지속적인 증가가 예상되고 있다. 내국인의 해외여행이 늘어남에 따라 여행업계의 성장도 크게 신장하고 있으며, 특히 단체여행객을 인솔하는 Tour Conductor의 수요도 큰 폭으로 증가하고 있다. 앞으로 단체여행의 형태가 더욱 세분화하고 개별화하는 과정에서도 여행상품의 품질은 국외여행인솔자의 능력과 역량에 크게 의존할 것으로 보인다.

저자는 10여 년을 해외에서 보내고, 40여 개 국가 100여 개 도시를 여행하며, 30여 년간 관광산업 실무현장에서 근무한 경력을 소유하고 있다. 그간 산업체 교육과 지난 수년간 대학 강단에서 관광과 항공여행 실무를 교육하며 얻은 경험을 기반으로 본서를 집필하게 되었다. 관광업계가 양적으로 팽창하는 만큼 학계에서도 현장실무 내용을 체계화하는 노력을 다양하게 추진해 왔다. 국외여행인솔자를 위한 교재도 지난 십수 년간 다수가 출간되었다. 그런데 관광여행상품이 관광요소들의 배합과 조합으로 구성되는 특성 때문에 전체 관광산업 분야에 대한 종합적인 이해가 필수적이다. 급격한 IT기술의 발전과 사회적 시스템의 적응 등 환경변화에 따라 새로운 지식과 정보가 요구되고 있으며, 이러한 실정에 맞추어 본 교재를 쓰게 되었다.

본 교재는 국외여행인솔자에 대한 교과목을 공부하는 대학생 및 대학원생을 대상으로 하였다. 아울러 관광업계나 관련 산업계에서 Tour Conductor의 업무를 수행하거나 이를 위해 준비하는 과정에 있는 여행업계 및 관심 있는 일반인에게도 도움이 될 수 있도록 기획되었다.

이 책은 전문적인 자격과 소양을 갖춘 국외여행인솔자가 되기 위해 어떤 자격 조건과 역량이 필요하며, 익혀야 하는 실무업무가 무엇이며, 그 업무 프로세스(process)가 어떠한지에 대해 설명하였다. 그러한 내용을 담기 위해 교재의 체제를 4부문으로 구분하였다. 이론적인 내용 설명과 함께, 현장 당국이나 업계의 실제적 업무 내용과 사례를 소개하여 이해를 돕도록 하였다. 본 교재는 제4편 14장 및 부록으로 구성되었다.

제1편은 국외여행인솔자에 대한 내용이다. 국외여행인솔자가 되려면 무엇이 필요하고 어떻게 자격을 획득하는가를 다루었다. 그 자격요건과 직업적인 특성, 그 기능과 역할 및 자질요건에 대해서 설명하였다.

제2편은 국외여행에 대한 이해이다. 여행과 여행업, 여행사의 업무와 여행상품 및 지상수배업자의 기능과 함께 항공 업무에 대해 다루었다. 특히 국외여행의 중요한 위치를 점유하는 항공여객서비스의 내용과 흐름을 이해할 수 있도록 하였다.

제3편은 국외여행 인솔준비와 출입국 업무에 관한 내용이다. 주요 국가의 여행 및 생활 문화를 살펴보고, 인솔준비 업무와 출입국 및 항공기 기내와 환승, 경유 등의 실무적 업무에 대해 다루었다.

제4편은 관광 현지에서의 행사진행업무와 완료보고에 대한 이해이다. 현지행사를 실제 진행하는데 중요한 것은 무엇이며, 환경과 상황 및 여행목적에 따른 관리요소에 대해 설명하였다. 관광지에서의 매너와 호텔에서의 업무내용을 담고 있다. 특히, 유능한 인솔자 여부를 판가름할 수도 있는 비정상적인 상황발생에 대한 대비와 관리 및 처리에 관해 상황대처 매뉴얼을 중심으로 상세하게 안내하였다. 행사완료와 정리 관련하여, 귀국 후 신고와 완료보고 및 고객관리에 대해 설명하였다.

부록에서는 인천공항 취항항공사, 세계 주요도시의 도시 및 공항 코드, 항공여행 주요 용어, 국내 운항 항공기 기종, IATA 주요 항공사 등의 자료를 수록하였다. 이와 함께 여행영어회화를 첨부하여, 여행 중 각종 상황에서 쓸 수 있는 기본적인 영어 표현에 대해 참고할 수 있도록 하였다.

끝으로, 제3판 이래 다소 아쉬웠던 부분을 보완하고 특히, 인천국제공항 제2터미널 준공과 운영개시에 따른 자료보완으로 이번에 제4판을 내게 되었다. 제4판이 나올 수 있도록 많은 조언과 자료를 제공해 주신 관광학계 및 관계 당국, 항공업계, 여행업계, 특히, 어려운 여건 속에서도 제4판을 내자는 저자의 제안에 흔쾌히 응해주신 백산출판사 여러분께 감사드린다. 본서에 대한 학계와 업계의 조언과 학습자 여러분의 관심을 기반으로 앞으로도 본서에 대한 보완을 지속할 것을 약속드린다.

제4판을 내면서

김병헌 드림

Contents

국외여행인솔자

제1장 국외여행인솔자 개관
제2장 국외여행인솔자의 자격취득과 직업특성
제3장 국외여행인솔자의 역할과 자질요건

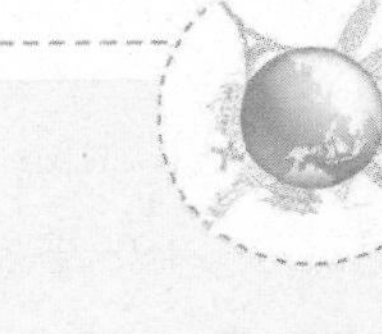

제1장 국외여행인솔자 개관

1. 국외여행인솔자의 태동

중세기의 유람이나 성지순례 형태의 여행에서도 선도적 역할을 하는 동반자가 있었으나 이는 불특정 다수인 대중을 상대로 하는 형식이 아니었다. 근대적인 의미에서의 본격적인 여행업은 영국의 토마스 쿡(Thomas Cook)에 의해 1841년에 설립된 토마스 쿡 여행사이다. 이 시대에 대중관광을 가능하게 한 것은 철도의 출현과 선박의 발달로 인한 대량수송 시스템이었다. 이후 항공기의 출현과 그 기술의 비약적인 발전으로 인한 항공수송은 국내외 대중관광 시대를 가능하게 한 시스템이 되었으며 현재 대표적인 관광객 수송수단이 되고 있다. 제2차 세계대전 이후 각국의 관광 진흥 정책으로 관광산업은 급격한 성장기를 맞이하였고, 이에 따라 급격한 단체여행의 증가로 인해 본격적인 여행 인솔자 수요가 형성되었으며, 이러한 추세가 현재에도 진행되고 있다.

우리나라의 경우 1961년 관광사업진흥법이 제정·공포되었고, 1962년에는 통역안내사 자격시험이 최초로 시행되었다. 여행 인솔자의 경우 1982년도에 국외여행인솔자(TC) 자격시험이 최초로 시행되었다. 관광목적의 국외여행에 대한 국가적인 규제는 1983년 50세 이상을 대상으로 해제되었으며, 이에 따라 포괄여행(package tour)이 출현하게 되어 본격적인 국외여행 인솔자가 탄생하였다. 1989년 전체 국민에 대한 전면적인 국외여행 자유화가 실시되어 해외여행객이 비약적으로 증가하는 전기가 마련되었으며 이에 따라 국외여행인솔자의 수요 및 중요성이 더욱 증대되었다.

2. 국외여행인솔자의 정의

관광진흥법 제13조 제1항에 의하면, “여행업자가 내국인의 국외여행을 실시할 경우 여행자의 안전 및 편의 제공을 위하여 그 여행을 인솔하는 자”를 두도록 규정하고 있다. 국외여행인솔자(TC : Tour Conductor)는 국외여행의 출발에서 종료까지 여행객이 안전하고 쾌적하게 여행을 즐길 수 있도록 단체여행에 동행하여, 계획된 투어 일정의 원활한 진행을 관리하는 자를 말하며, 이러한 국외여행인솔자는 일정한 법적 자격요건을 갖추어야 한다고 규정되어 있다. 내국인 단체 해외여행객을 그 출발에서부터 도착할 때까지의 여행일정을 관리하며, 여행객들과 동반하여 여행이 안전하고 즐거운 여행이 될 수 있도록 관리하는 역할을 하는 사람을 국외여행인솔자라고 정의할 수 있다.

국외여행인솔자에 대한 용어는 다양하게 사용되고 있다. 국외여행인솔자, Tour Conductor, Tour Director, Tour Escort, Tour Guide, Tour Leader, Tour Manager, Tour Master, 첨승원(添承員 : 텐조인) 등 다양하게 표현되고 있다(표 1).

〈표 1〉 국외여행인솔자에 대한 용어

용 어	개 념	비 고
국외여행인솔자	국외여행객의 안전 및 편의 제공을 위하여 그 여행을 인솔하는 자	관광진흥법 제13조
Tour Conductor	여행객에 대한 관리 및 지휘자	관광진흥법 시행규칙 제22조(자격증) : 유럽, 미주
Tour Director	여행객에 대한 통솔자 및 감독자	
Tour Escort	여행객에 대한 보호 및 안전 후원자	미주
Tour Guide	여행객에 대한 안내자	IATA, 미주
Tour Leader	여행객에 대한 지도자	동남아 지역
Tour Manager	여행객에 대한 관리자	
Tour Master	여행객에 대한 전문가	유럽 일부
첨승원(添承員)	여행객과 동반자	일본(텐조인)

【자료】 Martha Sarbey de Souto, 1985; 한국관광공사 “국외여행안내실무, 1998 및 관광진흥법 참고 저자정리

국외여행인솔자는 우리나라 관광진흥법 제 13조 제2항에서 규정하고 있는 정식 용어이다. Tour Conductor는 국외여행인솔자의 일반적인 영어표현 중 하나이며, 관광진흥법 시행규칙 제22조에서 국외여행인솔자 자격증을 Tour Conductor License로 표시하고 있다. Conductor란 오케스트라의 '지휘자'개념과 상통한다. Tour Director에서, Director는 '통솔자 및 관리자'를 의미하는 것으로서 여행자와 여행일정을 총괄하여 감독하는 의미가 강하다. Tour Guide는 여행의 안내자라는 의미가 있고, IATA(국제항공운송협회) 운임규정 및 미국에서 많이 사용되고 있는 용어이다.

다음으로 Tour Escort가 많이 사용되고 있는 용어이다. Escort는 '호위자, 보호자, 수행자'의 의미로서 여행자의 안전관리와 보호의 의미가 강조되었다. Tour Leader는 여행 '지도자'라는 의미로 유럽이나 동남아에서 많이 사용되고 있다. Tour Manager는 책임자 또는 관리자로서의 의미가 강조되었고, Tour Master는 유럽지역 일부에서 사용하는 용어로서 '전문가'의 의미가 강하다. 끝으로 첨승원(텐조인)은 일본에서 사용하고 있는 용어로서 여행자와 함께한다는 의미가 있다.

종합적으로 보면, 우리나라에서는 국외여행 안내자가 아닌 국외여행인솔자로 규정하고, Tour Escort나 Tour Guide보다 Tour Conductor로 표시하고 있다. 일반적으로 여행업계에서 국외여행인솔자를 TC라고 부른다.

관련 법규

관광진흥법 제2장 관광사업, 제2절 여행업

제13조(국외여행인솔자)

① 여행업자가 내국인의 국외여행을 실시할 경우 여행자의 안전 및 편의 제공을 위하여 그 여행을 인솔하는 자를 둘 때에는 문화체육관광부령으로 정하는 자격요건에 맞는 자를 두어야 한다. [개정 2008.2.29 제8852호(정부조직법), 2011.4.5][[시행일 2011.10.6]]

② 제1항에 따른 국외여행인솔자의 자격요건을 갖춘 자가 내국인의 국외여행을 인솔하려면 문화체육관광부장관에게 등록하여야 한다.[신설 2011.4.5][[시행일 2011.10.6]]

③ 문화체육관광부장관은 제2항에 따라 등록한 자에게 국외여행인솔자 자격증을 발급하여야 한다.[신설 2011.4.5] [[시행일 2011.10.6]]

④ 제2항 및 제3항에 따른 등록의 절차 및 방법, 자격증의 발급 등에 필요한 사항은 문화체육관광부령으로 정한다.[신설 2011.4.5] [[시행일 2011.10.6]]

3. 국외여행인솔자의 종류

국외여행인솔자는 여행사의 규모와 단체 고객 수요 규모 및 빈도에 따라 다양한 종류의 인솔자를 활용하게 된다.

국외여행인솔자의 기능은 초기에는 여행상품을 판매하는 데 비중을 두었지만, 근래에는 여행상품의 차별화를 위한 관리를 더욱 중요시하고 있다. 따라서 국외여행인솔자가 단순하게 단체일정 관리와 안전을 위해 동행하는 기능에 국한하지 않는다. 인솔자의 역량에 따라 여행상품에 대한 고객의 만족과 불만족에 영향을 주고, 단체여행의 성공과 실패가 달려 있다고 할 수도 있을 것이다. 여행사의 입장에서 보면, 능력 있는 인솔자는 고객 만족을 통한 고객의 자사 상품 재구매를 창출할 수 있기 때문에 여행인솔자 배정에 많은 노력을 투입할 필요가 있다.

국외여행인솔자의 유형은 인솔자의 소속 및 보수 형태에 따라 다음과 같이 나눌 수 있다. 여행사의 일반직원으로 근무하면서 출장형태로 하는 TC, 여행사 소속 전문 TC, 파견회사 또는 협회 소속 촉탁 TC, 프리랜서 TC, Through Guide TC로 분류할 수 있다.

〈표 2〉 국외여행인솔자의 종류

구 분	내 용	장 점	단 점
여행사 일반직원	평소 여행사 일반업무 수행, 회사 업무 출장형식 단체여행 인솔업무 수행	여행사 입장의 비용 절감, 인력의 효율적 활용성, 여행객 CRM 유리	전문성 결여 우려
여행사 소속 전문 TC	TC업무만 전담하는 소속 직원	여행객 CRM 유리, 전문성 확보 가능	인력 활용성 한계, 대형 여행사만 가능
촉탁형태 TC	사외 업체의 파견 촉탁 전문 TC	중소형 여행사에서 활용 가능, 전문성 발휘 가능, 문제 발생시 파견업체와 해결방안 모색가능	고객관리 문제(CRM불리), 선호 TC 관리 애로
프리랜서 TC	전문 프리랜서 형태의 TC	중소형 여행사에서 활용 가능, 전문성 발휘 가능, 선호 TC 지속 활용 가능	고객관리 문제(CRM불리), TC 자질 검증 문제
Through Guide TC	전체 일정 관리와 현지 Guide 역할을 동시에 수행하는 형태의 TC	비용 절감, 전문적 인력 양성 가능성	특정지역 한계성

(1) 여행사 일반직원 TC

여행사 소속 일반직원으로 평상시에는 사내의 업무를 수행하다가 단체가 형성되면 해외여행 인솔자 업무를 수행하고 종료 후 일상 업무에 복귀하는 유형이다. 일반적으로 상품 기획, 판매, 여행 예약 및 발권, 지상수배 등의 담당업무를 수행하다가 여행단체가 형성되면 회사의 출장명령에 의해서 TC업무를 수행하는 형태를 말한다. 초기의 경우 대체로 여행업계에서는 이러한 형태의 해외여행 인솔이 주류를 이루었다. 여행 인솔업무 수행 중 고객의 다양한 질문이나 원활한 인솔업무 수행을 위해 여행업에 대한 전문적인 지식과 경험이 없이는 적절한 대응이 어렵기 때문에 여행사 근무 경험이 필요하다. 여행사의 입장에서도 인력의 효율적 관리나 고객관계관리(Customer Relationship Management)상 자사 직원을 업무 흐름에 따라 적절히 배치하고 활용하는 것이 유리하다. 그런데 여행사 업무에 있어서도 각각의 업무분야에 따라 전문성이 필요한 점을 고려한다면 이는 내재적 제약이 되고 있다. 현지 행사 진행업무의 대응력과 전문성이 전문적인 인솔자에 비하여 고객 서비스 수준이 저하될 가능성이 있다. 내근하는 업무를 잘 수행할 수 있어도 TC로서의 소양과 전문성은 별개이기 때문이다.

(2) 여행사 소속 전문 TC

여행사의 정식직원으로 소속되어 있으면서 TC업무만을 전담으로 하는 형태의 TC이다. 주로 Package Tour를 전문으로 하는 대형 여행사에서 활용하는 시스템이다. 통상적으로 일정한 수준의 기본급을 받고, 출장 시 일당(日當) 형태의 수당을 받고 본인의 전문분야인 TC로서의 업무를 수행한다. 이러한 형태의 TC도 상근직과 비상근직으로 분류할 수 있다. 상근직의 경우 출장이 없으면 사내에서 여행객 전화응대 및 단체여행 안내 업무를 수행하거나 공항 센딩(sending) 업무 등을 수행하게 되며 일정 수준의 급여가 보장된다. 비상근직은 인솔업무가 없으면 출근하지 않으므로 기본적인 급여 수준이 상근직에 비하여 낮게 책정되고 있다. 대체로 이러한 제도는 단체여행 수요 규모가 큰 대형 여행사에서 사용하고 있는 형태로서, 국가 또는 지역별 전문적 TC를 배치하여 활용하고 있다. 이러한 TC는 본업이 여행 인솔자 업무인 만큼 외국어 실력과 여행자 인솔에 대한 전문적 소양을 갖추고 있어 고객 서비스 및 고객관계 관리에 유리한 측면이 있다.

(3) 촉탁 형태 TC

TC를 전문적으로 공급하는 회사나 TC협회에서 다수의 전문 TC를 보유하여 여행사의 의뢰에 따라 TC업무를 전담하게 하는 경우이다. TC 전문 공급사는 다수 여행사와 TC 파견 촉탁계약을 체결하고 소속 TC를 파견하고 수수료를 받는 형태를 운영한다. 또는 TC들이 협회를 구성하여 소속 TC를 파견 촉탁하는 유형도 있다. 이러한 경우 촉탁 TC는 일정한 기본급을 보장하는 형태가 아니며, 대부분 일정 출장 횟수 및 출장기간을 보장하는 형식을 취한다. TC의 역량과 능력에 따라 출장비, 인센티브를 받게 되며 수준에 따라 월정 급여 형태보다 더 많은 보수와 매일 출근하는 일반직원과는 차별화된 여유를 가질 수 있다. 그런데 이와 같은 TC를 쓰는 여행사 입장에서는 전문성을 보유한 TC에 의한 해외여행 단체 인솔서비스가 가능한 반면, 지속적인 자사 고객화의 입장에서는 다소간의 제한이 되고 있다.

(4) 프리랜서(free lancer) TC

특정한 여행사에 소속되지 않고 여행사에서 의뢰요청이 있을 때 의뢰를 받아 국외여행인솔 업무를 담당하는 TC이다. 이러한 TC의 주 수입원은 출장비와 쇼핑, 선택관광(option tour)의 수수료, 여행고객의 팁이 된다. TC입장에서는 어느 특정 여행사나 협회 등 조직에 소속하지 않아 자유롭게 TC업무를 할 수 있는 장점이 있다. 반면에 일정한 수준에 이르러 프리랜서 TC로 인정받는 수준이 되기까지 상당한 경력과 경험이 필요하다. 이러한 TC는 본인의 상황에 따라 출장 여부를 결정할 수 있는 장점과 함께 상황 대처 능력과 경험 자질 등에 따라 특정의 고객단체를 인솔하는 형태로 발전 가능하다. 여행시장의 확대와 다양한 형태의 여행수요 증가에 따라 이와 같은 형태의 TC 수요가 더욱 증대될 것이다. 여행사의 입장에서 이러한 TC의 자질 검증이 어려울 수 있고, 간혹 TC의 책임의식 결여에 의한 고객관계관리상 문제가 발생할 여지가 있다. 그러므로 프리랜서 TC가 되려면 자신의 경험과 전문성에 대한 관리는 물론 여행업계에서 좋은 평판을 쌓고 유지하는 것이 필요하다.

(5) Though Guide TC

행사 진행 전반에 대한 관리와 현지 가이드 업무를 동시에 수행하는 TC이다. 단독 가이드겸 TC로서 TC업무를 수행하면서 현지 도착 이후에는 현지 가이드를 겸하는 TC이다. 이러한 형태의 TC는 인솔자 수입, 현지 가이드 수입, 쇼핑, 선택 관광, 고객의 팁 등이 수입원이 되며,

책임과 역할이 큰 만큼 수입도 상대적으로 높은 편이다. 현재 이러한 TC는 대체적으로 일본, 중국, 유럽지역에서 주로 이루어지고 있다. 현지 가이드의 비용이 특히 비싸거나, 현지 체류 일정이 단순하여 별도의 현지 가이드를 운용할 필요성이 적을 때 사용되는 형태이다. 이 경우에도 특정한 관광지를 방문할 때 이를 잘 설명할 수 있는 일시적인 안내자(guide, 해설사)를 사용할 수 도 있으나, 전체적으로 출발지에서 동행한 TC가 전 일정을 관리하고 안내하는 형태를 취한다. 이러한 TC는 현지사정을 잘 알아야 하며, 전세버스 기사와 함께 현지 가이드 없이 직접 현지에서 행사를 진행한다. 이러한 TC는 다른 어떠한 형태의 TC보다 현지 사정에 정통하고, 외국어 능력과 업무 전문성이 탁월해야 한다. 통상적으로 해당지역에서 생활한 경험과 여행업에 대한 이해가 있어야 수행 가능하다.

제2장 국외여행인솔자의 자격취득과 직업특성

1. 국외여행인솔자의 자격요건

국외여행인솔자의 자격요건으로는 법규에 규정되어 있는 법적요건과 개인적인 자질요건으로 분류할 수 있으나 본장에서는 법적인 자격요건을 중심으로 살펴본다.

관광진흥법 제13조에서는 "여행업자가 내국인의 국외여행을 실시할 경우 여행자의 안전 및 편의 제공을 위하여 그 여행을 인솔하는 자를 둘 때에는 문화체육관광부령으로 정하는 자격요건에 맞는 자를 두어야 한다."고 규정하였다(관광진흥법 제13조 제1항). 동 규정에서 여행업자는 국외여행에 대한 인솔자를 두어야 하며, 인솔자에 대한 자격요건은 문화체육관광부에서 별도로 정하도록 하고 있다. 따라서 관광진흥법 시행규칙 제22조에서는 "국외여행인솔자의 자격요건"을 다음과 같이 규정하고 있다. 동법 시행규칙 제22조 제1항에 의하면, "관광진흥법 제13조 제1항에 따라 국외여행을 인솔하는 자는 다음 각 호의 어느 하나에 해당하는 자격요건을 갖추어야 한다."라고 규정하였으며 그 규정은 다음의 3가지이다.

① 관광통역안내사 자격을 취득할 것
② 여행업체에서 6개월 이상 근무하고 국외여행 경험이 있는 자로서 문화체육관광부장관이 정하는 소양교육을 이수할 것
③ 문화체육관광부장관이 지정하는 교육기관에서 국외여행 인솔에 필요한 양성교육을 이수할 것

자격증을 취득하는 방법에는 관광통역안내사 자격을 취득하거나, 소양교육에 의한 방법, 양성교육에 의한 방법으로 규정되어 있다.

관련 법규

국외여행인솔자 자격요건 – 관광진흥법 시행규칙

제22조(국외여행인솔자의 자격요건)

① 법 제13조제1항에 따라 국외여행을 인솔하는 자는 다음 각 호의 어느 하나에 해당하는 자격요건을 갖추어야 한다. [개정 2008.3.6 제1호(문화체육관광부와 그 소속기관 직제 시행규칙), 2008.8.26, 2009.10.22, 2011.10.6]

1. 관광통역안내사 자격을 취득할 것
2. 여행업체에서 6개월 이상 근무하고 국외여행 경험이 있는 자로서 문화체육관광부장관이 정하는 소양교육을 이수할 것
3. 문화체육관광부장관이 지정하는 교육기관에서 국외여행 인솔에 필요한 양성교육을 이수할 것

② 문화체육관광부장관은 제1항제2호 및 제3호에 따른 교육내용·교육기관의 지정기준 및 절차, 그 밖에 지정에 필요한 사항을 정하여 고시하여야 한다. [개정 2008.3.6 제1호(문화체육관광부와 그 소속기관 직제 시행규칙)]

가. 관광통역안내사 자격에 의한 자격 취득

구분	필기시험 (과목당 25문제)	외국어시험	면접시험	
			평가내용	평가방법
과목	국사(40%) 관광자원해설(20%) 관광법규(20%) 관광학개론(20%)	영·일·중어는 공인외국어 시험 성적 대체: 불·독·서·노어는 필기(25문제), 듣기(25문제)	국가관·사명감 등 정신자세, 전문지식과 응용능력, 예의·품성 및 성실성, 의사발표의 정확성과 논리성	해당 외국어 구사 능력 평가, 실무전문 상식 평가
참고사항	( )는 배점비율: 전문대학 이상에서 관광분야를 전공하고 졸업한 자는 필기시험 중 관광법규 및 관광학개론 시험 면제됨.	영어(TOEIC 760점 이상 등), 일어(JPT 740점 이상), 중어(HSK 8급 이상)		

나. 소양교육에 의한 자격취득

소양교육을 통하여 자격을 취득하는 방법은 여행업 경력 6개월 이상의 경력과 국외여행 경험이 있는 자에게 신청자격이 주어진다. 소양교육은 한국관광공사 관광인력지원센터 및 해당 소양교육기관에서 실시하며, 교육시간은 3일 교육과정으로 총 15~18시간이 소요된다.

소양교육에 참여할 때 준비사항은 다음과 같다. 제출서류는 국내 여행업체 6개월 이상 근무를 했는지 확인하기 위해 다음 4가지 서류 중 하나를 제출하면 된다. 갑종근로소득에 대한 소득원천징수 확인서(세무서 발행), 근로소득원천징수 영수증(소속회사 발행), 국민연금 정보자료 통지서(국민연금관리공단 발행), 건강보험 자격확인서(국민건강보험관리공단) 중에서 택일하여 제출한다. 국외여행 경험 여부 확인용으로는 다음 2가지 중에서 택일하여 제출한다. 여권 첫면 인적사항 및 출국 확인 도장이 날인된 사본, 출입국에 관한 사실 증명서(출입국관리사무소 발행)이다. 사진 2매와 교육 및 자격 인정증 발급비용이 소요된다.

다. 양성교육에 의한 자격취득

교육기관의 지정관련은 문화체육관광부고시 소양 및 고시 제3조에 규정하고 있다. 즉, 관광사업자 단체 또는 관광사업자가 운영하는 교육시설 및 문화체육관광부장관이 지정하는 교육기관, 전문대학교 이상의 교육기관 또는 한국관광공사 및 관광사업자 단체가 운영하는 교육기관 등의 내용이다.

이러한 규정에 의거하여 현재 소양기관 40곳, 양성기관 53곳에서 국외여행인솔자 자격인정증 관련교육을 실시하고 있다. 현재 학교가 아닌 교육기관은 한국관광공사, 롯데관광개발(주), 남서울평생교육원 등이며, 나머지는 모두 대학교육 기관이다.

이와 같은 양성교육과정에 입과하려면, 전문대학 이상의 학교에서 관광 분야학과를 졸업하였거나 졸업 예정인 자(관광관련 복수 전공자, 부전공자, 학점은행제 관광관련 전공자 30학점 이상인 자 포함), 관광관련 실업계고교 졸업자 및 졸업 예정자 등이 TC 양성교육에 입과할 수 있다. 현재 국내의 국외여행인솔자 양성교육 기관으로 지정된 대학들은 자체적인 양성교육과정을 설정하여 384시간 이상의 교육을 실시하고 그 결과를 관광협회에 제출하여 국외여행인솔자 자격증을 취득하는 형태로 운영하고 있다.

〈표 3〉 국외여행인솔자 양성 및 소양교육 기관현황

번호	기관명	구분	전화번호	주 소
1	거제대학교	양	016-405-8479	(656-701) 경남 거제시 장승포동 654-1
2	경기대학교	소/양	390-5262	(120-702) 서울시 서대문구 충정로2가 71
3	경남정보대학	소/양	051-320-2076	(617-701) 부산시 사상구 주례2동 167
4	경동대학교	소/양	033-639-0186	(219-705) 강원도 고성군 토성면 봉포리
5	경동정보대학	양	053-746-7900	(712-718) 경북 경산시 하양읍 부호리 224-1
6	경복대학	양	031-539-5282	(487-717) 경기도 포천시 신북면 신평리 131
7	경인여자대학	양	032-540-0204	(407-740) 인천시 계양구 계산길 101
8	경주대학교	소/양	054-770-5086~7 054-770-5073	(780-712) 경북 경주시 충효로 523
9	경희대학교	소/양	02-961-0870 011-630-3035	(130-701) 서울시 동대문구 회기동 1
10	계명문화대학	소/양	053-589-7763	(704-703) 대구시 달서구 달서대로 669(신당동 700)
11	공주영상대학	소/양	041-850-9095	(314-713) 충남 공주시 장기면 금암리 180-1
12	공사 관광아카데미	소	729-9653	(100-180) 서울시 중국 청계천로 40(다동 10)
13	관동대학교	양	033-649-7191	(210-701) 강원도 강릉시 내곡동 522
14	광주대학교	양	062-670-2167~8	(503-703) 광주시 남구 효동로 52 진월동 592-1
15	군장대학	소/양	063-450-8315	(573-709) 전북 군산시 성산면 도암리 608-8
16	고구려대학 (구, 나주대학)	소/양	061-330-7324 010-4624-7652 choung11@kgrc.ac.kr	(520-713) 전남 나주시 다시면 복암리 837-8
17	남서울평생교육원	소/양	011-440-2996 922-4177~8	 (130-810) 서울시 동대문구 신설동 76-34 삼우빌딩 5층
18	대구대학교	소/양	053-850-5653	(712-714) 경북 경산시 진량읍 내리리 15
19	대림대학	소/양	031-467-4707	(431-715) 경기도 안양시 동안구 비산동 526-7
20	동강대학	소/양	062-520-2516	
21	동국대학교(경주)	소/양	054-770-2553	(780-714) 경북 경주시 석장동 707
22	동아대학교	소/양	051-200-8452	
23	동원대학	양	031-760-0201~3	(464-711) 경기도 광주시 실촌읍 신촌리
24	동의과학대학	소/양	051-860-3243	
25	동주대학	소/양	051-200-3442/3440	(604-715) 부산시 사하구 과정동 산15-1
26	롯데관광개발	소	2075-3000-1063	(110-822) 서울시 종로구 세종로 211 광화문빌딩 4층
27	문경대학	소/양	054-559-1141	
28	백석대학교	양	520-0704	(137-848) 서울시 서초구 방배3동 981-7
29	부산여자대학	소/양	051-850-3233	(614-734) 부산시 부산진구 양정동 74

번호	기관명	구분	전화번호	주 소
30	서강정보대학	소/양	062-520-5229	(500-742) 광주시 북구 운암동 서강로 1
31	세종대학교	양	3408-3464	(143-747) 서울시 광진구 군자동 98
32	순천청암대학	소/양	061-740-7188	(540-740) 전남 순천시 덕월동 224-9
33	양산대학	소/양	055-370-8222	
34	영진전문대학	소/양	053-940-5406	(702-721) 대구시 북구 들샘4길 41
35	용인대학교	소/양	031-8020-3040	(449-714) 경기도 용인시 처인구 삼가동 470
36	울산과학대학	소/양	052-230-0582	(682-715) 울산시 동구 봉수로 101
37	을지대학교 (구, 서울보건대학)	소/양	031-740-7282~3	(461-713) 경기도 성남시 수정구 양지동 212
38	인하공업전문대학	소/양	032-870-2024	(402-752) 인천시 남구 용현동 253
39	장안대학	소/양	031-299-3150	(445-756) 경기도 화성시 봉담읍 상리 460
40	전남과학대학	양	061-360-5120	(516-911) 전남 곡성군 옥과면 옥과리 285
41	전북과학대학	양	063-530-9255	(580-712) 전북 정읍시 시기3동 9-28
42	전주기전대학	소/양	063-283-8507	(560-701) 전북 전주시 완산구 중화산동 1가 177
43	제주관광대학	소/양	064-754-5800	(695-791) 제주도 제주시 애월읍 광령2리 2535
44	제주산업정보대학	양	064-754-0223	
45	중부대학교	양	041-750-6583	(312-702) 충남 금산군 추부면 대학로 101
46	진주보건대학	소/양	055-740-1714	(660-757) 경남 진주시 상봉서동 1142
47	창신대학	소/양	055-251-3050	(630-764) 경남 마산시 합성2동 1
48	창원전문대학	소/양	055-279-5144	
49	청운대학교	양	041-630-3143	(350-701) 충남 홍성군 홍성읍 남장리 산 29
50	충청대학	소/양	043-230-2225	(363-792) 충북 청원군 강내면 월곡리 330
51	한국관광대학	소/양	031-644-1053	(467-745) 경기도 이천시 신둔면 고척리 363-10
52	한국국제대학교	소/양	055-751-8270 055-751-8275	(660-759) 경남 진주시 문산읍 상문리 산 270
53	한림성심대학	소/양	033-240-9491 033-240-9024	(200-711) 강원도 춘천시 동면 장학리 790
54	혜천대학	소/양	042-580-6121	(302-715) 대전시 서구 한밭도서관길 721
55	호원대학교	양	063-450-7169	(573-718) 전북 군산시 임피면 월하리 727

(2010.1.13 현재)

라. 국외여행인솔자 등록 및 자격증 발급

국외여행인솔자는 상기와 같이 관광통역 안내사의 자격을 취득하거나, 여행업계 종사자에 대한 소양교육, 관광 관련학과 졸업(예정)자를 대상으로 한 양성교육과정을 통해 자격증 취득이 가능하다. 국외여행인솔자는 그 자격을 등록하고 자격증을 발급받는다. 자격증 발급사무는 종전에는 한국관광공사에서 실시하여 왔으나, 현재는 한국관광협회로 그 업무가 이관・운영되고 있다.

관련 법규

제22조의2(국외여행인솔자의 등록 및 자격증 발급)

① 법 제13조제2항에 따라 국외여행인솔자로 등록하려는 사람은 별지 제24호의2서식의 국외여행인솔자 등록 신청서에 다음 각 호의 어느 하나에 해당하는 서류 및 사진(최근 6개월 이내에 촬영한 탈모 상반신 반명함판) 2매를 첨부하여 관련 업종별 관광협회에 제출하여야 한다.

1. 관광통역안내사 자격증
2. 제22조제1항제2호 또는 제3호에 따른 자격요건을 갖추었음을 증명하는 서류

② 관련 업종별 관광협회는 제1항에 따른 등록 신청을 받으면 제22조제1항에 따른 자격요건에 적합하다고 인정되는 경우에는 별지 제24호의3서식의 국외여행인솔자 자격증을 발급하여야 한다. [본조신설 2011.10.6]

제22조의3(국외여행인솔자 자격증의 재발급)

제22조의2에 따라 발급받은 국외여행인솔자 자격증을 잃어버리거나 헐어 못 쓰게 되어 자격증을 재발급받으려는 사람은 별지 제24호의2서식의 국외여행인솔자 자격증 재발급 신청서에 자격증(자격증이 헐어 못쓰게 된 경우만 해당한다) 및 사진(최근 6개월 이내에 촬영한 탈모 상반신 반명함판) 2매를 첨부하여 관련 업종별 관광협회에 제출하여야 한다. [본조신설 2011.10.6]

관광협회에서 발급하고 있는 국외여행인솔자 자격증은 관광진흥법 시행규칙 별지 제24호의3서식에 따라 그림과 같이 규정되어 있다. 국외여행인솔자를 영문으로 Tour Conductor로 표시하고 있음을 알 수 있다.

관광진흥법 시행규칙 [별지 제24호의3서식]〈신설 2011.10.6〉

(앞쪽)

제 호

국외여행인솔자 자격증

TOUR CONDUCTOR LICENSE

사 진

3cm×4cm

(모자 벗은 상반신으로 뒤 그림 없이 6개월 이내 촬영한 것)

홍 길 동

Hong, Gil Dong

ㅇㅇ협회장

55mm×85[PVC(폴리염화비닐)]

(색상 : 연하늘색)

(뒤쪽)

국외여행인솔자 자격증
TOUR CONDUCTOR LICENSE

자격증번호 :
ID No.

생년월일 :
Date of Birth :

발급일 :
Date of Issue :

위 사람은 「관광진흥법」 제13조에 따라 국외여행인솔자 자격이 있음을 증명합니다.

년 월 일

ㅇㅇ협회장 직인

1. 이 자격증은 국외여행 인솔 시 항상 소지해야 합니다.
2. 이 자격증을 습득한 경우에는 가까운 우체통에 넣어 주십시오.

2. 국외여행인솔자의 직업적 특성

국외여행인솔자는 현대사회에 각광 받는 관광산업 내 직업 중의 하나이다. 전술한 바와 같이 그 종류 및 유형에 따라 다소간의 차이가 있을 수 있으나 대체로 그 직업적 특성을 다음과 같이 요약할 수 있다.

가. 자유로움

우선적으로 언급할 수 있는 것은 자유로움이다. 근무하는 형태와 장소와 시간적인 측면에서 자유롭다. 일상적으로 출근하여 담당업무를 수행하고 정해진 시간에 퇴근하는 형태의 근무가 아니다. 회사 소속 TC의 경우, 국외여행 인솔업무를 위한 출장명령에 의해 업무가 발생하며, 인솔 업무는 그 성격상 출퇴근하며 업무를 수행하는 일상적 근무와 달리 자유롭다. 더구나 촉탁 형태 또는 프리랜서 TC의 경우에는 자신이 인솔업무 수행 시기와 빈도를 개인적인 여건에 따라 조절하며 활동할 수 있다. 회사 소속 TC의 경우도 일상적인 근무와 달리 인솔업무 시기를 조절하며 근무할 수 있다. 또한 인솔업무 자체도 그 업무의 성격상 일상적인 근무 형태에 비해 상당한 업무상의 재량이 TC에게 부여되므로 자유롭다. 특히 해외 현지마다 통상적으로 지역 내의 가이드(Local Guide)가 있어 그 지역에 대한 안내 업무를 수행하는 만큼 더욱 많은 시간적, 공간적 자유가 확보된다.

나. 다양성

다음으로 다양성이다. 여행지역과 고객의 다양성이다. 해외여행 인솔은 다양한 국가와 도시를 경험할 수 있고, 여행자들인 고객층이 달라 여행할 때마다 다양한 경험을 쌓을 수 있다. 인솔지역과 상품 패턴이 다르면 말할 것도 없고, 유럽지역 대표적인 여행상품인 로마-파리-런던상품 등 동일한 지역에 동일한 형태의 여행 상품 패턴을 인솔하더라도 많은 차이가 있을 수 있다. 여행자 구성원, 방문시기, 탑승항공기, 방문지역 날씨 등 많은 변수가 있기 때문이다. 인솔업무를 수행하며 천차만별의 여행객을 상대하며 많은 경험을 쌓을 수 있는 다양성의 매력을 꼽지 않을 수 없다. 현실적으로 TC업무를 수행하며 맺은 좋은 인연이 결혼이나 직업 내지 인생의 다양한 영역에서 긍정적인 시너지를 발휘한 사례가 국내외적으로 많이 있다.

다. 수익성

다음으로 수익성을 들 수 있다. TC는 그 경제적 주 수입원이 전술한 바와 같이 회사 소속이냐 프리랜서냐에 따라 다르다. 대체적으로 TC의 수입원은 인솔수당이 바탕이 되고 쇼핑센터 등과 같은 곳에서 발생하는 다양한 형태의 커미션, 고객의 팁 등이 있다. 인솔 수당은 소속회사의 경우 출장비 형태가 되며, 이는 출장지역, 출장기간, 직급 수준 등에 따라 차등이 있으나, 일상적인 급여 이외에 추가적으로 지급된다. 프리랜서의 경우도 그 능력 수준에 따라 인솔 수당이 책정되어 지급된다. 여행지역에 따라 차이가 있으나 관광농원, 쇼핑센터, 면세점, 보석공장 등과 같은 지역을 방문하게 되면, 여행객 수 또는 여행객의 구매금액에 따라 해당 농원 및 쇼핑센터에서 TC에게 일정 수준의 커미션을 지급한다. 여행객의 성격에 따라 상당한 수입이 발생하는 경우가 많다. 여행객이 현지에서 정해진 일정 이외에 별도로 하게 되는 선택관광(option tour)의 경우에도 일정 수준의 수입이 발생하게 된다. 다음으로 여행객이 일률적으로 지급하는 팁이 있다. 이는 대체로 하루에 1인당 10달러(미화) 수준으로 20명 단체가 8일간 여행하면 1,600달러(미화)가 되며, 이는 현지 가이드 및 운전기사 및 TC에게 포괄적으로 지급되고 있다. 동 여행에 대한 만족 여부와 상관없이 여행객이 일률적으로 지불하는 것이 하나의 관례가 되고 있다. 이와 같이 다양한 형태의 수입원이 있다. 여행객의 수, 여행지역, 여행기간 등 환경과 인솔자의 역량과 수준에 따라 그 규모가 결정되겠지만 보수 수준이 상당한 정도가 될 여지가 있다.

라. 업무패턴의 반복성

다음으로 업무패턴의 반복성이다. 해외여행 인솔업무는 "출장 준비 → 행사진행 → 귀국 및 완료 보고" 형태의 패턴을 반복하는 단순성이 있다. 그러므로 업무 숙달에 이러한 요소가 기여하는 측면이 된다. 업무에 숙달하여 여유로운 업무 수행을 한다면 TC 자신과 소속 여행사 및 여행객 모두에게 도움이 된다. 한편, 이는 TC가 동일 지역을 반복적으로 인솔업무를 수행할 경우 또는 장기간 인솔업무를 수행함에 따라 매너리즘에 빠질 수 있는 하나의 요소가 되기 쉽다. 그러므로 TC 자신이나 여행상품을 운용하는 여행사에서 이를 적절히 관리할 필요가 있는 요소이다.

마. 부수적 효과성

마지막으로 부수적 효과성이다. 별도의 여행비용 지불 없이 여행객과 같은 항공기 탑승, 호텔 투숙, 관광지 관람, 관광지역에서의 식사 등 다양한 형태의 관광 인프라와 관광 상품 매력을 즐길 수 있다. 자신의 비용 부담 없이 해외여행을 즐기고, 다향한 사람과 만나며, 여러 가지 경험을 쌓으면서, 더구나 돈도 벌 수 있다는 것은 훌륭한 직업적인 매력이 아닐 수 없다. 해외 각지 현장을 돌아보며 얻은 지식과 여러 사람을 상대하며 얻은 경험의 축적은 값어치 있는 인생경륜이 될 것이다.

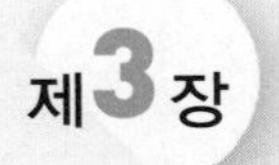

제3장 국외여행인솔자의 역할과 자질요건

1. 국외여행인솔자의 기능과 역할

국외여행인솔자는 당해 여행상품에서 고객에게 제시된 여행 일정이 원만하게 진행되어 고객이 기대하는 만족 수준에 이르도록 여행 일정 전반을 관리 운영하는 기능과 역할을 수행한다. 여행사의 입장에서는 동 여행상품에 대한 고객 반응이 좋아 지속적인 수요 증가로 예상된 수익을 확보하는 것이 중요한 과제이다. 여행객의 입장에서는 계획된 일정에 따른 전체적인 여행에서 만족을 얻기를 기대한다. 따라서 TC 입장에서는 순조로운 행사진행이 될 수 있도록 관리해 가는 역할이 주요한 책무이다. 나아가 보다 더 우수한 여행 상품이 될 수 있도록 이동(항공, 육로), 숙식(호텔, 식당), 관광에 대한 정보와 고객들의 반응을 상품개발부문에 전달하여 차후 상품개발과 고객관계관리(CRM)에 참고할 수 있도록 기능을 발휘하여야 한다.

국외여행인솔자가 어떠한 기능을 수행하는가에 대해서는 다양한 견해가 있다. 인솔자가 여행상품 판매 여행사와 여행자에 있어서 어떠한 기능과 역할을 하는지에 대해서는 보는 관점과 중점에 따라 다르게 표현할 수 있다. 주요학자의 견해는 표에서 보는 바와 같이 다양하다.

TC의 역할에 대해 리더(leader)로서의 역할과 중개자로서의 역할로 구분하여 설명할 수 있다(Cohen, 1995). 인솔자의 기능과 역할은 여행사 측면과 고객 측면으로 구분할 수 있으며, 양자를 연결하는 중개자의 성격을 지녔다고 할 수 있으며 다음과 같이 그 기능과 역할을 구분하여 설명한다.

〈표 4〉 해외여행 인솔자의 기능과 역할

구 분	Geba, 1991	Cohen, 1995	일본관광협회, 1995	박시사, 1997	이현동, 2009	저자, 2012
회사의 대표자	○		○	○	○	○
여정진행의 관리자	○	○	○		○	○
현장 세일즈맨			○		○	○
현장업무 리더	○	○	○	○		○
회사 이익 대변자 (경비지출관리자)			○		○	○
엔터테이너		○			○	○
여행자의 보호자					○	

가. 회사의 대표자

해외여행 인솔자는 당해 여행에 있어 상품을 판매한 여행사를 대표하는 기능을 수행한다. 여행 현지에서 현지 지상업무 담당업체(land operator)의 당해 여행 업무에 대해 상품 판매회사를 대표하여 업무를 관리한다. 현지 여행지에서 여행객의 요청사항에 대한 대응이나 문제 발생의 경우에 여행업체를 대표하여 판단하고 대응하는 역할을 담당한다. 여기에는 여행 상품을 구성하는 제반 요소에 대한 불만이나 회사의 업무 담당자 및 업무 수행의 질에 대한 문제제기 등에 대한 대응에 있어서 회사의 대표자로서 적절한 대응 조치가 요구된다 할 것이다. 이러한 것을 잘 처리하지 못해 고객들을 불만스럽게 한다면 유능한 TC가 될 수 없는 것은 자명하다. 물론 이러한 대응에 있어서 TC가 자의적인 판단으로 처리하는 것은 아니며, 본사 담당부문과 유기적인 업무 채널을 통해 적절한 지원과 판단 및 지휘를 받는 것이 필수적이다.

나. 여정진행의 관리자

여행상품은 상품 명세에서 표시되어 고객에게 인지되고 판매한 바와 같이 여행 일정이 순조롭게 진행되도록 하는 기능을 수행한다. 여행상품 명세서에 표시된 바와 같이 일정이 진행되도록 사전에 확인하고 관리하는 것이 중요한 기능 중의 하나이다. 그러나 여행은 기후와 현지 상황 및 고객 상황에 따라 예정된 여행 일정의 진행이 순조롭거나 그러하지 못할 가능성이 상존한다. 이러한 상황을 잘 관리하고 운영하는 것이 TC의 직능이며 역량이다. 여행 중

일정에 명시된 호텔 제공, 식사 수준, 현지 교통, 관광목적지 출입, 현지 가이드 등 많은 영역에서 차이가 발생할 가능성이 있으므로 이에 대한 사전 확인과 점검이 필수적이다. 그러나 통상적으로 크고 작은 현실적인 문제가 발생하므로 이에 대한 적절한 대처는 회사나 고객에 대한 TC의 신뢰감을 축적하는 기회로 작용하기도 한다.

다. 현장업무 리더(leader)

TC의 역할에 대해 Cohen(1995)은 리더(leader)로서의 역할과 중개자로서의 역할로 구분하여 설명하였다. TC는 단체 관광객의 관광 활동에서 관광객 전체를 대표하고, 관광 행위의 순조로운 진행을 위해 고객 개개인의 이해를 전제적으로 조정하고 통솔하는 리더로서의 역할을 수행한다. 관광 현장에서 현지 가이드(local guide)와 관광에 수반하는 현장 인력들(운전기사, 숙박업체 직원, 식당 요원 등)을 지휘하고 외부에 대해 관광단체를 대표하는 역할과 책임을 담당한다. 또한, 관광객들의 이해가 충돌할 경우 적절한 수준에서 이를 조정하고 관리하는 기능을 수행해야 한다. 계획된 관광 일정이 환경적 여건에 의해 조정이 필요한 경우에 상품판매 여행사의 지휘 아래 이를 관계사(현지 랜드사, 기타 업체)들과 협의하여 적절하게 대처하여야 한다.

라. 회사 이익 대변자

관광 상품은 대부분 사전 준비된 일정 계획이 완성되어 고객인 단체관광객에게 선택되어 판매되었다. 경우에 따라서는 준비된 관광 상품에 의해 시장에서 관광객을 모객하여 단체를 조성하는 형태가 아닌 경우도 있다. 대학의 특정학과 수학여행처럼 기성단체(affinity group)는 기존의 관광 상품과 달리 특정한 방문지를 추가하거나 제외하는 맞춤여행 형태의 단체관광 상품을 기획하여 실시하기도 한다. 이와 같이 기성상품이나 기획여행 상품이거나를 불문하고, 현지 관광지에서 상황에 따라 비용 집행 환경이 달라질 수 있다. 또한, 예상하지 않았던 어떤 비용을 수반하는 결정을 해야 하는 경우가 발생하기도 한다. 이러한 경우 TC는 관광 경비지출 관리자의 기능과 역할을 수행하며, 관광 상품 판매 회사의 대변자적 위치에서 판단하고 처리해야 한다.

마. 현장 세일즈맨(salesman)

TC는 상품 판매 회사의 입장에서 단체관광에 참여한 고객이 동 상품에 만족하여 입소문 마케팅에 긍정적 역할을 하거나, 동 여행사의 다른 상품을 재구매할 수 있도록 역할을 다해야 한다. 또한, 관광 현장에서 선택 관광(option tour) 판매 및 회사 정책이나 상품구조에 따라서는 면세점 매출 등에도 기여해야 한다. 이러한 역할은 단위 여행 단체에 대한 여행사 수익구조를 개선하는 효과를 수반하며, 동시에 TC자신의 인센티브(incentive) 내지 판매수당에도 영향을 준다. 고객에게 부가적인 상품의 선택이 어떠한 의미가 있는지를 잘 설명하여 구매하도록 안내하는 것이 능숙한 TC의 역할이며 능력이다.

바. 엔터테이너(entertainer)

해외관광여행은 좋은 추억이 되고, 이국적인 풍물에 대한 설레임과 즐거움을 수반하는 그 무엇이 되어야 한다. 관광객이 적절한 흥미와 긴장을 유지하며, 즐겁게 여행할 수 있도록 하는 능력이 우수한 TC의 부가적인 조건이 된다. 단체관광객은 그 인구통계적인 특성이나, 기성단체(affinity group) 또는 비기성단체(non-affinity group), 관광목적 등에 따라 다양한 성향을 보일 수 있다. 여행을 위해 각양각처 사람을 모아서 하나의 단체여행팀으로 편성된 모객(모집한 고객)단체를 비기성단체(non-affinity group)라고 하며, "OO대학 관광경영학과 학생단체여행", "OO협회" 등과 같이 이미 여행과는 별도로 단체가 조성되어 있는 것을 기성단체(affinity group)라고 한다. TC는 단체 구성원에 따라 다른 인솔 계획을 준비하고 구사하여야 훌륭한 인솔자가 될 수 있을 것이다.

2. 국외여행인솔자의 자질요건

국외여행인솔자는 전기한 바와 같이 다양한 기능과 역할을 수행하여야 한다. TC에게는 단위 여행에서 "여행상품 판매회사의 대표자, 여행 진행의 관리자, 현장업무 리더, 회사이익 대변자, 현장세일즈맨, 엔터테이너(entertainer)" 등의 역할을 해외 현지에서 수행해야 하는 기능과 책무가 부여되어 있다. 이를 무난하게 잘 수행하기 위해서는 기본적인 법적 요건 이외에 갖추어야 할 자질요건에 대해 학자들은 다음과 같이 다양한 자질요건을 제시하고 있다.

〈표 5〉 국외여행인솔자의 자질요건

연구자	자질요건 내용
Souto, 1985	외향적 성격(outgoing personality), 조직력(organization), 상식(common sense), 공감성(empathy), 침착성(even-tempered personality), 확약성(commitment), 대인관계능력(social relationship), 리더십의 질(leadership quality), 균형적 개성(balanced personality), 건강(good health), 통솔력과 단호함(control and firmness).
Reilly, 1991	〈선천적 자질〉 결단력(forcefulness, decisiveness), 긍정적 예측(positive outlook), 조정능력(diplomats), 정직충직성(honesty and loyalty), 확신성(assertiveness), 침착성(calm demeanor), 따뜻한 성격(warm personality), 청결 단정한 용모(clean and neat appearance), 건강(good health), 감수성(sensitivity), 융통성(flexibility), 근면성(diligence), 희생정신(sacrifice), 예지력(anticipation), 지속적 친근성 창조력(ability to create lasting friendship), 〈후천적 자질〉 고객유치능력(ability to attract prospects), 지역에 대한 지식(knowledge of the area), 목적지 언어능력(grasp of the destination language), 교육과 지성(education and intelligence), 경험과 연령(experience and age), 응급조치능력(first aid skills), 조직능력(organization skills)
Mancini, 1996	외향적 성격(outgoing personality), 결단력(decisiveness), 인간관계능력(people skills), 조직력(organizational skills), 연구조사능력(research skills), 윤리의식(sense of ethics)
박시사, 1997	풍부한 업무지식, 원만한 성격, 훌륭한 어학실력, 편안한 화법, 건강한 체력, 리더십, 판단력
KNTO, 1998	적절한 화법, 항상 여행자의 입장에 서는가?, 원만한 인간관계, 건강관리, 동료 간의 팀워크, 외국어, 재판매 촉진
서학영, 1999	외국어 능력, TC적성, 발표력, 기본업무파악, 기본예절, 기본 호신술, 레크리에이션 지도역량, 신속한 대처능력, 방문국에 대한 다양한 지식
최기종, 2006	직업에 대한 적성, 풍부한 업무지식, 외국어 구사능력, 건강한 체력, 적절한 화법구사, 원만한 인간관계, 적극성과 성실성, 기타(수리적, 문제해결력, 정보능력 등)
이현동, 2009	풍부한 업무지식, 원만한 성격, 훌륭한 어학실력과 편안한 화법, 건강한 체력, 리더십과 판단력

TC의 자질요건은 표에서 보는 바와 같이 다양한 의견이 제시되었다. 자질요건을 세분화하여 설명하는 방안과 단순화하여 설명하는 방안은 나름대로의 의미가 있다. 그런데 필요한 역량을 망라할 때 각기 역량요소에 대한 개념이 혼합되지는 않으나 많은 요소들이 나열되어 혼란스럽고 중요성을 가늠하기 어렵게 된다. 따라서 국외여행인솔자의 자질을 다음과 같이 제안하고자 한다.

가. 전문적 능력

국외여행인솔과 관련한 직업 전문성 내지 전문적 능력이 필요하다. 단체여행객을 인솔하는데 필요한 여행 산업에 대한 이해가 필수적인 소양이다. 관광은 관광주체인 관광자, 관광객체인 관광대상(목적지, 매력물), 양자를 연결하는 관광매체(항공사 등)를 관광 3요소로 설명한다(Bernecker, 1962). 우선 관광객에 대한 전문적 지식이다. 관광 소비자 행동론, 관광 서비스 품질론을 포함하여 관광자에 대한 이해와 지식이 필요하다. 다음으로 관광 목적지에 대한 지식이다. 목적지의 역사와 문화, 환경 등에 대한 전문적 지식이 필요하다. 물론 현지에서 현지 가이드의 조력을 받을 것이나 여행 전반에 대한 품질을 관리하는 TC 입장에서도 이에 대한 전문적 지식이 없다면 수준 있는 인솔자가 되기 어렵다. 항공운송업무, 호텔업무 등 여행업무 원천(principal)을 이해하여야 여행자 관리업무를 할 수 있게 된다. 또한 여행 업무에서 여행사의 상품개발과 현지 지상조업(land operator)에 대한 업무 전문성이 있어야 한다. 통상적이고 일상적인 업무에서 변화가 생기거나 문제가 발생하는 경우에 관광산업 업무의 내용과 흐름을 모르면 제대로 된 결정과 업무관리를 하기 어렵기 때문이다.

나. 태도와 성격 적성

인적 적성에 대한 중요성이다. 고객과 업무 및 직업에 대한 자세와 태도이다. 다양한 고객이 바라고 기대하는 것을 긍정적이고 적극적인 자세로 대처하여야 한다. 여행이란 항상 계획된 일정표와 같이 진행된다고 할 수 없다. 경우에 따라 TC에게 인내를 요구하는 상황이 발생할 때, 이를 잘 극복하는 것이 중요하다. 자신이 맡은 소임과 직분을 다한다는 태도가 되어있어야 한다. 고객에 대한 기본적인 예의와 매너를 지키고 최선을 다하는 태도가 바람직한 자세이다. 통상적인 근무 형태와 다른 TC만의 불규칙적인 업무패턴을 즐기는 여유를 발휘할 수 있고, 사람 간의 관계를 잘하는 성격의 소유자라야 인솔자로서의 적성에 부합하는 것이 된다.

다. 커뮤니케이션(communication) 능력

국외여행은 사람과 풍물이 다른 국제적인 관계에서 이루어지는 것이므로, 우선적으로 외국어 실력이 필요하다. 업무 수행에 있어서 외국어 구사능력이 기본적으로 갖추어야 할 소양의

하나이다. 물론 해외 여행지에서 현지 가이드가 있어 특정한 상황에 대한 안내나 설명이 이루어지는 경우가 대부분이나, 적어도 기본적인 제1외국어는 능숙하게 구사할 수 있어야 업무관리가 가능하다. TC는 단체여행객을 대표하며 여행 전반에 대한 총체적인 책임을 수행하므로 외국어 소통이 불가하다면, 극히 제한적인 역할에 그치게 되며, 발전 가능성 또한 한계성이 있다.

외국어 구사능력과 함께 일반적인 의사소통(communication) 능력이 중요하다. 관광객은 관광지에서 눈으로 보고 느끼며, 필요한 설명을 듣는다. 관광객은 출발에서부터 관광을 마치고 귀국할 때까지 모든 일정에 대해 인솔자에게 의존하게 된다. 인솔자는 적절한 시기(항공기 탑승 전, 호텔 도착 전, 관광 출발 전 등)에 적절한 방법(자료 제공, 시연, 구두 설명 등)으로 적절한 정보를 지속적으로 제공해야 한다. 인솔자의 설명 역량과 수준에 따라 동일 관광 목적물에 대해서도 보고 느끼는 내용이 다를 수 있을 것이다. 선택 관광(option tour)의 경우 특히 설명에 따라 선택 여부에 많은 차이가 있다. 어떤 정보를 제공할 때 내용이 쉽고 빠르게 전달되는지, 고객이 숙지하고 실행해야 하는 점을 이해하고 그대로 할 수 있는지 등에 대한 인솔자의 준비와 이해가 필요하다.

라. 리더십(leadership)

국외여행인솔자는 단체관광객과 현지 관계자인 지상수배업자(land operator), 현지 가이드(local guide), 관광버스 기사 등과 지속적인 접촉을 통해 업무를 수행한다. 단체관광객 개개인들의 취향이 다르고, 현지 관계자의 입장과 상황이 다르므로 이들의 이해관계를 잘 조정하고, 통제하며, 이들로부터 적극적인 협조와 지원을 얻어내는 역량의 발휘가 필요하다. 리더십은 통솔력으로 표현할 수 있다. 때로는 양보하고, 때로는 단호하게, 합리적이며 사려 깊은 업무와 사람 관리 능력은 TC에게 있어서 중요한 소양이 아닐 수 없다. 리더십은 조력적 요소인 방향설정, 접근, 통제 등을 들고, 사회적 요소로 긴장관리 및 통합기능, 사기 및 활기 조장을 들고 TC의 중요 역량으로 파악하고 있다(Cohen, 1995).

마. 신체적 적성

TC의 자질을 분석한 초기 학자들 이래 건강한 체력(good health)을 중요한 자질로 언급하고 있다(Souto, 1985; Reilly, 1991; 박시사, 1997; 최기종, 2006). 이는 불규칙적인 근무 형태와 여러 지역을 장기간에 걸쳐 적절한 긴장을 유지하며 업무를 수행해야 하므로 중요한 자질요소가 될 수밖에 없다. 장시간의 비행, 시차 적응 문제, 외국에서의 불규칙적인 근무 시간, 다양한 사람을 접촉하는 스트레스 등으로 건강상의 문제를 야기할 요인이 많다. 이에 따라 정신적, 신체적 피로도가 크기 때문에 이를 극복할 수 있는 강인한 체력이 요청된다.

바. 상황대처 능력

국외여행인솔자는 다수의 단체관광객을 인솔하여 비교적 장시간에 걸쳐 다양한 지역을 순방하는 경우가 많다. 그런 만큼 크고 작은 비정상적인 상황(irregular situation)이 지속적으로 발생하게 된다. 여행 중 예약된 항공편의 지연 결항, 배정된 호텔 객실 부족, 도난과 분실, 환자 발생, 기상에 의한 일정 진행 불가상태 등 많은 비정상적인 상황들이 발생할 여지가 크다. 이를 사전에 대비하고 준비하여 적절하게 대응하는 것이 중요하다. 조직력(organizational skills), 판단력(discernment), 융통성(flexibility) 등을 발휘하여 다양한 이해관계를 조정하고 대응하는 대처능력이 유능한 TC의 중요한 역량이 된다. 국가에 따라 TC 교육훈련과정에 응급조치능력(first aid skills) 과목을 배정하기도 한다.

제2편 국외여행 일반

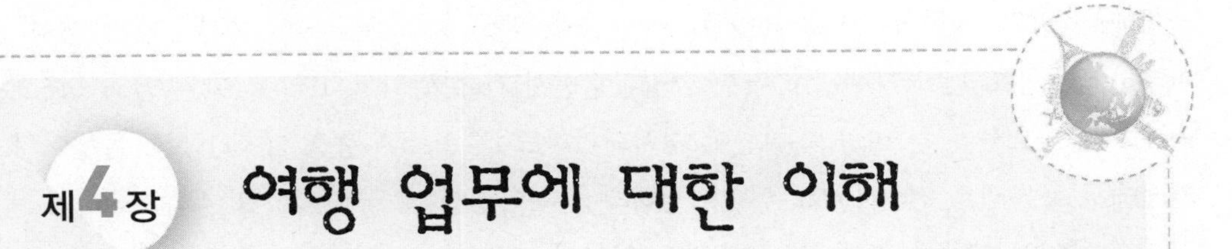

제4장 여행 업무에 대한 이해

1. 근대여행업의 성립

1760년 산업혁명에 따른 산업화로 증기선/철도 등 교통수단이 획기적으로 발전하여 근대적인 여행이 가능하게 되었고 활성화되기 위한 기반이 형성되었다. 근대여행업의 시초는 1841년 영국의 토마스 쿡(Thomas Cook)에 의해 시작되었다. 목수이자 순회설교사인 토마스 쿡은 새로 등장한 철도의 잠재력을 인식하고, 최초로 단체여행을 기획했다. 철도를 활용하여 특별여행을 조직하고 왕복여행을 판매하였다. 지역 관광과 휴식 시간이 포함된 철도여행은 근대 관광여행과 상업여행의 효시가 되었다. 영국을 필두로 하여 각국은 19세기 중반부터 20세기에 걸쳐 근대적인 여행사가 설립되었으며 다음 표와 같다.

〈표 6〉 근대 여행사의 설립

연 도	국 가	여 행 사 명
1845년	영 국	Thomas Cook & Son Co. Ltd.
1850년	미 국	American Express Company
1912년	일 본	일본교통공사(Japan Tourist Bureau : JTB)
1929년	러시아	Intourist
1954년	중 국	중국국제여행사(CITS : China International Travel Service)

우리나라의 경우 1912년 일본교통공사 조선지부가 설립되었고, 1945년에 조선여행사로, 1949년 대한여행사로 흡수 · 개명되었다. 민간여행사로 세방여행사(1960), 한진관광(1961), 고

려여행사(1962), 대한통운여행사(1964), 아주관광(1966) 등이 설립되어 여행업계가 형성되기 시작하였다. 1962년 국제관광공사(현 한국관광공사)가 설립되고, 1964년 한일 국교 정상화에 의해 서울 - 오사카 간 항공기 취항이 개시되었다. 이후 PATA 총회 개최(1965), 여행업의 허가제에서 등록제로 전환(1982), 일반여행업과 국외여행업 및 국내여행업 분리(1986) 등 단계적으로 여행업 기반이 조성되고 1989년 해외여행 자유화가 시행되었다. 1980년대까지 여행업계는 주로 국내 여행에 주력하였으며 1989년에 해외여행자유화 시행에 의해 본격적인 내국인의 해외여행이 개시되어 여행업계 도약의 기반이 조성되었다.

2. 여행업의 정의

여행업에 대한 정의는 학자들에 따라 다양하다. 우리나라 관광진흥법 제3조에 따르면 여행업은 "여행자 또는 운송시설 · 숙박시설, 그 밖에 여행에 딸리는 시설의 경영자 등을 위하여 그 시설 이용 알선이나 계약 체결의 대리, 여행에 관한 안내, 그 밖의 여행 편의를 제공하는 업"

〈표 7〉 여행업의 정의

학 자	정 의
ASTA (미국여행업자협회)	여행관련업자를 대신하여 제3자와 계약을 체결하고 또한 이것을 변경 내지 취소할 수 있는 권한이 부여된 자
Chucky Y. Gee, 1984	여행자를 위하여 일정을 작성하고 교통, 숙박시설, 레스토랑을 비롯하여 각종 입장권, 관람권 등을 수배하며 여행자의 흥미를 끌 수 있는 여행을 스스로 기획, 발표하고 단체관광을 모집, 실시하여 여행을 주최하는 자
Louis Harris, 1984	미리 짜여진 패키지 투어를 판매하는 것 외에 개인 여행일정표를 만들고 호텔, 모텔, 리조트, 식사, 관광 그리고 공항-호텔 간 화물과 승객의 수송 등을 수배하며, 정보를 관광자에게 제공하고 이에 대한 서비스의 대가로 수수료를 받는 사업자
이선희, 1984	여행자와 여행시설업자와의 사이에서 거래상의 불편을 덜어주고 중개해 줌으로써 그 대가를 받는 기업
McIntosh & oeldner, 1986	특정지역의 프린시펄(principal)을 대표하는, 법적으로 지정된 에이전트(agent)의 역할을 수행하는 자

학 자	정 의
이항구, 1987	여행자와 운수, 숙박업자 등 여행자를 대상으로 사업을 영위하는 시설업자의 중간에 서서 여행에 관한 이용시설의 예약, 수배, 알선 등의 여행서비스를 제공하고 일정한 수수료를 받아 영업하는 사업체
Michael M. Coltman, 1989	여행객과 공급자 사이에서 항공, 호텔, 선박 등의 예약 또는 기타 유통의 업무를 수행하는 자
정익준, 1995	교통운송업자, 숙박업자 등과 같은 시설업자(principal)와 여행객의 중간에 위치하여 여행객을 위하여 시설이용과 알선 등의 서비스를 제공하고 대가를 받아 경영하는 사업
윤대순, 1996	여행관련업자를 알선하여 주고 수수료를 받거나, 여행관련기업의 이용권을 판매하며, 기타 관련 업무를 수행하는 사업자

제반 학자들의 정의를 종합적으로 볼 때, 여행업자는 공급업자(principal)의 사용권(principle)을 매개로 수수료(commission)를 받고 여행객과 공급업자를 연결하는 역할을 수행하는 사업을 영위하는 자를 말한다. 여기서 공급업자 및 사용권은 항공사와 항공기내 좌석, 호텔과 객실, 유람선과 선실, 열차와 좌석 등을 의미한다. 근래에 이르러 여행사는 더욱더 기능과 영역을 확장하였다. 그러므로 여행사를 포괄적으로 다음과 같이 정의한다. 여행사는 공급업자의 사용권을 토대로 하여, 여행상품을 생산·판매하고, 관광관련 사업자와 관광자를 상호 알선하며, 사용권 판매를 대행하고, 기타 관광정보를 제공하는 등 관광에 필요한 업무를 수행하는 업을 의미한다.

3. 여행업의 특성과 기능

가. 여행업의 특성

여행상품은 서비스 상품으로서 일반제조업의 상품과는 구별되는 특성을 지니며 이로 인해 여행업 또한 타 산업과 다른 특성을 갖는다. 여행업의 특성은 크게 경영구조적 특성, 사회현상적 특성으로 나눌 수 있는데 각각의 주요한 특성 및 내용은 다음과 같다(정익준, 1995).

〈표 8〉 여행업의 특성

구 분	특 성	내 용
경영의 구조적 특 성	사무실 입지 의존의 특성	접근성이 중요시되고 대도시 집중현상 심화 (온라인 여행업의 경우 다소 다름)
	소규모 자본의 특성	소규모 자본으로도 경영이 가능. 고정자본의 구성비가 낮고 운영비가 대부분 차지
	노동집약적 특성	서비스의 특성상, 다양한 여행객들의 요구를 수용하기 위해서는 기계화가 곤란(IT발전과 온라인화에 따라 다소간 해소 가능성)
	인간위주 경영의 특성	여행상품의 질이 종사원에 의해 결정. 따라서 전문인력의 확보가 요구됨
	과당경쟁의 특성 (설립·폐업 용이성)	소규모 자본에 의한 경영이 가능하고 제도적인 진입장벽이 낮으므로 과당경쟁 발생
사 회 현상적 특 성	계절 집중성	요일, 계절에 따라 수요편차가 심함
	제품수명주기의 단명성	여행상품은 쉽게 모방이 가능
	외부환경 민감성	사회 외부 환경변화에 대하여 수요변동이 민감함
	사회적 책임 중시	여행사의 이미지가 국가의 이미지라는 점, 윤리에 미치는 영향이 큰 점에서 사회적 책임이 중요시 됨
	제품 의존비율이 높은 경영체질	고객들로부터 미리 영수한 금액으로 기간자금 운용이 가능
	다품종 대량생산 시스템	여행상품의 소비가 일회적 또는 다회적일 수 있으나 대체로 대량생산체제를 유지
	신용 우선	여행상품의 후 소비의 특성상 신용은 여행사의 사업성을 결정하는 요소

【자료】 정익준, 「최신 여행사경영론」, 형설출판사, 1995를 근거로 저자 재정리

나. 여행업의 기능

여행사는 관광시설 공급업자와 여행자를 매개하는 위치에 있어, 중요한 사회적 기능을 수행하고 있다. 여행객은 여행사를 통해 필요한 여행정보와 여행상품을 저렴한 비용으로 구매할 수 있게 된다. 공급업자의 경우에도 자사 판매 유통망을 경유하는 제한적인 판매에서 여행사를 통해 유통망을 획기적으로 확대할 수 있게 된다. 따라서 여행자의 시간과 비용절약뿐만 아니라 공급자의 대리점의 역할도 중요한 존재의미가 된다. 따라서 여행사는 사회 경제 발전에 기여하는 사회적 기능을 담당하는 하나의 시스템이 되고 있다. 여행업의 기능은 다음과 같이 구분할 수 있다.

① 기본적 기능

기 능	내 용
상담기능	· 여행을 떠나기 전 여행전반의 사항을 여행객에게 조언, 정보제공
대리기능	· 교통운송기관, 숙박시설 및 기타여행관련시설업자를 대리하여 항공권이나 숙박 및 시설 이용의 예약을 대행 · 여행자를 대리하여 여권, 비자발급을 위한 수속업무 대행해 주거나 해외여행보험 가입 수속을 대행
발권기능	· 항공권, 호텔숙박권, 철도승차권 등의 판매뿐만 아니라 패키지투어와 같은 여행상품을 여행자에게 효과적으로 판매
알선기능	· 여행자에게 알맞은 교통운송기관이나 숙박시설 또는 여행기관과 비용에 알맞은 여행상품 등을 알선함으로써 여행자와 여행관련 시설업자들을 도와주는 기능
여정관리기능	· 여행사가 주최여행을 실시할 때 첨승원을 동반시켜 원활한 여행의 진행을 도모
정산기능	· 여행비용의 계산, 견적 및 지불 등 정산과 관련된 제반기능 수행

【자료】 임헌국, 「여행사경영론」, 기문사, 1997; 정익준, 「최신여행사경영론」, 형설출판사, 1995를 근거로 저자 재정리

② 부가적 기능

구 분	기 능	비 고
매개체 역할 측면	관광주체 대리 기능	관광객
	관광객체 대리 기능	관광지
	관광매체 대리 기능	교통, 숙박
공급자 측면	대리업무 기능	항공사, 호텔, 유람선
	판매업무 기능	
	서비스업무 기능	
	알선업무 기능	
수요자 측면	편리성	관광객
	염가성	
	정보제공	
	종합서비스	

4. 여행사의 분류

여행사는 여행업 법규에 의해, 일반여행업, 국외여행업, 국내여행업으로 구분된다. 또한 영업형태와 유통형태에 따라 분류하면 다음과 같다.

〈표 9〉 여행사 분류

분류 기준	종 류	비 고
여행업 법규	일반여행업	설립자본금 : 2억 원 이상 영업영역 : 국내외 및 내외국인 대상
	국외여행업	설립자본금 : 6천만 원 이상 영업영역 : 내국인의 해외여행 대상
	국내여행업	설립자본금 : 3천만 원 이상 영업영역 : 내국인의 국내여행 대상
영업형태	국내여행(domestic)	내국인의 국내여행
	아웃바운드여행(outbound tour)	내국인의 국외여행
	인바운드여행(inbound tour)	외국인의 국내여행
유통형태 등	종합여행사(국내, in-out bound)	한진관광, 롯데관광 등
	도매형여행사(whole saler)	하나투어, 모두투어 등
	소매형여행사	일반여행사
	직판형여행사	자체상품 직판
	상용여행사	세중, 범한 등 대기업 계열 여행사
	패키지전문여행사	롯데, 자유, 김앤류, 노랑풍선 등
	SIT전문여행사	혜초, 신발끈 등
	온라인전문여행사	온라인, 클럽리치 등

5. 여행사의 업무

여행사의 업무는 여행사의 규모와 형태, 영업영역과 방법에 따라 여러 가지 기준으로 분류하여 설명할 수 있다. 그런데 해외여행 인솔업무와 관련하여 볼 때, 여행사의 기본적인 업무 내용을 내국인의 국외여행인 아웃바운드여행(outbound tour) 중심으로 살펴보기로 한다.

가. 기획업무

여행사의 운영전반에 대한 업무이다. 연간 수익과 지출 및 인력과 조직운영 계획 등 전제적인 분야를 포함하기도 한다. 전체적인 여행수요와 경쟁사의 동향, 고객의 성향 등을 토대로 여행사 운영 및 상품개발에 대한 큰 그림을 담당한다. 직원교육 및 시장조사나 마케팅계획을 주관하기도 한다.

나. 영업부문 업무

여행상품을 생산하고 마케팅 활동을 수행하고 판매를 담당하는 기능을 전담한다. 여행설비 공급업자인 항공사로부터 필요한 좌석, 가격 수준을 확보한다. 여행조건과 견적, 원가계산서, 여행일정표 등 여행상품을 완성하고 판매한다. 대개 호텔 등 현지 관련정보는 지상수배업자(land operator)를 통해 확보하여 상품개발에 활용한다. 여기에는 상품기획과 개발, 수배(항공, 지상업무), 판매, 예약발권 및 상담기능이 전제적으로 포함된다.

다. 운영업무

실제 개발하고 생산하여 판매된 상품에 대한 운영분야의 업무이다. 행사운영은 여행에 필요한 서류(여권, 비자, 보험 등) 업무, 출발지 공항의 센딩(sending), 안내 및 인솔(TC)업무를 의미한다. 특히, 상품생산을 위해 현지 지상수배업자로부터 견적을 받고 상품을 확정하였던 내용대로 현지운영을 지상수배업자에게 의존하게 되므로 이에 대한 관리감독 및 품질관리가 중요한 과제가 된다. TC는 단체고객을 인솔하고 현장에서 행사진행을 총괄하므로, 지상수배업자의 행사운영에 대한 협력과 관리가 주요 임무 중의 하나가 된다.

라. 정산업무

여행 종료 시 수익과 비용을 심사하고 관리하는 업무를 말한다. 항공료, 지상비 등 행사정산서, 행사비명세서, 선택관광 정산서 등을 전반적으로 담당하고 회계 처리한다.

6. 여행상품

여행상품은 여행사 또는 관광시설 공급업자(principal)가 그 시설 사용권(principle)을 토대로 하여 단독 혹은 공동으로 생산하여 판매한다. 여행상품이 무엇인지 하는 정의와 그 특성 및 유통 구조에 대해 살펴보기로 한다.

여행상품을 정의하기에 앞서 그 구성요소를 이해하는 것이 필요하다. 여행상품을 구성하는 요소는 다음과 같다. 교통수단, 숙박시설, 식사, 관광 매력물(관광지) 등과 같은 필수적 요소와 쇼핑, 여행 수속 서비스, 관광 안내원(TC, Tour Guide) 등의 부가적인 서비스가 결합한 구조이다.

가. 여행상품 정의

여행상품의 정의는 상기의 여행상품 구성요소를 고려할 때, WTO에서 내린 정의가 이해하기 쉽다. 말하자면, "여행상품이란 여행목적지, 숙박, 교통수단, 보조서비스와 관광 매력을 결합시킨 것"이다.

〈표 10〉 여행상품의 정의

학 자	정 의
Wahab, 1975	여행과 목적지에서의 체류를 이루는 전체적인 결합에 상호보완적 요소의 혼합체
Medlik, 2003	여행객 마음속의 이미지를 포함한 여행목적지로의 유인대상물과 숙박, 케이터링, 레크리에이션을 포함한 시설 및 목적지에로의 접근성
WTO	여행상품이란 여행목적지, 숙박, 교통수단, 보조서비스와 관광 매력을 결합시킨 것

나. 여행상품의 특성

여행상품은 전형적인 서비스 상품의 하나이다. 그러므로 먼저 서비스에 대한 이해가 필요하다.

(1) 서비스의 정의와 특성

고객에게 제공되는 유통 프로세스에서 산출물이 물리적인 형태가 있는 유형적인 성격이냐 물리적인 형태가 없는 무형적이냐에 따라 제품 내지 상품과 서비스로 구분한다. 서비스에 대한 정의는 다양하지만 공통적으로 무형성(intangibility)과 생산과 동시에 소비된다(simultaneous consumption)는 특성을 들고 있다.

서비스는 다소 무형적인 특성의 활동이나 일련의 활동들로서 구성되어 있으며, 대체로 고객이 문제 해결을 위하여 고객과 서비스 제공자의 인적 자원과 물적 자원, 서비스 제공시스템 등의 요소들 사이의 상호작용이 발생한다(Gronroos, 1990). 서비스는 행위, 프로세스, 그리고 결과로 이루어져 있다(Zeithaml, and Bitner, 1996). 서비스는 고객이 공동생산자의 역할을 수행하면서 고객에게 받아들여지고 시간 소멸적이고 무형적인 경험을 말한다.

통상적으로 제품과 서비스의 차이에 대해서는 Sasser et al.(1978)의 4가지 차원으로 무형성(intangibility), 이질성(heterogeneity), 소멸성(perishability), 동시성(simultaneity)으로 설명해 왔다. 그러나 서비스에 대한 이해도를 제고하기 위해 제품과 서비스의 차이점을 보다 세분화하면 다음과 같다.

〈표 11〉 서비스와 제품의 차이점

구 분	제 품	서비스
소유권	이전 획득	이전 획득 불가
형태	유형성	무형성
생산프로세스	고객 불참여	고객이 생산에 참여
다른 고객관여	상관없음	관여함
투입·산출물의 변동성	동질성	이질성
고객평가	탐색속성에 치중	경험속성 내지 신뢰속성 의존
재고 보관	가능	불가능
생산·분배·소비	분리됨	동시성
주요 가치	제품(물건)	활동 또는 프로세스
주요가치 생산장소	공장	판매자-구매자 간 상호작용과정
시간요소	비교적 덜 중요	중요

【자료】 Lovelock et al.(2002) 및 이유재(2005) 활용 저자 재구성

서비스는 그 특성상 무형성, 비분리성(생산과 소비의 동시성), 소멸성(비저장성), 이질성을 특성으로 언급된다.

〈표 12〉 서비스의 특성

무형성(Intangibility)
형태가 없으며, 사전에 사용해 보기 어렵다(the service cannot be touched or viewed, so it is difficult for clients to tell in advance what they will be getting).
비분리성(Inseparability of production and consumption)
생산과 소비를 분리할 수 없다(the service is being produced at the same time that the client is receiving it 〈eg during an online search, or a legal consultation〉).
소멸성(Perishibility)
저장하여 사용할 수 없다(unused capacity cannot be stored for future use. For example, spare seats on one aeroplane cannot be transferred to the next flight, and query-free times at the reference desk cannot be saved up until there is a busy period).
이질성(Heterogeneity〈or Variability〉)
이질적이고 다양하여 표준화하기 어렵다(services involve people, and people are all different. There is a strong possibility that the same enquiry would be answered slightly differently by different people 〈or even by the same person at different times〉. It is important to minimise the differences in performance 〈through training, standard-setting and quality assurance〉).

【자료】 Zeithaml, Valerie and Bitner, Mary(2000), Services Marketing, McGraw-Hill.

(2) 여행상품의 특성

대표적인 서비스 상품인 여행상품은 서비스의 특성과 함께 대체로 다음과 같은 특성을 지니고 있다.

〈표 13〉 여행상품의 특성

특 성	내 용
무형성	여행은 무형상품이므로 사전에 사용이 불가능함
서비스내용의 다양성	여행의 출발에서 도착까지 각종 서비스가 복합적으로 결합
생산품의 비저장성	여행상품은 생산된 장소에서 즉시 소비됨. 소비되지 않은 상품은 시일이 지나면 상품가치와 효용이 소멸
수요의 불균형성	요일별, 계절별로 여행수요가 크게 차이 남
생산과 소비 동시성	선 판매 후 생산과 소비 동시 발생
환경변화 민감성	사회, 경제, 정치, 종교, 자연환경 변화에 민감함

특 성	내 용
완전 환불 불가능성	효용가치가 주관적이므로 반품, 대체, 완전환불 불가함(일부 부분적 보상가능하나 개인 기대 미충족 미보상)
상품가치의 주관성	욕구, 감정상태, 개인성향에 따라 효용가치 판단이 주관적 판단에 의함
상품모방의 용이성	제한적인 land operator에 의한 여행소재로 모방용이
배달의 간편성	여행상품의 실질적 내용은 정보이므로 배달이 용이
공간적 거리의 이동필요	여행객은 장소이동을 통해서 만족을 얻음

다. 여행상품 유통구조

관광설비 공급업자(principal)의 사용권(principle)은 CRS(Computer Reservation System) / GDS(Global Distribution System)에 의해 유통망에 제공되어 왔다. 전통적으로 CRS회사(근래 GDS로 불리고 있음)는 항공사 등 공급업자의 사용권(좌석, 객실 등)의 예약 및 발권을 가능하게 하는 시스템을 제공해 왔다. GDS는 여행업계 유통망의 요체를 점유하며 여행사들에 항공사들의 스케줄 등 운항정보를 제공하여 시스템 단말기를 통해 예약, 발권이 가능하게 역할을 수행하고 항공사에게는 그 수수료를 부과, 징수해 왔다. 근래 항공사의 온라인(on-line)화에 따라 GDS를 우회하고 최종 소비자에 연결하는 등의 환경변화가 있으나, 전체적인 비중에서 전통적인 여행상품 유통구조는 다음 그림과 같다.

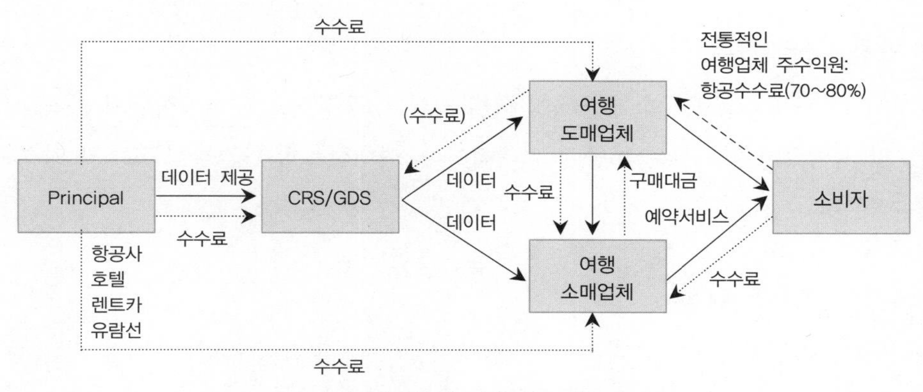

[그림 1] 전통적인 여행상품 유통구조

라. 여행상품 유통체계

여행상품은 그 유통구조가 여러 형태가 가능함을 상기 유통구조를 통해 유추할 수 있다. 그 유통경로를 다음과 같이 4가지 형태로 설명할 수 있다.

유통단계	유통구조	내 용
1단계 유통	공급업자→여행자	공급업자가 직접 사용권을 고객에게 판매하고, 고객이 관광일정은 자체적으로 해결(사례 : 자유여행, 에어 - 호텔 package)
2단계 유통	공급업자→여행사→여행자	대형 여행사의 일반적인 package상품 유통
3단계 유통	공급업자→여행도매사→여행소매사→여행자	대부분의 일반적인 package상품 유통형태(사례 : whole- sale 업체인 하나투어, 모두투어 등의 상품을 여행소매사인 일반여행사가 판매)
4단계 유통	3단계 유통+특별 경로자	사례로 방송사 주최 해외연수 프로그램 상품 유통(특별 경로자로 방송사 참여 형태)

여행상품 기획과 생산 및 유통에서 이해해야 하는 업자 중 주요 공급업자인 항공사와 호텔 업무에 대해서는 별도로 언급하기로 한다. 여기에서는 여행상품 특성에서 언급한 바와 같이 지상수배업자(land operator)에 대해 이해하는 것이 필요하다.

마. 여행상품의 가격

여행상품은 관광구성요소의 배합에 의해 결정된다. 통상적으로 여행상품의 가격구성에서 항공료 및 숙박료가 차지하는 비중이 절대적이다. 여행상품의 가격결정 요소와 가격구성에 대해 살펴본다.

(1) 여행상품 가격결정요소

여행상품은 가격결정요소가 가격 수준에 영향을 주며 고가격 전략, 중저가 전략 등 회사 정책에 따라 결정요소를 고려한 상품을 생산하게 된다.

〈표 14〉 여행상품 가격결정요소

결정 요소		내 용
직접적 요소	여행거리	원거리일수록 항공료의 원가 비중이 크다
	여행기간	장기간일수록 숙박비의 비용이 상승한다.
	여행객수	인원수에 따라 지상비용 변동
	여행 상품구성	항공편, 호텔 등급, 교통수단, 식사의 질/횟수 등
	여행시기	성비수기, 집중 연휴 기간 등에 따라 차이
	FOC 유무	일정 인원 초과에 따른 FOC 적용 유무
	서비스 품질	제공 서비스 품질 수준
부가적 요소	판매실적	판매실적이 많으면 가격 인하요인 발생
	여행사 이미지	여행사의 brand에 따른 차이
	환율 변동	목적지 화폐 대비 환율 변동 시 차이
	마케팅 수단	광고 선전비용 방법과 효과에 따른 차이
	회사 정책	영업 정책, 수익률 적용 방침

(2) 여행상품 가격 구조

여행상품은 가격결정요소를 고려한 상품을 생산하게 되는데 가격을 형성하는 구체적인 내용은 다음과 같이 직접비와 간접비 및 회사 수익을 합산한 상태가 된다.

〈표 15〉 여행상품 가격 구조

비용 구분		비용귀속	내 용
직접비	항공료	항공사	항공편 탑승에 따른 항공운임
	지상비	land사	현지호텔, 식사, 교통비, 입장료, 공항세
	공항세	당국	인천공항이용료, 출국세
	여행자보험	보험사	해외여행에 따른 여행자보험
	유류할증료	항공사	항공사 유가변동관련 추가비용
	TC비용	여행사	TC 항공료 및 출장비
간접비	판촉 예비비	여행사	광고 선전, 모객 및 여행 중 발생 가능 경비
기 타	이윤	여행사	판매원가의 10% 수준

바. 여행상품의 종류

여행상품은 그 종류를 다양한 기준으로 분류해 볼 수 있다. 분류 기준은 참가 형태, 여행 방향, 여행목적, 여행형태, 여행 주최자, 체류 형태, 참가계층 등 다양하다.

(1) 참가형태에 의한 분류

- 개인여행(individual tour) : 일반적으로 단체여행 조건에 부합하지 않는 여행(통상 9명 이하 인원)을 의미한다. 여행일정과 내용을 쉽게 조정할 수 있으나 상대적으로 여행경비가 비싸다.
- 단체여행(group tour) : 10명 이상의 구성원이 정해진 여정에 맞추어 함께 여행하는 형태이다. 통상적으로 단체포괄여행(group inclusive tour) 형태가 많다.

(2) 여행방향에 의한 분류

- 해외여행(outbound tour) : 국내에 체류하는 국민 또는 외국인이 국외로 여행하는 것을 의미한다. 그러나 통상적으로는 내국인의 해외여행의 개념으로 사용하기도 한다.
- 인바운드 여행(inbound tour) : 국외에서 국내지역으로 여행을 오는 것을 의미한다. 일본인, 중국인, 미국인 등이 국내로 여행 오는 형태이다.

(3) 여행목적에 의한 분류

업무를 위한 여행이냐, 위락을 위한 여행이냐에 따라 상용여행, 위락여행, 겸목적여행으로 나눌 수 있다. 그러나 다음과 같이 구분하는 것이 보다 현실적이다.

- 관광여행 : 위락을 위한 여행으로 풍물감상, 휴양 등 일상의 생활에서 벗어나는 여행을 의미하며, 많은 비중을 점유한다.
- 상용여행(business tour) : 위락이 아닌 업무를 위한 여행이다. 시찰, 견학, 회의출석, 연구조사 형태 모두를 포괄하여 의미하기도 한다.

국제회의, 시찰여행, 연수여행 등을 별도로 분류해 볼 수도 있다.

(4) 여행형태에 의한 분류

- 패키지 투어(package tour) : 여행 요소를 일괄하여 묶은(package) 형태의 여행으로 항공편,

호텔 숙박, 식사, 육상교통, 관광 등을 종합하여 구성된 상품을 의미한다. 단체관광은 통상적으로 패키지 투어 형태이며, 여행참여자 개인별 여행경비가 저렴한 장점이 있다.

- 시리즈여행(series tour) : 동일한 여행형태, 기간, 목적, 경로로 정기적, 지속적으로 실시하는 여행을 의미한다.
- 유람선여행(cruise tour) : 유람선을 이용한 여행으로 대체로 항공여행에 비해 장기간, 고비용이 소요되는 여행이다.
- 국제회의여행(convention tour) : 국제회의 참여자 및 동반가족을 위한 여행을 말한다.
- 전세여행(chartered tour) : 항공기나 선박 등을 전세 내어 개인 및 단체로 여행하는 형태이다.
- 보상여행(incentive tour) : 조직이나 단체 등에서 이룬 성과를 포상하기 위하여 여행을 제공하는 것을 의미한다. 기업은 종업원의 사지진작과 성과 제고를 위해 일정한 기준에 의한 보상여행을 실시한다.
- 팸 투어(familiarization tour) : 신상품 출시 등에 대해 친근하고 상세하게 알려주는 투어이다. 회사나 자신의 제품에 대해 소개를 할 때 실제 상세하게 보여주고 설명하며 알려주는 일종의 투어로 항공사들이 여행업자들을 대상으로 새로운 취항 목적지 개발이나 신상품 개발을 제고하기 위해 실시한다.
- 특별흥미여행(special interest tour) : 특별한 취미를 가진 애호가를 위해 개발된 여행이다. 고지 탐험, 스킨스쿠버, 트레킹 등을 위한 여행을 말한다.
- 선택관광(option tour) : 여행일정 중 자유행동 시간에 정해진 일정 이외의 별도로 여행객이 선택할 수 있도록 실시하는 여행을 말한다.

(5) 여행 주최자에 의한 분류

- 주최여행(published tour) : 여행업자가 여행수요를 예측하고 상품을 기획하여 여행일정, 조건 및 경비를 정하고 참가자를 모집하는 여행을 의미한다.
- 공동주최여행(joint advertised tour) : 특정 단체 및 조직과 여행업자가 공동으로 여행일정, 조건 및 경비를 정하여 여행상품을 공동으로 기획 개발하여, 모객하는 여행상품을 말한다.
- 주문여행(customer made tour) : 특정 단체 및 조직의 요청에 따라 여행상품이 생산된 경우이다. 고객이 요청한 내용에 따라 여행일정을 작성하고, 그 조건, 경비 등을 주문자에게 제출하여 확정된 상품을 의미한다.

여행상품의 실제

모두투어 서유럽 상품(자료원: 모두투어 홈페이지)

고품격

상품코드 EWP340KE 단체번호14278151

여행기간	7박 9일 [기내 1일숙박]
여행도시	융프라우, 인터라켄, 런던, 로마, 밀라노, 베니스, 피렌체, 파리
교통편&출발/도착일	대한항공 출발일 ǀ 2012년 02월 15일, 수 KE907 출발시간 - 13:10, 현지도착시간 - 16:20 도착일 ǀ 2012년 02월 23일, 목 KE928 현지출발시간 - 22:20, 도착시간 - 17:10
상품가격	확정가격 성인 만12세이상 ǀ 3,590,000원 아동 만12세미만 ǀ Extra Bed 3,231,000원 유아 만2세미만 ǀ No Bed 359,000원 현지투어조인이란? 해외에서 여행오거나 항공권 있는 경우 항공권을 뺀 현지 행사만 함께 진행하는 요금 현지투어조인 ǀ 2,490,000원 유류할증료및 TAX ǀ 335,300원 * 어린이 요금(12세 미만)은 성인요금의 90%입니다. 4인 가족은 방을 2개 사용하셔야 하며, 어린이 요금은 그대로 적용됩니다. * 12세 미만의 어린아이는 일정 중 항상 보호자가 동반해야합니다. * TRIPLE ROOM의 경우 TWIN ROOM의 EXTRA BED(간이침대)가 제공됩니다. 상품 특성상 추가 경비가 있을 수 있으니, 아래 불포함 사항을 확인해 주시기 바랍니다.

40대 남성에게 인기가 많은 상품입니다.

[그림 2] 여행상품의 실제 – 모두투어 서유럽 상품 사례(계속)

	[현금 영수증 신청] 가능한, 입금하신 당일에 현금 영수증을 신청해 주시기 바랍니다. 출발일 이후 신청시는 고객님이 직접 국세청 홈페이지에서 로그인 후 자진발급분 사용자 등록을 하여야 하며, 자진 발급된 현금 영수증은 나누어 가실 수도 없는 불편함이 발생할 수 있습니다.
예약인원	현재 성인 9명 (여유 좌석 12명 / 최소 출발 인원 10명) ? 최소출발인원 : 최소출발 인원은 성인 기준이며, 여행을 진행하기 위해 필요한 최소 구성인원입니다. 예약인원이 최소 출발 인원에 도달하지 않을 경우, 여행약관 9조에 의해서 취소 통보를 하여 계약을 해지할 수 있습니다.
인솔자	성인 10명이상시 인솔자 동반.[인솔자 미확정]
모이는 장소	10:20 인천국제공항 3층 출국장 1번출구앞(A카운터 옆창측) 여행사카운터 29~31번 테이블 "모두투어"

상품등급제	고품격	행사인원	10명 이상 ~ 32명 내외
호텔	준특급 이상	항공	국적기 항공 (대한항공, 아시아나항공) or 유럽 직항 항공(AF/KLM/LH등)
차량	전용버스 45인승 이상 대형버스(연식 3년 이하 대형버스) - 장거리 버스(LDC) 기준 *15인 이하 행사시 시내투어시 미니버스 배정될 수 있습니다.*	식사	특식 4회 이상 일정에 포함
가이드	우수 전문가이드 (5년 이상 경력자)	인솔자	유럽 전문 인솔자 7년 이상 경력(10명 이상 동행)
쇼핑	각 나라별 1회 이하	선택관광	고객 요청시 선택관광 가능 (일정표 참고)

[그림 2] 여행상품의 실제 – 모두투어 서유럽 상품 사례(계속)

팁	포함/불포함 (상품에 따라 유동적임) - 식당 테이블 팁, 식당 물값 포함	일정조건	*파리 에펠탑 전망대+세느강 유람선(석식 후) *베니스 관광 시 수상택시 투어 또는 곤돌라 옵션 포함(일정표 참조) *관광지 내부입장 최소 2회
골프		기타	*3억원 여행자 보험(만 15세 이상에 한함/15세 미만은 1억원 여행자 보험 적용) *여행설명회 출발 2~3일전 인솔자 사전 전화 설명회

★ 모두 고품격 여행 ★

★ 2010년/2011년 우수여행상품입니다.
2010/2011 "문화체육관광부" 선정! 공식적으로 인정받은 여행상품으로 큰 만족을 선사합니다.

★ 항공

— 한국의 날개 대한항공 탑승하여 편안하게 이동 <대한항공 마일리지 적립>

★ 관광특전

— 전일정 준특급 호텔 // NO-TIP (노팁)
— 영국/프랑스/스위스/이태리 관광합니다.
— 3대 박물관 영국-대영,파리-루브르박물관,로마-바티칸박물관 관람합니다.
— 전 일정 사용가능한 개인용 수신기 제공으로 자세한 설명을 들으실 수 있습니다.
— 에펠탑 전망대(2층) 내부관람 + 세느강 유람선(석식 후) 관광포함입니다.
— 중세시대의 초호와 궁전인 베르사이유 궁전 관람합니다.
— 최고의 전망을 자랑하는 알프스 영봉 "융프라우"를 산악열차를 타고 등정합니다.
— 줄리엣의 도시 베로나 관광합니다. (모두투어 단독)
— 베니스 소운하 관광이 가능한 곤돌라 탑승 포함입니다.
— 지하무덤 도시인 로마 카타콤베 내부 입장관광 합니다.

[그림 2] 여행상품의 실제 – 모두투어 서유럽 상품 사례(계속)

— 초고속 열차 T.G.V.(떼제베)탑승하며 런던 파리 구간 도버 해협 해저터널을 통과하는 유로스타 탑승하여 이동합니다.

★ 특식 [5대특식]

— 에펠탑 전망대 내부 디럭스 레스토랑 "58 TOUR EIFFEL"에서 프랑스 정통요리 제공
(※ 에펠탑 중식 예약이 어려울 경우 블론뉴 숲속의 호수 가운데 섬에 있는 식당인 "샬레 데 질" 특식으로 변경될 수 있습니다.)
— "에스까르고(달팽이 요리) 전식요리"로 제공합니다.
— 스위스 전통 향토 음식인 "퐁뒤"를 제공합니다.
** 스페셜 메뉴인 "COMBI FONDUE" 제공합니다. **
(진정한 현지 음식체험이 가능한 모두투어 단독 개발 메뉴입니다.)
— 푸짐하고 먹음직스러운 이태리 해물코스요리 "마레 에 몬티(MARE E MONTI)"를 와인과 함께 제공합니다.
— 이태리 정통 "마르게리타 피자와 각종 스파게티" 제공합니다.

포함사항

☆★ 2010/2011 , 2006/2007년도 '유럽' 우수여행 인증상품 ★☆
까다로운 심사기준을 거쳐 문화체육관광부가 인증한 우수여행상품입니다.

▶타사에서 절대 따라 올 수 없는 한층 더 엄선된 호텔을 사용합니다.
HILTON, MARRIOTT, SHERATON,NOVOTEL,HOLIDAY 등 세계적인 CHAIN 호텔
또는 현지에서 인정받는 현지 호텔 사용합니다.
▶지역별 특식(프랑스, 스위스, 이태리)로 고객님들의 미각 충족을 위해 노력하였습니다.
▶현지에서의 추가 비용을 최소화 하기 위하여
인솔자,가이드,운전기사 TIP을 포함하여 현지에서 사용하는 공동경비를 포함하였습니다.
▶편안한 관광을 위하여 전일정 사용 가능한 개인용 수신기 서비스를 제공합니다.

* NO-TIP 상품
전일정 기사, 가이드, 인솔자 팁, 식당 팁, 식당 물값 포함입니다. (90유로상당)
* 준특급호텔 사용 - 호텔조식(아메리칸 뷔페식)
* 일정상의 항공료,호텔(2인1실 기준),식사,관광 입장료 포함입니다.
* 3억원 여행자 보험,인천공항세,출국납부금,제세금 포함입니다.
* 모두투어 서유럽 상품은 로마시에서 관광객들에게 징수하는 호텔TAX를 포함하고 있습니다.

** 여행자 보험 주의사항

[그림 2] 여행상품의 실제 – 모두투어 서유럽 상품 사례(계속)

- 지병이나 정신 질환을 가지고 계신 고객, 임신중이거나 장애를 가지고 있는 고객 ,
  고령자 (81세 이상), 특별한 배려를 필요로하시는 고객은
  여행 신청시 증상을 포함한 내용을 반드시 알려주셔야 합니다.
- 당사는 가능한 합리적인 범위내에서 의사의 진단서나 소정의 "여행 동의서"를 제출 요청 드릴 수가 있습니다.
  또한, 경우에 따라서는 참가를 거절하거나 동반자 동행을 조건으로 할 수 있습니다.

※ 여행자보험 담당 : [한화손해보험] ○○○ (보험관련문의만가능)
Tel)02-728-8008 Fax)02-2021-7800
- 단, 15세 미만의 사망 보험금 및 만79세 6개월이상의 상해, 질병에 대해서는 보험 약관에 따라 보험금이 지급되지 않습니다.
- 자세한 세부사항은 홈페이지 하단 여행보험을 참조 바랍니다.

불포함사항

* 현지일정 진행시의 호텔팁, 개인경비는 불포함입니다.(개별적으로 지출)
* 초과 수하물 요금(규정의 무게, 크기, 개수를 초과 하는것)
* 선택관광 비용

★★ 상기상품은 유류 할증료 인상으로 인하여 335,300원의 추가 요금이 있습니다 ★★

모이는 장소 >
10:20 인천국제공항 3층 출국장
1번출구앞(A카운터 옆창측) 여행사카운터 29~31번 테이블 "모두투어"

1일 /02월 15일 수요일

인 천 런 던 (영 국)	13:10 16:20	KE 907	인천국제공항 출발 런던 히드로 국제공항 도착 합니다. 석식 후, 호텔로 이동하여 휴식하십니다. 【 인천 - 런던 약 12시간 10분 비행】 ☞ 런던의 시차는 서울보다 9시간 늦습니다.

[그림 2] 여행상품의 실제 – 모두투어 서유럽 상품 사례(계속)

섬머타임이 적용되는 3월 말부터 10월달까지는 8시간 늦습니다.)

** 서유럽 4국 9일 일정 **

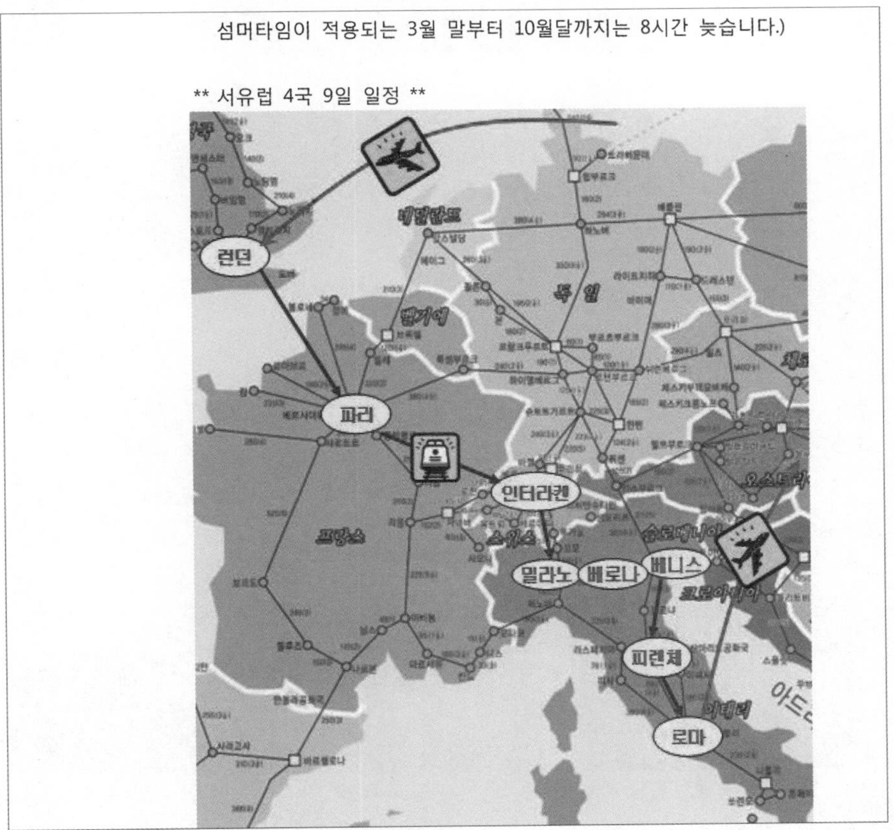

① CROWNE PLAZA HOTEL LONDON-HEATHROW (★★★★☆) [특급(★★★★★)] TEL : 44-870-4009140 FAX : 44-1895-445122 [예정]

② HOLIDAY INN HEATHROW M4 J4(★★★★) [준특급(★★★★)] Tel: 44-870-4008595 Fax: 44-20-88978659 [예정]

③ PARK INN HEATHROW(★★★★) [준특급(★★★★)] T: +44 20 8759 6611 F: +44 20 8759 3421 [예정]

④ RENAISSANCE HEATHROW HOTEL(★★★★) [준특급] TEL : 44-20-88976363 FAX : 44-20-88971113 [예정]

⑤ SHERATON HEATHROW(★★★★☆) [준특급(★★★★)] 전화 : +44 208 759 2424 팩스 : +44 208 759 2091 [예정]

기내식 기내식 한 식

2일 /02월 16일 목요일

[그림 2] 여행상품의 실제 – 모두투어 서유럽 상품 사례(계속)

런 던	전 일	전용버스	호텔에서 뷔페로 조식을 하고 ● 400여년의 역사를 자랑하는 하이드 파크 공원 ● 세계 3대 박물관 중 하나인 대영박물관 관람 ● 버킹검 궁전 및 근위병 교대식 관람 ● 국회의사당의 빅벤, 웨스트민스터사원 ● 런던의 상징인 타워브릿지(가동교) 등 관광 후
파 리 (프랑스)	17:30 20:49 (확정)	유로스타	쎄인트파크라스 역으로 이동 런던 출발 파리 도착 후 호텔로 이동하여 휴식합니다. -----------------!여기서 잠깐 TIP!-------------------- →근위병교대식은 격일제로 실시하여 못보실수도 있습니다. →유로스타 탑승시간은 현지사정에 따라 변경될수 있습니다. --

관광 국회의사당_빅벤

관광 대영박물관

관광 버킹검 궁전

관광 웨스트민스터사원

관광 타워브릿지

① BEST WESTERN C.D.G. [(★★★★)] Tel : +33-1-3429-3000 / Fax : +33-1-3429-9052 [예정]
② HILTON CDG [준특급(★★★★)] TEL: 33-1-49197777 Fax: +33-1-49197778 [예정]
③ HILTON ORLY [준특급(★★★★☆)] Tel : +33-0-1-4512-4512 / Fax : +33-0-1-4512-4500 [예정]
④ MAGIC CIRCUS [준특급(★★★★)] Tel: + 33 1 64633737 Fax: + 33 1 64633738 [예정]
⑤ MARRIOTT CHARLES DE GAULLE [준특급(★★★★)] Phone: 33 1 34385353 Fax: 33 1 34385354 [예정]
⑥ RADISSON BLU DISNEYLAND (★★★★) [(★★★★)] TEL: +33 01 60 43 64 00 FAX: +33 01 60 43 64 01 [예정]
호텔식 현지식 김밥도시락

[그림 2] 여행상품의 실제 – 모두투어 서유럽 상품 사례(계속)

3일 /02월 17일 금요일

호텔에서 뷔페로 조식을 하고
파리 근교의 베르사이유 지역으로 이동
● 초호화 궁전인 베르사이유 궁전 및 정원 입장하여 관광(월요일 휴관)

파리전일전용버스

● 구스타프 에펠이 설계한 파리의 상징인 에펠탑 2층 전망대 내부관람
● "단결-화합"을 뜻하는 콩코드 광장
● 파리의 대표적 상징물인 개선문
● 패션과 문화의 거리 샹제리제 거리 등 관광 후
석식 후
● 세느강 유람선 바토무슈(석식 후) 크루즈 탑승하여 고딕양식의 걸작인 노틀담 사원과 파리의 시발점인 시테섬 등 파리 시내 전경 감상

호텔로 이동하여 휴식하십니다.

♥ 파리 관광 특전 ♥
1. 프랑스 특식으로 에펠탑 전망대 내부 디럭스 레스토랑 "58 TOUR EIFFEL(구 Altitude 95)"에서 프랑스 정통요리 제공합니다.
(※ 에펠탑 중식 예약이 어려울 경우 블론뉴 숲속의 호수 가운데 섬에 있는 식당인 "샬레 데 질" 특식으로 변경될 수 있습니다. **메뉴는 2주마다 한번씩 변경됩니다.**)

[그림 2] 여행상품의 실제 – 모두투어 서유럽 상품 사례(계속)

<58 TOUR EIFFEL> <샬레 데 질>

2. 파리의 상징인 세느강유람선 바토무슈를 석식 후 탑승합니다.
3. 에펠탑 2층 전망대 내부입장하여 시내전경 조망합니다.

♣여행 TIP♣
에스카르고(Escargot)
에스카르고(Escargot)는 일명 달팽이 요리입니다. 프랑스식 버터향의 소스와 더불어 고소하고 향긋한 맛을 강조한 독특한 향으로 식욕을 돋구는 음식으로 프랑스식 전채요리로 널리 애용되고 있습니다.

-----------------!여기서 잠깐 TIP!--------------------
→ 베르사이유 관광시 한국어로 준비된 박물관 오디오 관람 서비스 제공합니다.
박물관 사정으로 오디오 기기 대여가 어렵거나 상태가 안좋을 수 있습니다.
그러할 경우 안내서 제공으로 자유관람 진행합니다.

[그림 2] 여행상품의 실제 – 모두투어 서유럽 상품 사례(계속)

→노틀담 사원 내부관람시, 도보로 2시간 이상 이동하셔야 하므로
유람선 탑승하여 조망 관광합니다.

관광 노틀담 사원 / 관광 베르사이유 / 관광 세느강 유람선 바...

① BEST WESTERN C.D.G. [(★★★★)] Tel : +33-1-3429-3000 / Fax : +33-1-3429-9052 [예정]
② HILTON CDG [준특급(★★★★)] TEL: 33-1-49197777 Fax: +33-1-49197778 [예정]
③ HILTON ORLY [준특급(★★★★☆)] Tel : +33-0-1-4512-4512 / Fax : +33-0-1-4512-4500 [예정]
④ MAGIC CIRCUS [준특급(★★★★)] Tel: + 33 1 64633737 Fax: + 33 1 64633738 [예정]
⑤ MARRIOTT CHARLES DE GAULLE [준특급(★★★★)] Phone: 33 1 34385353 Fax: 33 1 34385354 [예정]

호텔식 현지식 한 식

4일 02월 18일 토요일

파 리	전 일 전용버스	호텔에서 뷔페로 조식을 하고 ● 세계 3대 박물관 중 하나인 루브르 박물관 관광(화요일은 휴관) 
로 잔 인터라켄 (스위스)	15:58 19:40 T. G. V (미정)	리용역으로 이동하여 초고속 열차 T.G.V. (떼제베) 탑승 파리출발 // 베른향발 베른 도착하여 인터라켄으로 이동 호텔투숙 -----------------!여기서 잠깐 TIP!-------------------- →T.G.V시간은 좌석 상황에 따라 변경 가능하며 TGV탑승시간에 따라 일정의 변경이 가능합니다.

[그림 2] 여행상품의 실제 – 모두투어 서유럽 상품 사례(계속)

→스위스 호텔의 경우 융프라우 등정 일정상 일급호텔로 사용하는 경우가 있습니다.

관광 개선문 관광 루브르 박물관 관광 샹제리제 거리 관광 에펠탑

관광 콩코드 광장

① AESCHI PARK(★★★★) [(★★★★)] Tel : +41-0-33-655-91-91 / Fax : +41-0-33-655-91-92 [예정

② AMBASSADOR SPA HOTEL (★★★★) [(★★★★)] TEL. +41 31 370 99 99 FAX. +41 31 371 41 17 [예정]

호텔식 현지식 한식도시락

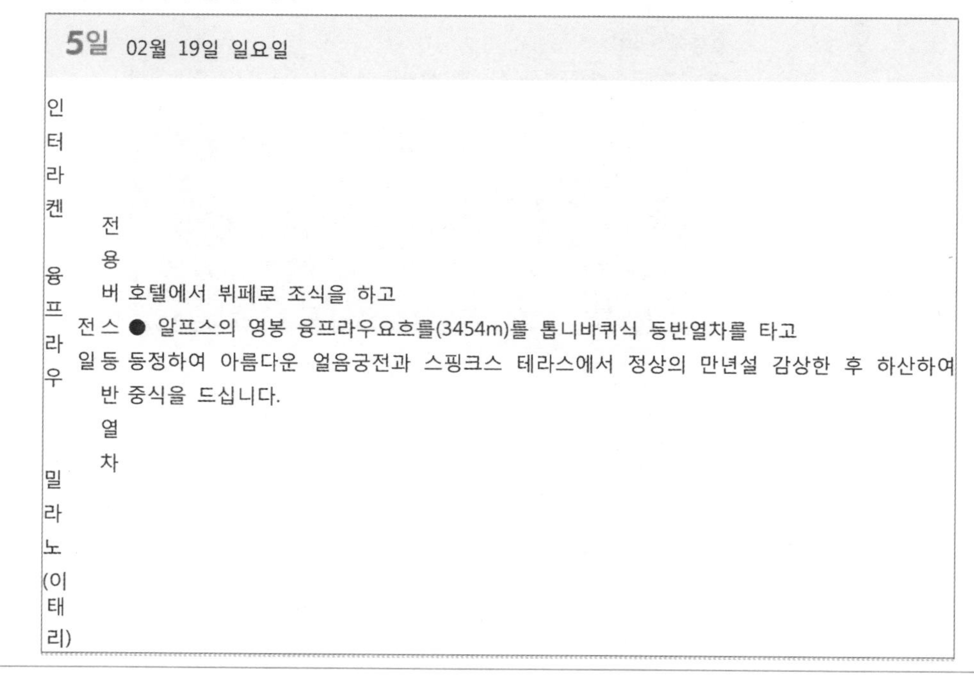

5일 02월 19일 일요일

인터라켄 융프라우 밀라노(이태리)	전일	전용버스 등반열차	호텔에서 뷔페로 조식을 하고 ● 알프스의 영봉 융프라우요흐를(3454m)를 톱니바퀴식 등반열차를 타고 등정하여 아름다운 얼음궁전과 스핑크스 테라스에서 정상의 만년설 감상한 후 하산하여 중식을 드십니다.

[그림 2] 여행상품의 실제 – 모두투어 서유럽 상품 사례(계속)

이태리 경제의 중심인 밀라노로 이동
● 유리 지붕의 우아하고 멋진 아치형 회랑 빅토리오 엠마누엘 2세 회랑
● 이탈리아 최대의 고딕 양식의 건축물 두오모성당(외관)
● 베르디의 "춘희"와 "아이다"가 초연한 곳으로 유명한 스칼라극장(외관)

석식 후 호텔투숙

♥ 스위스 관광 특전 ♥
스위스 전통 향토 음식인 "퐁뒤"를 제공합니다. ** 스페셜 메뉴인 "COMBI FONDUE" 제공합니다. **
- 전식 : 치즈퐁듀 (녹인 치즈에 빵을 찍어 드십니다.)
- 메인 : 고기 퐁듀 (메인인 소고기를 익혀서 드십니다.)
- 후식 : 초코렛 퐁듀 (과일을 초코렛에 찍어 드십니다.)

♣여행 TIP♣
융프라우요흐(Jungfraujoch) - Top of Europe !!

[그림 2] 여행상품의 실제 – 모두투어 서유럽 상품 사례(계속)

독일어로 뜻은 Jung은 젊음을 뜻하고 Frau는 처녀,joch는 봉우리를 뜻한다.
스위스 알프스라고 하면 가장 먼저 떠올리는 곳으로 산악열차를 타고 가장 높이 올라갈 수 있는 곳으로 가장 높은 곳에 위치한 기차역이자 가장 높은 스핑크스 전망대가 있어 유럽의 정상`(Top of Europe)이라고 불립니다.
☞일년내내 눈을 볼수 있는 융프라우 등반 시 약간의 방한복과 썬그라스를 준비하세요.

선택관광 융프라우

관광 두오모 성당

관광 스칼라 극장

① COSMO HOTEL PALACE [준특급(★★★★)] Tel : +39-02-61-7771 / Fax : +39-02-61-777-555 [예정]
② NH CONCORDIA(★★★★) [(★★★★)] Tel.: +39 02.24429611 Fax: +39 02 24429612 [예정]
③ NH FIERA(★★★★) [준특급(★★★★)] Tel. +39 02 300 371 | Fax: +39 02 30037222 [예정]
④ NOVOTEL NORD CA' GRANDA HOTEL(★★★★) [★★★★] Tel (+39)02/641151 Fax (+39)02/66101961 [예정]
호텔식 현지식 한 식

6일 02월 20일 월요일

밀라노 베로나 베니스	전일 전용버스	호텔에서 뷔페로 조식을 하고 줄리엣의 도시 베로나로 이동하여 ● 줄리엣 생가 ● 가장 보존상태가 좋은 고대 원형경기장 아레나 등 관광 이태리의 수상 도시 베니스로 이동 ● 나폴레옹이 '세계에서 가장 아름다운 응접실'이라고 격찬한 곳인 산마르코 광장 ● 베니스의 상징인 산마르코 성당 관광 ● 두칼레 궁전(외관) ● 카사노바가 감금되었던 감옥을 연결하는 다리로 죄수들의 한탄에서 그 이름이 비롯된 탄식의 다리 석식 후 호텔투숙 ◈ 베니스 곤돌라 (옵션가50유로) 포함입니다. - 멋진 물의 도시 베니스 소운하를 따라 아름다운 집들과 다리들을 구경하며 미로속의 낭만을 즐기십니다.

[그림 2] 여행상품의 실제 – 모두투어 서유럽 상품 사례(계속)

★모두투어 추천옵션★

선택관광 : 베니스 수상택시(1인/50유로)

베니스의 또 다른 명물인 수상택시를 탑승 하시어 베니스의 중심을 가로지르는 대운하를 따라 가이드의 설명을 개인 수신기를 사용하여 자세하게 들으실 수 있으며, 대운하 주변의 주요 관광지들을 둘러 보실 수 있습니다.

【 밀 라 노 - 베 니 스 약 285KM, 약 4시간 소요 】

선택관광 곤돌라
관광 대운하
관광 두칼레 궁전
관광 리알토 다리
관광 산마르코 광장
관광 산마르코 성당
관광 탄식의 다리

① B4 PADOVA [준특급] TEL : 049.7810444 [예정]

② SHERATON PADOVA [준특급(★★★★)] Tel. +39-0498998299 - Telefax +39-0498070660 [예정]

호텔식 현지식 한 식

[그림 2] 여행상품의 실제 – 모두투어 서유럽 상품 사례(계속)

7일 02월 21일 화요일

베니스 피렌체 로마	전일 전용버스	호텔에서 뷔페로 조식을 하고 르네상스의 발원지, 단테, 메디치가의 고장이면, 이탈리아에서 가장 분위기 있고 생동감 넘치는 피렌체로 이동 중식 후 피렌체 시내관광 ● 소설"냉정과 열정사이"의 배경이 되었던 두오모 성당(꽃의 성모마리아성당, 정식명은 산타마리아 델 피오레) 관광 ● 중요한 역사적 사건들의 배경이 되었던 시뇨리아 광장 ● 단테생가 ● 피렌체 시내가 한눈에 보이는 미켈란젤로 언덕  로마로 이동하여 석식 후 호텔투숙 합니다. 【 베니스 - 피렌체 약 270KM, 약 3시간 30분 소요】 【 피렌체 - 로 마 약 300KM, 약 4시간 소요 】

관광 두오모 성당	관광 미켈란젤로 언덕	관광 베키오 궁전	관광 산죠반니세례당

① ATA HOTEL VILLA PAMPHILI (준특급, ★★★★) [준특급(★★★★☆)] Tel: +39.06.6602 - Fax: +39.06.66157747 [예정]

② SHERATON GOLF PARCO' DE MEDICI [준특급(★★★★)] Tel (39)(06) 65288 Fax (39)(06) 6528 7060 [예정]

③ SHERATON ROMA [준특급(★★★★)] Tel : +39-06-54531 / Fax : +39-06-594-0689 [예정]

④ VILLA PAMPHILI [준특급(★★★★)] Tel : +39-06-6602 / Fax : +39-06-66157747 [예정]

[그림 2] 여행상품의 실제 – 모두투어 서유럽 상품 사례(계속)

호텔식 현지식

8일 02월 22일 수요일

전일	전용버스	호텔에서 뷔페로 조식을 하고 로마교황이 통치하는 세계 최소의 독립국 바티칸시국을 방문 ● 로마 최대의 명소 바티칸 박물관 관광(일요일은 휴관) ● 미켈란젤로의 "천지창조"로 유명한 시스티나 예배당 ● 카톨릭교의 본산지 성 베드로 대성당 ● 미켈란젤로가 유일하게 작품에 서명을 남긴걸로 유명한 "피에타상" 감상 현지식으로 중식
로마		● 로마의 수많은 분수 중에서 가장 잘 알려진 바로크 양식의 아름다운 트레비분수 ● 박해받던 기독교인들의 지하무덤 카타콤베 내부 관람 ● 고대 로마의 유적 중에서 가장 규모가 큰 원형경기장 콜로세움(외관) ● 로마의 상업, 정치, 종교등의 시민생활에 필요한 모든 기관들이 밀집해 있던 지역이였으며, 현재도 발굴 중인 로마제국의 중심지 포로 로마노 ● 고대 로마시대에 1인승 이륜 전차 경기와 검투사들(글래디에이터)의 검투가 이루어졌던 대전차 경기장(조망) 로마 피우미치노 국제공항으로 이동 로마 출발 // 인천 향발
	22:20KE 928	♥ 로마 관광 특전 ♥ 1. 이태리 해물코스요리 " 마레 에 몬티(MARE E MONTI)" 제공합니다. "마레 에 몬티(MARE E MONTI)"란? 바다(MARE)와 산(MONTI)이란 의미로써, 산해진미와 일맥상통하는 말입니다.푸짐하고 맛깔스러운 음식들의 향연을 즐기실 수 있습니다. (계절에 따라 전식 메뉴는 변경될 수 있습니다.) -전식 : 석화, 브루스케타, 낙지요리, 훈제연어, 해물모듬조림, 홍합 -본식 : 마레 에 몬티 스파게티 (SPAGHETTI MARE E MONTI), 샤벳트와 해물모듬 숯불구이 -후식 : 계절과일과 와인

[그림 2] 여행상품의 실제 – 모두투어 서유럽 상품 사례(계속)

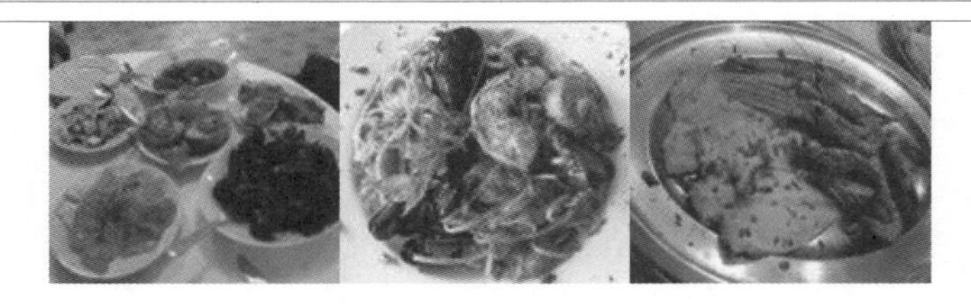

2.이태리 정통 마르게리따 피자와 전통 스파게티 제공합니다.
3.기독교인들이 지하무덤 카타콤베 내부 관람합니다.

★모두투어 추천옵션★

선택관광 : 로마 벤츠 옵션 (현지 옵션가 50유로)

도보 관광이 많은 로마 시내투어에서 메르세데스 벤츠 차량을 탑승하시어 편안하게 관광하시며, 기본 일정상에 명시되어 있지 않은 추가적인 관광지들을 보실 수 있습니다.

== 기내 1박 후 ==

【 로마- 인천 약 10시간 50분 비행】

관광 바티칸 박물관　관광 성 베드로 대성당　관광 진실의 입　관광 카타콤베

[그림 2] 여행상품의 실제 – 모두투어 서유럽 상품 사례(계속)

관광 콜로세움 관광 트레비분수 관광 포로로마노

호텔식 현지식 한 식

9일 02월 23일 목요일

인천국제공항 도착 후 해산

== 감사합니다. ==

★☆ 주의사항(영수증관련) ☆★

1. 쇼핑시 구입하신 물건의 영수증이나 면세점(TAXFREE)에서 받게 되시는 TAX REFUND(해외 부가세 환급)영수증은 꼭 본인이 지참하셔야 합니다. 공항에서 구입하신 물건을 보여주시고 환급증명서에 확인 받은 신 후 한장(빨간색)은 우편발송하시고, 한장(파란색)은 꼭 지참하셔서 최소 3~4개월이상 보관하시는것이 좋습니다.

인천 17:10-2. 구입하신 물건은 꼭 그자리에서 다시한번 확인해주시고, 구입후에 개봉하신 물건들은 이미 중고가 되므로 환불이 불가능합니다. 특히 스위스 시계는 한번 개봉하시면 절대 환불이 되지 않습니다. 교환시에도 구입하신 영수증이 없으면 교환이 불가능하오니 꼭 영수증을 챙겨주시기 바랍니다.

3. 액체·젤류·에어로졸에 대한 항공보안 통제 지침에 따라 해외공항 면세점에서 또는 기내에서 물품을 구입하신 경우 최종목적지에 도착하기 전까지 절대 포장을 뜯으시면 안됩니다. 특히 경유편 이용시 포장이잘못 되었을 경우나 포장이 뜯겨있을경우 검색대에서 압수당할수있으므로 액체·젤류·에어로졸에 대한 구입에 신경써주시기 바랍니다.

▶출국 시 유의사항과 액체, 젤류 및 에어로졸에 대한 항공보안 통제 지침 시행에 있어보다 자세한 추가정보나 문의사항은 항공안전본부 홈페이지(http://www.casa.go.kr)참조하시기 바랍니다.

[그림 2] 여행상품의 실제 – 모두투어 서유럽 상품 사례(계속)

여행 전 참고사항

예약취소료 규정	▶여행자의 여행계약 해제 요청 시 여행약관에 의거하여 취소료가 부과됩니다◀ 제15조(여행출발 전 계약해제) - 여행출발일 20일전까지 취소 요청시 - 여행요금의 10% 배상 - 여행출발일 19~10일전까지 취소 요청시 - 여행요금의 15% 배상 - 여행출발일 9~8일전까지 취소 요청시 - 여행요금의 20% 배상 - 여행출발일 7~1일전까지 취소 요청시 - 여행요금의 30% 배상 - 여행출발 당일 취소 통보시 - 여행요금의 50% 배상 (※공정거래위원회 고시 제2011-10호 소비자분쟁해결기준에 의한 것으로 제9조, 제15조의 변경사항은 2011년12월28일 여행상품예약자부터 적용) ▶ 근무일(공휴일 및 토, 일요일 제외) 및 근무시간(18시 30분까지) 내에 취소요청에 한함
선택추가경비	** 상기 일정중 추가 서비스를 원하시는 분들을 위한 안내 ** - 와인서비스 (한화 55,000원) 와인의 본고장 유럽에서 지역별 정통 와인을 경험할 수 있는 좋은 기회로서 호텔에서 제공됩니다. - 과일서비스 (한화 55,000원) 정갈하게 준비되어 제공되는 과일서비스이며 호텔에서 제공됩니다. => 신청은 출발전 판매 담당자에게 요청 바랍니다. ** 당사 여행약관에 근거 여행요금의 변경 규정은 다음과 같습니다. ① 국외여행을 실시함에 있어서 이용운송, 숙박기관에 지급하여야 할 요금이 계약체결시보다 5%이상 증감하거나 여행요금에 적용된 외화환율이 계약체결시보

[그림 2] 여행상품의 실제 – 모두투어 서유럽 상품 사례(계속)

	다 2% 이상 증감한 경우 당사 또는 여행자는 그 증감된 금액 범위 내에서 여행요금의 증감을 상대방에게 청구할 수 있습니다. ② 당사는 제1항의 규정에 따라 여행요금을 증액하였을 때에는 여행출발일 15일 전에 여행자에게 통지하여야 합니다.
예약시 유의사항	※ 고객의 책임 - 반드시 신청전/출발전에 상품 일정표 및 목적지의 여행 정보를 확인하시기 바랍니다. - 20세 미만의 보호자를 동반하지 않은 여행객은 친권자의 동의서가 필요합니다. 1) 건강 정보 - 여행 전, 해외여행 질병정보센터 홈페이지 www.travelinfo.cdc.go.kr 에서 여행 목적지에서 유행 중이거나 주의해야 할 질병정보를 확인하시기 바랍니다. 2) 해외 안전 여행 정보 - 외교통상부 해외안전여행 홈페이지 www.0404.go.kr 에서 국가나 지역별 위험수준, 안전대책, 행동지침에 대한 정보를 제공합니다. ※ 그외 ◈환전은 반드시 유로화로 해주시고 50유로 이하의 잔돈으로 환전하면 편리합니다. ◈유럽 호텔은 전압(210V~240V)은 같지만 콘센트 모양이 우리와 달라 전자 제품 사용시 각기 다른 어댑터를 준비하셔야 사용할 수 있습니다. ◈유럽 대부분의 나라들이 물을 사서 먹기 때문에 식당에서도 생수를 사서 드셔야 합니다. ◈현지 한식당에서 반찬을 추가할 경우 추가비용을 받는 곳이 있습니다. ◈한국에서 가져가신 소주나 외부에서 사신 술을 식당에서 드실 수 없습니다. ◈유럽에서 특히, 이탈리아의 조식은 뷔페식이라도 간소함 ▶ 모두투어는 영업보증보험 22억1천만원(기간:2011년2월18일~2012년2월17일)에 가입되어 있습니다. 이 상품은 패키지 상품으로 단체여행을 목적으로 하는 고객님들을 위한 상품입니다. 따라서, 현지에서 불가항력적인 상황이 아닌 고객의 개인사정에 의한 개별일정 진행 및 변경이 불가하며

[그림 2] 여행상품의 실제 – 모두투어 서유럽 상품 사례(계속)

	단체여행의 목적과 다르게 행동할 시 추가요금을 요구할 수 있습니다.
유류할증료/환율	☞ 유류할증료(FUEL SURCHARGE) 국제유가와 항공사 영업환경을 고려한 국토해양부의 '국제선 항공요금과 유류할증료 확대방안' 에 따라 유류할증료가 인상, 인하되고 있습니다. ☞ 달러/엔/유로화등의 환율이 급격하게 변동될 경우는 추가금액이 발생하거나 상품가 인상이 있을 수 있습니다.
사용객실정보	* 일부 호텔은 욕조가 없는 샤워부스 입니다.
싱글룸차지요금	*** 1인 1실(싱글룸) 사용시 7박 총 금액 49만원 추가로 입금해 주셔야 합니다. ***
항공정보	* 리턴 예약일 변경시 - 300$의 추가차액이 발생합니다.(현지 대한항공카운터에서 지불) - 한국에서 변경일 확약을 받으셔야만 합니다. - 리턴날짜 변경은 출발일로부터 35일이내이오며, 지역변경 가능합니다.(이스탄불,카이로지역 제외) * 마일리지 관련 - 개인티켓 마일리지의 80%까지 적립이 됩니다. *항공사의 그룹좌석에 관한 운영절차가 변경되어 [출발일 14일전(주말제외) 실명단이 없을경우 예약이 취소] 될수 있사오니 예약과 동시에 여권copy본 또는 정확한 여권사항을 예약담당자에게 제출하시어 주시기 바랍니다. ※ 항공 예상 적립 마일리지 : 8984Mile (상품마다 적립되는 마일리지가 상이할 수 있습니다.)
공항이용주의사항	국토해양부 액체,젤류,에어로졸에 대한 항공보안 통제지침에 따라 대한민국을 출발하는 모든 국제선 항공편과 환승·통과편을 이용하는 승객들이 용기 1개당 100 ㎖(cc) 를 초과하는 액체, 젤류 및 에어로졸류 물질을 휴대하여 항공기에 탑승하는 것을 금지합니다. 면세점에서 액체, 젤류 및 에어로졸 면세품을 사는 경우, 면세점의 포장 봉투를 뜯지만 않으시면 용량에 관계없이 기내에 가지고 탈 수 있으므로, 최종 목적지 도착시까지 절대 포장을 뜯지 마십시오. 국토해양부 http://www.mltm.go.kr (1599-0001) 참조

[그림 2] 여행상품의 실제 – 모두투어 서유럽 상품 사례(계속)

	단, EU국가에서 갈아타시는 경우, EU 이외의 국가(인천공항 포함)에 위치한 공항 또는 시내 면세점에서 구입한 모든 액체류는 환승시 해당 국가 규정에 따라 압수될 수 있습니다.
국내긴급연락처	※ 아래의 연락처는 공항에서 첫만남시 긴급상황이 발생했을 경우에 해당되며 상품관련 문의는 예약하신곳(모두투어 상품판매점) 또는 예약센터 (1544-5252)로 하시기 바랍니다. 평일 : 모두투어 공항지점 ☎ 032) 743-3700 주말 : 모두투어 본사 당직자 ☎ 02) 7288-000
해외긴급연락처	* 모두투어 영국(런던) ☎ 44 20 8785 5588 * 모두투어 프랑스(파리) ☎ 33 (0)1 4969 9627 * 모두투어 이태리(로마) ☎ 39 (0)6 4080 2347 * 모두투어 독일(프랑크푸르트) ☎ 49 (0)619 676 7610 * 모두투어 스위스(베른) ☎ 41 (0)31 862 1650
해외여행 안전정보	2009년 3월 개정된 문화체육관광부 관광진흥법 14조에 따라, 해외여행자 보호를 위한 해외여행경보단계(4단계: 여행유의/자제/제한/금지)는 출국전 외교통상부 [해외안전여행 홈페이지] (www.0404.go.kr)에서 확인하실 수 있습니다. 또한, 출국전 상기 홈페이지에서 해외여행자 인터넷자율등록제 이용도 권장드립니다.
한국수신자부담전화	수신자 부담 국제전화 하는 방법(한국통신) * 영국 : 0800-028-6516 * 프랑스 : 0800-908-536 * 스위스 : 0800-561-401 * 이태리 : 800-172-222 * 독일 : 0800-181-3972 * 네델란드: 080-0022-0082 ▣ 유럽 현지 로밍폰 임대 서비스 * 가입비, 기본료, 임대료 무료 / 통화요금만 납부(자동로밍 대비 50% 저렴) * 멀티아답터 무료 * 인천공항 로밍카운터 및 택배수령 * 문의 및 전화예약 : 1688-7077(S로밍)

[그림 2] 여행상품의 실제 – 모두투어 서유럽 상품 사례(계속)

여권/비자 관련정보	* 여권은 반드시 6개월 이상의 유효기간이 남아 있어야하며 90일간 무비자로 체류 가능합니다.(일부국가 제외) * 외국인의 경우 대사관에 반드시 확인바랍니다.
쇼핑 정보	◈ 런던(미쯔꼬시): 여성/남성정장,옷감/원단,가방,스카프/악세서리 등 ◈ 파리(쁘렝땅 PRINTEMPS 또는 라파예트 LAFAYETTE): 파리 유명 백화점으로 의류,화장품,가방,악세서리 등 ◈ 스위스(KIRCHHOFER 또는 BUCHERER): 스위스시계, 아미나이프,뻐꾸기 시계 등 기념품 ◈ 피렌체(PERUZZI): 이태리 명품 브랜드의 각종 의류,가죽제품(신발,재킷) 등 ◈ 베니스(돌로베르데) : 이태리산 올리브 오일, 천연비누, 발사믹 식초, 와인, 기념품 등 ◈ 프랑크푸르트(MJ 또는 EURO SHOP): 쌍둥이표 칼,FISSLER(휘슬러) 압력밥솥,주방용품 등 - 각 지역 쇼핑 기본시간은 40~50분을 넘지 않도록 하겠습니다. ★ 여행 전에 계획을 세워서 과다한 외화낭비를 삼갑시다.★ - 구입하신 상품의 교환 및 환불은 여행 종료 후 10일 이내에 신청하셔야 합니다. * 영수증과 여행 상품명, 출발일, 인솔자명 간단한 사유를 알려주세요. * 교환 및 환불 규정은 해당 상품 및 쇼핑센터 기준에 따릅니다. * 서울-본사로의 왕복 배송비용은 고객께서 부담하셔야 합니다. * 환불과정에서 환차손이 발생할 수 있으며, TAX REFUND 금액을 뺀 차액이 지불 됩니다. * 교환은 1회에 한하며, 기간은 최장 3개월까지 걸릴 수 있습니다. - 해외 부가세 환급(TAX REFUND) * 유럽은 쇼핑한 물건에 대하여 약 7~10 % 의 부가세 금액을 면세 받을 수 있습니다. * 면세점(TAX FREE) 로고가 있는 상점에서 일정 금액 이상의 물품을 구입 한 후 '환급 증명서'를 받으셔야 합니다. * 출국시 공항(최종 출국 국가의 공항)에서 반드시 구입한 물품을 제시하고 세관에서 환급 증명서에 '확인'을 받은 후 짐을 부쳐야 합니다. * 공항 내에 있는 환급 창구에서 현금(EUR, USD)으로 돌려받거나 카드 계좌(2-3개월 소요)로 입금 됩니다. ★☆ 주의사항(쇼핑관련) ☆★

[그림 2] 여행상품의 실제 – 모두투어 서유럽 상품 사례(계속)

* 구입하신 물건의 교환 및 환불은 여행 종료 후 10일 이내에 신청 하셔야하며 투어에서 지정된 쇼핑장소 이외의 상점에서 개인적으로 구매한 물건은 교환 또는 환불 대행이 불가합니다.

* 구매하신 물건의 환불요청시 여행상품명, 출발일, 인솔자명, 간단한 사유를 예약 담당자에게 알려주셔야 합니다.

* 교환 및 환불 규정은 해당 상품 및 쇼핑센터 기준이 우선이며 교환은 1회에 한하며 처리기간은 15일 ~ 3개월정도까지 소요될 수 있습니다.

* 서울-본사로의 왕복 배송비용은 고객께서 부담하셔야 합니다.

* 환불과정에서 환차손이 발생할 수 있으며, TAX REFUND 금액을 뺀 차액이 지불됩니다.

★☆ 주의사항(영수증관련) ☆★

* 쇼핑시 구입하신 물건의 영수증이나 면세점(TAXFREE)에서 받게 되시는 TAX REFUND(해외 부가세 환급)영수증은 꼭 본인이 지참하셔야 합니다. 공항에서 구입하신 물건을 보여주시고 환급증명서에 확인 받은 신 후 한장(빨간색)은 우편발송하시고, 한장(파란색)은 꼭 지참하셔서 최소 3~4개월이상 보관하시는것이 좋습니다.

* 구입하신 물건은 꼭 그자리에서 다시한번 확인해주시고, 구매 후 포장을 개봉한 물건은 이미 중고로 간주되므로 환불이 불가능합니다. 특히 스위스 시계는 스위스를 떠나면 환불 및 교환이 불가하며 고장시 구입한 영수증이 필요합니다.

★☆ 해외 부가세 환급(TAX REFUND) ☆★

* 유럽은 쇼핑한 물건에 대하여 약 7~10 % 의 부가세 금액을 면세 받을 수 있으며 면세점(TAX FREE) 로고가 있는 상점에서 일정 금액 이상의 물품을 구입 한 후 환급 증명서를 받으셔야 합니다.

* EU가입국가 입,출국시 공항(최종 출국 국가의 공항)에서 반드시 구입한 물품을

[그림 2] 여행상품의 실제 – 모두투어 서유럽 상품 사례(계속)

	제시하고 세관에서 TAX REFUND(환급증명서) 서류에 확인을 받은 후 짐을 부쳐야 합니다. EU 가입국이 아닌 경우는 해당국가를 출국하기 전에 TAX REFUND 서류 처리를 받으셔야 합니다. * 공항 내에 있는 환급 창구에서 현금(EUR, USD)으로 돌려받거나 카드 계좌(2-3개월 소요)로 입금됩니다. * 유럽에서 출국시 TAX REFUND 처리를 받지 않고 귀국하신경우 한국에서는 처리가 불가하니 주의바랍니다. ▶▶ 유럽은 타지역과 달리 쇼핑 관련하여 환불 및 교환이 원활하지 않아 곤란을 겪으실 수 있으므로 이점 꼭 상기하셔서 신중히 구매해 주시기 바랍니다. (고객님의 단순변심 또는 제품을 사용하신 후에는 교환 및 환불은 불가합니다. 단, 물품의 하자로 인한 교환 제외) ▶▶ 자유여행상품 (배낭, 에어텔, 자유허니문) 이용객은 위의 주의사항과는 관련이 없습니다.
여행시 주의사항	★★★ 여행시 임대되는 수신기,이어폰,멀티어댑터 등은 모두투어의 자산으로 반드시 반납 부탁드립니다. 분실시에는 고객님께 배상책임이 있습니다.★★★ <여행고객 수신기 배상 금액표> 수신기 1 EA 90,000 폰백 1 EA 5,000 멀티아답터 1 EA 5,000 이어폰 1 EA 5,000 ※ 육포, 소시지 등의 축산물과 생과일 등 식물류는 국내 반입이 금지되어 있습니다. 반입시 과태료가 부과될 수 있으니 주의하시기 바랍니다. 예) 비천향육포, 소고기육포, 소시지, 닭(오리)가공품, 망고 등 생과일, 씨앗, 화훼류, 묘목 등
최소출발인원 규정	☞패키지 여행은 단체 여행이기 때문에 출발일까지 최소 출발 인원이 채워지지 않는 경우 다른 날로 상품을 변경하시거나 혹은 여행상품이 취소될 수 있습니다.

[그림 2] 여행상품의 실제 – 모두투어 서유럽 상품 사례(계속)

여행약관 제9조(최저행사인원 미 충족시 계약해제) 에 의거
① 당사는 최저행사인원이 충족되지 아니하여 여행계약을 해제하는 경우 여행출발 7일전까지 여행자에게 통지하여야 한다.
② 당사는 여행참가자수 미달로 전 항의 기일내 통지를 하지 아니하고 계약을 해제하는 경우 이미 지급 받은 계약금 환급 외에 다음 각 목의 1의 금액을 여행자에게 배상하여야 한다.
가. 여행출발 1일전까지 통지시 : 여행요금의 20%
나. 여행출발 당일 통지시 : 여행요금의 50%

[그림 2] 여행상품의 실제 – 모두투어 서유럽 상품 사례

7. 지상수배업자(land operator)

여행사들은 여행상품을 기획하고 구성할 때 해외 현지의 지상업무에 대한 상세하고 정확한 정보가 필수적이다. 그러나 여행업을 영위하는 여행사 입장에서 해외 모든 지역의 지상업무에 대한 현장 정보를 보유하고 유지할 수 없는 것이 현실이다. 물론 특정 지역에 집중적으로 수요가 지속적으로 발생한다면 이곳에 자사 지점을 설치하여 운영할 수도 있다. 그러나 여행수요는 범세계적으로 발생하며 이를 단위 여행사가 그때마다 정확한 현장 지상업무 정보를 보유하고 유지하는 것은 불필요한 낭비 요인이 된다. 따라서 여행사의 해외 현지 지상수배 업무는 별도의 기능영역으로 성립하게 된다.

지상수배업자는 단위 지역에 대한 지상업무인 호텔, 식당, 버스, 열차, 관광 목적지 등에 대한 세밀하고 다양한 정보를 수배하고, 수집하여 이를 상품 생산자인 여행사에 제공한다. 여행사는 이를 활용하여 상품을 구성하고 판매하고, 판매한 상품에 대한 현지 운영을 지상수배업자에게 맡기게 된다.

지상수배업자는 현지 공급업자에 대해 저렴한 비용으로 양질의 사용권(principle)을 확보하는 것이 경쟁력이 된다. 이들은 현지 공급업체와 상품기획, 판매 여행사의 양자를 연결하는 업무를 수행하므로 양자에 대한 신뢰를 확보하는 것이 주요 과제가 된다.

가. 지상수배업자의 형태

형 태	내 용	업 무
외국 본사형 (국내 지사)	· 본사 : 외국(본사에서 급여송금) · 대상 : 국내 여행업자(outbound)	· 여행판촉, 여행정보, 랜드수배 회신 및 확정서 제공
국내 본사형 (해외직영지점 형태 또는 협력사 형태)	· 본사 : 국내 · 대상 : 해외 여행업자(inbound), 국내 여행사의 해외 직영지점 형태의 경우 자사 마케팅팀	· 국내 현지수배업무, 해외현지 지사운영 등
독립 채산형	· 국내 본사형과 유사하나, 독립적인 운영	· 해외 여행사와의 계약에 의한 운영, 송출객에 대한 수수료 수입

나. 지상수배업자의 선정 방법

해외 전 지역에 대한 지상수배업자는 많이 있다. 특정 지역에 대한 많은 지상수배업자 중 이를 잘 선정하고 운영한 것이 여행상품의 경쟁력이 된다. 이를 선정하는 기준으로 몇 가지를 고려할 수 있다.

(1) 전문성

현지수배 능력과 실적을 토대로 하여 전문성을 판단하며, 현지 정보의 정확성, 문제 해결 능력, 여타 업체와의 차별성 등을 고려한다. 동 지역의 상품을 구성할 때 하나투어나 모두투어 등 대형 여행사의 랜드를 수행하는 등의 실적이 있다면 상대적으로 문제발생 가능성이 줄어들 수 있다.

(2) 가격 및 서비스 품질조건

가격 수준과 서비스 품질 수준을 함께 고려해야 한다. 경쟁 심화에 의한 저가 조건만으로 판단할 때 심각한 상품 품질 및 서비스 수준 저하로 이어질 수 있다는 점을 유의해야 한다.

(3) 업계 평판 및 인지도

지상수배업계의 평판과 인지도를 고려하여 업체를 선정하면 무난할 수 있다.

다. 지상수배업자에 대한 지상비 지불 방식

지상비 지불 시기와 방식은 중요하다. 여행업자 입장에서 지상비를 지불 완료한 후 해당 지상수배업자의 문제로 제대로 현지 관광 행사가 진행되지 못하는 경우도 발생하기 때문이다. 지상수배업자는 단체 출발 전 전액을 받는 것을 당연히 선호하며, 상품판매자인 여행사 입장에서는 행사 종료 후 행사비 지급을 선호한다. 지역이나 현지 지상수배업자에 따라 지상비 지불방식이 다를 수 있다.

(1) 행사 전 지불

단체출발 전 지상비 전액을 지불하는 형태로 여행사 입장에서는 다소 불안하다. 소규모 여행사의 경우나 특정지역의 행사인 경우 이러한 형태를 취한다.

(2) 행사 중 지불

단체출발 전에 일부(50%)를 지불하고, 현지 도착하여 잔여액을 정산하는 형태이다. 이 경우에 TC가 현지에 도착하여 현지에서 지불하게 된다. 통상적으로 단발성 단체행사의 경우 대체로 이러한 패턴이 활용되고 있다.

(3) 행사 완료 후 지불

지속적인 시리즈 형태의 송객이나 여행사의 평판과 실적에 따라 행사 종료한 후 여행사에서 후속하여 정산하는 형태이다.

8. 국외여행 표준약관

국외여행 표준약관(사례)

표준약관 제10021호 【2019. 8. 30. 개정】

제1조(목적) 이 약관은 ㈜헬스조선(이하 여행사)과 여행자가 체결한 국외여행계약의 세부 이행 및 준수사항을 정함을 목적으로 합니다.

제2조(용어의 정의) 여행의 종류 및 정의, 해외여행수속대행업의 정의는 다음과 같습니다.

1. 기획여행 : 여행사가 미리 여행목적지 및 관광일정, 여행자에게 제공될 운송 및 숙식서비스 내용(이하 '여행서비스'라 함), 여행요금을 정하여 광고 또는 기타 방법으로 여행자를 모집하여 실시하는 여행.
2. 희망여행 : 여행자(개인 또는 단체)가 희망하는 여행조건에 따라 여행사가 운송・숙식・관광 등 여행에 관한 전반적인 계획을 수립하여 실시하는 여행.
3. 해외여행 수속대행(이하 '수속대행계약'이라 함) : 여행사가 여행자로부터 소정의 수속대행요금을 받기로 약정하고, 여행자의 위탁에 따라 다음에 열거하는 업무(이하 '수속대행업무'라 함)를 대행하는 것.
   1) 사증, 재입국 허가 및 각종 증명서 취득에 관한 수속
   2) 출입국 수속서류 작성 및 기타 관련업무

제3조(여행사와 여행자 의무) ① 여행사는 여행자에게 안전하고 만족스러운 여행서비스를 제공하기 위하여 여행알선 및 안내・운송・숙박 등 여행계획의 수립 및 실행과정에서 맡은 바 임무를 충실히 수행하여야 합니다.

② 여행자는 안전하고 즐거운 여행을 위하여 여행자 간 화합도모 및 여행사의 여행질서 유지에 적극 협조하여야 합니다.

제4조(계약의 구성) ① 여행계약은 여행계약서(붙임)와 여행약관・여행일정표(또는 여행 설명서)를 계약내용으로 합니다.

② 여행계약서에는 여행사의 상호, 소재지 및 관광진흥법 제9조에 따른 보증보험 등의 가입(또는 영업보증금의 예치 현황) 내용이 포함되어야 합니다.

③ 여행일정표(또는 여행설명서)에는 여행일자별 여행지와 관광내용・교통수단・쇼핑횟수・숙

박장소・식사 등 여행실시일정 및 여행사 제공 서비스 내용과 여행자 유의사항이 포함되어야 합니다.

제5조(계약체결의 거절) 여행사는 여행자에게 다음 각 호의 1에 해당하는 사유가 있을 경우에는 여행자와의 계약체결을 거절할 수 있습니다.

1. 질병, 신체이상 등의 사유로 개별관리가 필요하거나, 단체여행(다른 여행자의 여행에 지장을 초래하는 등)의 원활한 실시에 지장이 있다고 인정되는 경우
2. 계약서에 명시한 최대행사인원이 초과된 경우

제6조(특약) 여행사와 여행자는 관련법규에 위반되지 않는 범위 내에서 서면(전자문서를 포함한다. 이하 같다)으로 특약을 맺을 수 있습니다. 이 경우 여행사는 특약의 내용이 표준약관과 다르고 표준약관보다 우선 적용됨을 여행자에게 설명하고 별도의 확인을 받아야 합니다.

제7조(계약서 등 교부 및 안전정보 제공) 여행사는 여행자와 여행계약을 체결한 경우 계약서와 약관 및 여행일정표(또는 여행설명서)를 각 1부씩 여행자에게 교부하고, 여행목적지에 관한 안전정보를 제공하여야 합니다. 또한 여행 출발전 해당 여행지에 대한 안전정보가 변경된 경우에도 변경된 안전정보를 제공하여야 합니다.

제8조(계약서 및 약관 등 교부 간주) 다음 각 호의 경우 여행계약서와 여행약관 및 여행일정표(또는 여행설명서)가 교부된 것으로 간주합니다.

1. 여행자가 인터넷 등 전자정보망으로 제공된 여행계약서, 약관 및 여행일정표(또는 여행설명서)의 내용에 동의하고 여행계약의 체결을 신청한 데 대해 여행사가 전자정보망 내지 기계적 장치 등을 이용하여 여행자에게 승낙의 의사를 통지한 경우
2. 여행사가 팩시밀리 등 기계적 장치를 이용하여 제공한 여행계약서, 약관 및 여행일정표(또는 여행설명서)의 내용에 대하여 여행자가 동의하고 여행계약의 체결을 신청하는 서면을 송부한 데 대해 여행사가 전자정보망 내지 기계적 장치 등을 이용하여 여행자에게 승낙의 의사를 통지한 경우

제9조(여행사의 책임) 여행사는 여행 출발 시부터 도착 시까지 여행사 본인 또는 그 고용인, 현지 여행사 또는 그 고용인 등(이하 '사용인'이라 함)이 제3조 제1항에서 규정한 여행사 임무와 관련하여 여행자에게 고의 또는 과실로 손해를 가한 경우 책임을 집니다.

제10조(여행요금) ① 여행계약서의 여행요금에는 다음 각 호가 포함됩니다. 다만, 희망여행은 당사자 간 합의에 따릅니다.

1. 항공기, 선박, 철도 등 이용운송기관의 운임(보통운임기준)
2. 공항, 역, 부두와 호텔사이 등 송영버스요금
3. 숙박요금 및 식사요금
4. 안내자경비
5. 여행 중 필요한 각종세금
6. 국내외 공항·항만세
7. 관광진흥개발기금
8. 일정표 내 관광지 입장료
9. 기타 개별계약에 따른 비용

② 제1항에도 불구하고 반드시 현지에서 지불해야 하는 경비가 있는 경우 그 내역과 금액을 여행계약서에 별도로 구분하여 표시하고, 여행사는 그 사유를 안내하여야 합니다.

③ 여행자는 계약체결 시 계약금(여행요금 중 10% 이하 금액)을 여행사에게 지급하여야 하며, 계약금은 여행요금 또는 손해배상액의 전부 또는 일부로 취급합니다.

④ 여행자는 제1항의 여행요금 중 계약금을 제외한 잔금을 여행출발 7일 전까지 여행사에게 지급하여야 합니다.

⑤ 여행자는 제1항의 여행요금을 당사자가 약정한 바에 따라 카드, 계좌이체 또는 무통장입금 등의 방법으로 지급하여야 합니다.

⑥ 희망여행요금에 여행자 보험료가 포함되는 경우 여행사는 보험회사명, 보상내용 등을 여행자에게 설명하여야 합니다.

제11조(여행요금의 변경) ① 국외여행을 실시함에 있어서 이용운송·숙박기관에 지급하여야 할 요금이 계약체결 시보다 5% 이상 증감하거나 여행요금에 적용된 외화환율이 계약체결 시보다 2% 이상 증감한 경우 여행사 또는 여행자는 그 증감된 금액 범위 내에서 여행요금의 증감을 상대방에게 청구할 수 있습니다.

② 여행사는 제1항의 규정에 따라 여행요금을 증액하였을 때에는 여행출발일 15일 전에 여행자에게 통지하여야 합니다.

제12조(여행조건의 변경요건 및 요금 등의 정산) ① 계약서 등에 명시된 여행조건은 다음 각 호의

1의 경우에 한하여 변경될 수 있습니다.

1. 여행자의 안전과 보호를 위하여 여행자의 요청 또는 현지사정에 의하여 부득이하다고 쌍방이 합의한 경우
2. 천재지변, 전란, 정부의 명령, 운송·숙박기관 등의 파업·휴업 등으로 여행의 목적을 달성할 수 없는 경우

② 여행사가 계약서 등에 명시된 여행일정을 변경하는 경우에는 해당 날짜의 일정이 시작되기 전에 여행자의 서면 동의를 받아야 합니다. 이때 서면동의서에는 변경일시, 변경내용, 변경으로 발생하는 비용이 포함되어야 합니다.

③ 천재지변, 사고, 납치 등 긴급한 사유가 발생하여 여행자로부터 여행일정 변경 동의를 받기 어렵다고 인정되는 경우에는 제2항에 따른 일정변경 동의서를 받지 아니할 수 있습니다. 다만, 여행사는 사후에 서면으로 그 변경 사유 및 비용 등을 설명하여야 합니다.

④ 제1항의 여행조건 변경 및 제11조의 여행요금 변경으로 인하여 제10조 제1항의 여행요금에 증감이 생기는 경우에는 여행출발 전 변경분은 여행출발 이전에, 여행 중 변경분은 여행종료후 10일 이내에 각각 정산(환급)하여야 합니다.

⑤ 제1항의 규정에 의하지 아니하고 여행조건이 변경되거나 제16조 내지 제18조의 규정에 의한 계약의 해제·해지로 인하여 손해배상액이 발생한 경우에는 여행출발 전 발생분은 여행출발이전에, 여행 중 발생분은 여행종료 후 10일 이내에 각각 정산(환급)하여야 합니다.

⑥ 여행자는 여행출발 후 자기의 사정으로 숙박, 식사, 관광 등 여행요금에 포함된 서비스를 제공 받지 못한 경우 여행사에게 그에 상응하는 요금의 환급을 청구할 수 없습니다. 다만, 여행이 중도에 종료된 경우에는 제18조에 준하여 처리합니다.

제13조(여행자 지위의 양도) ① 여행자가 개인사정 등으로 여행자의 지위를 양도하기 위해서는 여행사의 승낙을 받아야 합니 다. 이때 여행사는 여행자 또는 여행자의 지위를 양도받으려는 자가 양도로 발생하는 비용을 지급할 것을 조건으로 양도를 승낙할 수 있습니다.

② 전항의 양도로 발생하는 비용이 있을 경우 여행사는 기한을 정하여 그 비용의 지급을 청구하여야 합니다.

③ 여행사는 계약조건 또는 양도하기 어려운 불가피한 사정 등을 이유로 제1항의 양도를 승낙하지 않을 수 있습니다.

④ 제1항의 양도는 여행사가 승낙한 때 효력이 발생합니다. 다만, 여행사가 양도로 인해 발생한 비용의 지급을 조건으로 승낙한 경우에는 정해진 기한 내에 비용이 지급되는 즉시 효력이 발생

합니다.

⑤ 여행자의 지위가 양도되면, 여행계약과 관련한 여행자의 모든 권리 및 의무도 그 지위를 양도 받는 자에게 승계됩니다.

제14조(여행사의 하자담보 책임) ① 여행자는 여행에 하자가 있는 경우에 여행사에게 하자의 시정 또는 대금의 감액을 청구할 수 있습니다. 다만, 그 시정에 지나치게 많은 비용이 들거나 그 밖에 시정을 합리적으로 기대할 수 없는 경우에는 시정을 청구할 수 없습니다.

② 여행자는 시정 청구, 감액 청구를 갈음하여 손해배상을 청구하거나 시정 청구, 감액 청구와 함께 손해배상을 청구할 수 있습니다.

③ 제1항 및 제2항의 권리는 여행기간 중에도 행사할 수 있으며, 여행종료일부터 6개월 내에 행사하여야 합니다.

제15조(손해배상) ① 여행사는 현지여행사 등의 고의 또는 과실로 여행자에게 손해를 가한 경우 여행사는 여행자에게 손해를 배상하여야 합니다.

② 여행사의 귀책사유로 여행자의 국외여행에 필요한 사증, 재입국 허가 또는 각종 증명서 등을 취득하지 못하여 여행자의 여행일정에 차질이 생긴 경우 여행사는 여행자로부터 절차대행을 위하여 받은 금액 전부 및 그 금액의 100% 상당액을 여행자에게 배상하여야 합니다.

③ 여행사는 항공기, 기차, 선박 등 교통기관의 연발착 또는 교통체증 등으로 인하여 여행자가 입은 손해를 배상하여야 합니다. 다만, 여행사가 고의 또는 과실이 없음을 입증한 때에는 그러하지 아니합니다.

④ 여행사는 자기나 그 사용인이 여행자의 수하물 수령, 인도, 보관 등에 관하여 주의를 해태(懈怠)하지 아니하였음을 증명하지 아니하면 여행자의 수하물 멸실, 훼손 또는 연착으로 인한 손해를 배상할 책임을 면하지 못합니다.

제16조(여행출발 전 계약해제) ① 여행사 또는 여행자는 여행출발 전 이 여행계약을 해제할 수 있습니다. 이 경우 발생하는 손해액은 '소비자분쟁해결기준'(공정거래위원회 고시)에 따라 배상합니다.

② 여행사 또는 여행자는 여행출발 전에 다음 각 호의 1에 해당하는 사유가 있는 경우 상대방에게 제1항의 손해배상액을 지급하지 아니하고 이 여행계약을 해제할 수 있습니다.

1. 여행사가 해제할 수 있는 경우

가. 제12조 제1항 제1호 및 제2호 사유의 경우

나. 여행자가 다른 여행자에게 폐를 끼치거나 여행의 원활한 실시에 현저한 지장이 있다고 인정될 때

다. 질병 등 여행자의 신체에 이상이 발생하여 여행에의 참가가 불가능한 경우

라. 여행자가 계약서에 기재된 기일까지 여행요금을 납입하지 아니한 경우

2. 여행자가 해제할 수 있는 경우

가. 제12조 제1항 제1호 및 제2호의 사유가 있는 경우

나. 여행사가 제21조에 따른 공제 또는 보증보험에 가입하지 아니하였거나 영업보증금을 예치하지 않은 경우

다. 여행자의 3촌 이내 친족이 사망한 경우

라. 질병 등 여행자의 신체에 이상이 발생하여 여행에의 참가가 불가능한 경우

마. 배우자 또는 직계존비속이 신체이상으로 3일 이상 병원(의원)에 입원하여 여행 출발 전까지 퇴원이 곤란한 경우 그 배우자 또는 보호자 1인

바. 여행사의 귀책사유로 계약서 또는 여행일정표(여행설명서)에 기재된 여행일정대로의 여행실시가 불가능해진 경우

사. 제10조 제1항의 규정에 의한 여행요금의 증액으로 인하여 여행 계속이 어렵다고 인정될 경우

제17조(최저행사인원 미충족 시 계약해제) ① 여행사는 최저행사인원이 충족되지 아니하여 여행계약을 해제하는 경우 여행출발 7일 전까지 여행자에게 통지하여야 합니다.

② 여행사가 여행참가자 수 미달로 전항의 기일 내 통지를 하지 아니하고 계약을 해제하는 경우 이미 지급받은 계약금 환급 외에 다음 각 목의 1의 금액을 여행자에게 배상하여야 합니다.

가. 여행출발 1일 전까지 통지 시 : 여행요금의 30%

나. 여행출발 당일 통지 시 : 여행요금의 50%

제18조(여행출발 후 계약해지) ① 여행사 또는 여행자는 여행출발 후 부득이한 사유가 있는 경우 각 당사자는 여행계약을 해지할 수 있습니다. 다만, 그 사유가 당사자 한쪽의 과실로 인하여 생긴 경우에는 상대방에게 손해를 배상하여야 합니다.

② 제1항에 따라 여행계약이 해지된 경우 귀환운송 의무가 있는 여행사는 여행자를 귀환운송할 의무가 있습니다.

③ 제1항의 계약해지로 인하여 발생하는 추가 비용은 그 해지사유가 어느 당사자의 사정에 속하는 경우에는 그 당사자가 부담하고, 양 당사자 누구의 사정에도 속하지 아니하는 경우에는 각 당사자가 추가 비용의 50%씩을 부담합니다.

④ 여행자는 여행에 중대한 하자가 있는 경우에 그 시정이 이루어지지 아니하거나 계약의 내용에 따른 이행을 기대할 수 없는 경우에는 계약을 해지할 수 있습니다.

⑤ 제4항에 따라 계약이 해지된 경우 여행사는 대금청구권을 상실합니다. 다만, 여행자가 실행된 여행으로 이익을 얻은 경우에는 그 이익을 여행사에게 상환하여야 합니다.

⑥ 제4항에 따라 계약이 해지된 경우 여행사는 계약의 해지로 인하여 필요하게 된 조치를 할 의무를 지며, 계약상 귀환운송 의무가 있으면 여행자를 귀환운송하여야 합니다. 이 경우 귀환운송비용은 원칙적으로 여행사가 부담하여야 하나, 상당한 이유가 있는 때에는 여행사는 여행자에게 그 비용의 일부를 청구할 수 있습니다.

제19조(여행의 시작과 종료) 여행의 시작은 탑승수속(선박인 경우 승선수속)을 마친 시점으로 하며, 여행의 종료는 여행자가 입국장 보세구역을 벗어나는 시점으로 합니다. 다만, 계약내용상 국내이동이 있을 경우에는 최초 출발지에서 이용하는 운송수단의 출발시각과 도착시각으로 합니다.

제20조(설명의무) 여행사는 계약서에 정하여져 있는 중요한 내용 및 그 변경사항을 여행자가 이해할 수 있도록 설명하여야 합니다.

제21조(보험가입 등) 여행사는 이 여행과 관련하여 여행자에게 손해가 발생한 경우 여행자에게 보험금을 지급하기 위한 보험 또는 공제에 가입하거나 영업보증금을 예치하여야 합니다.

제22조(기타사항) ① 이 계약에 명시되지 아니한 사항 또는 이 계약의 해석에 관하여 다툼이 있는 경우에는 여행사 또는 여행자가 합의하여 결정하되, 합의가 이루어지지 아니한 경우에는 관계법령 및 일반관례에 따릅니다.

② 특수지역에의 여행으로서 정당한 사유가 있는 경우에는 이 표준약관의 내용과 달리 정할 수 있습니다.

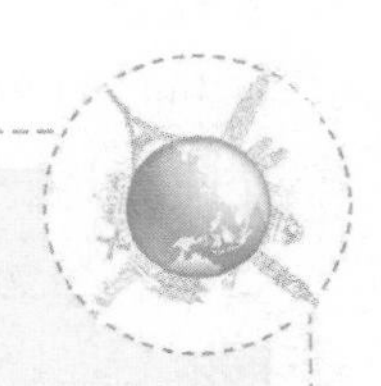

제5장 항공 업무에 대한 이해

1. 항공운송의 개념과 특성

가. 항공운송의 개념

항공운송(air transportation)이란 항공기를 이용하여 여객(passenger)과 화물(freight)을 운송하는 경제활동이다. 다시 말하면, 항공기를 이용하여 여객과 화물을 국내·외 항공노선을 따라 목적지 공항까지 운송하는 현대식 운송시스템이다. 항공운송은 태동과 발전과정상 육상 및 해상운송에 비하여 근래에 도입되어 운영하고 있는 운송시스템이며, 이것이 제공하는 경제적 가치와 편익이 막대하다.

이러한 항공운송을 사업영역으로 하는 기업이 항공사(airline : An airline provides for passengers or freight, generally with a recognized operating certificate or license)이고 항공기를 이용하여 경영행위를 하는 사업이 항공운송사업(air transportation business)이다. 이런 점에서 항공운송사업의 경영과 역할은 운송서비스를 제공하는 데 있다. 그리고 항공운송과 관련한 서비스를 생산하여 판매하는 기업, 공간적 이동을 위해 서비스상품을 구매하는 소비자 그리고 원활한 시장기능을 돕는 정부 등의 시장주체들에 의해 독립된 산업이 형성되어 시장으로 운영될 때 이를 항공운송산업(air transport industry)이라고 한다.

나. 항공운송서비스

항공운송에서 이의 주된 속성은 서비스이고, 이를 위해 항공기라는 유형재를 이용하여 설정된 항공 노선을 운항하여 여객과 화물을 안전하게 목적지까지 운송해 주는 것이 항공운송

서비스(air transport services)이다. 항공운송서비스는 항공기종, 항공기 정비, 좌석 및 화물칸을 포함하는 기내 공간, 운항스케줄, 좌석예약 및 항공권 발행, 공항에서의 탑승수속, 기내서비스, 수하물 인도서비스 등 유무형의 서비스가 복합적으로 구성되어 있다(Shostack, 1977). 따라서 항공운송을 대표적인 서비스 산업으로 분류한다. 먼저 항공운송산업의 특성을 살펴보고, 다음으로 항공운송서비스의 특성을 알아보기로 한다.

(1) 항공운송산업의 특성

항공운송산업은 항공기 및 이의 운항과 관련된 인적 기술적 자원은 물론, 공항 등의 대규모적인 설비 투자와 운항 안전을 도모하기 위한 제도적인 장치와 국제성에 기인한 운항 요건과 같은 복합적인 특성을 지니고 있다. 이 산업의 특성을 다음과 같이 요약할 수 있다. 수송력과 정기성의 유지, 생산과 소비의 동시성, 구조적인 과잉공급, 국제운송의 전제로서의 항공협정, 자본과 노동 및 기술 집약적인 산업, 낮은 생산탄력성, 국제 및 정부의 규제 등과 같은 특성을 말할 수 있다.

(2) 항공운송서비스의 특성

항공운송은 육상운송이나 해상운송 등에 비하여 다음과 같은 특성을 들 수 있다.

- 신속성 : 운송 소요시간이 상대적으로 짧다.
- 정시성 : 운항스케줄에 의한 운항시간과 횟수 등을 설정하고 정시운항을 서비스 우선과제로 하고 있다.
- 안전성 : 운항 안전성이 중요하며 타 교통수단에 비하여 안전성이 양호하다.
- 쾌적성 : 여타 교통수단에 비하여 상대적인 쾌적성이 평가되고 있다.
- 경제성 : 운임이 상대적으로 비싸지만 시간가치와 기회비용을 고려할 때는 경제성이 있다.
- 기타 : 공익성, 자본집약성, 수요의 계절성, 노선개설의 난이성 등을 언급할 수 있다.

2. 항공사 여객서비스 업무

항공사에서는 여객운송과 관련된 다양한 업무처리와 서비스가 고객과의 상호작용을 통하여 이루어지고 있다. 고객은 여행 전의 여행지 정보, 운항일정, 운임 정보 등을 항공사와 직접 접촉하거나 여행사를 통한 간접 접촉으로 수집할 수 있다. 여행 일정이 결정되면 항공권 예약과 발권이 이루어지고, 출발 당일 공항에서 탑승수속 과정을 거쳐 항공기에 탑승하게 되며 최종 목적지 공항에 도착하여 수화물 수취를 확인하고 항공여행을 끝내게 된다. 이 과정에서 항공사는 고객의 최초 예약시점부터 항공기 탑승과 최종 목적지 공항에서의 서비스까지 지속적으로 고객과의 상호작용을 통해 관련 업무처리 및 서비스를 제공하게 된다(그림 2). 즉, 예약 및 발권 단계에서 고객의 여행일정, 상용고객우대 회원 확인, 운임결제 등의 업무처리가 고객의 참여하에 상호작용으로 이루어지며, 일정변경, 해지 등의 발생에 대한 업무처리도 지원하게 된다.

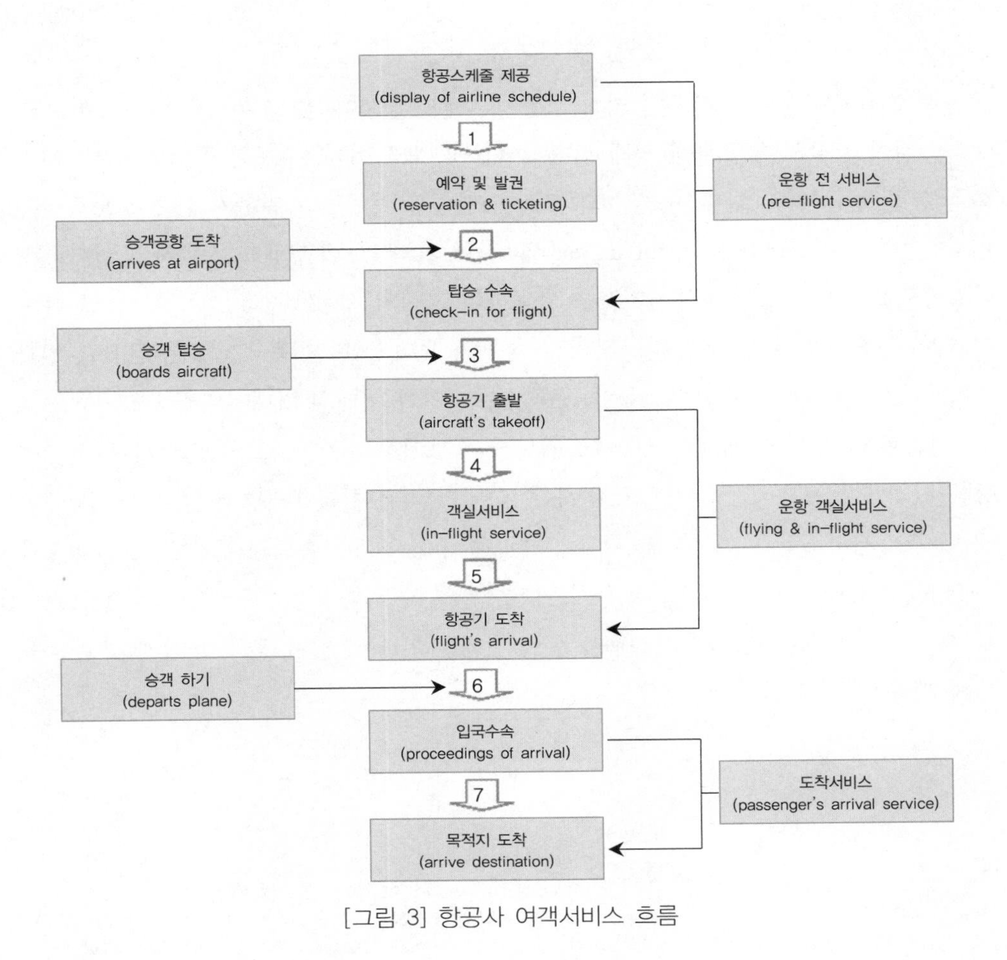

[그림 3] 항공사 여객서비스 흐름

따라서 항공사 여객서비스는 판매활동과 관련된 예약 및 발권서비스, 공항운송 활동인 탑승수속, 탑승 및 수화물 관리 서비스, 기내 서비스 등 본원적 서비스와, 여행정보, 운항정보, 운임정보 등 각종 정보의 제공, 고객만족 관리(CRM) 등 지원서비스로 구분할 수 있다. 본원적 서비스는 판매 및 고객운송과 관련된 직접적 서비스를 의미하고, 지원서비스는 정보제공 등의 본원적 서비스를 지원하기 위한 부가적인 서비스로 정의할 수 있다.

예약 및 발권 서비스는 판매활동을 통해 다양한 방식과 경로로 고객에게 제공되고 있다. 전통적으로 항공사의 예약 및 발권 서비스는 컴퓨터 예약시스템(CRS)을 통해 이루어져 왔고, 항공사 또는 대리점의 전문적인 직원에 의해 제공되어 왔다. 그러나 정보통신기술의 발전과 전자발권(e-ticketing)의 도입으로 웹 또는 모바일 기술을 이용하여 고객이 직접 여정을 결정하여 예약 및 발권을 할 수 있는 환경이 조성되었다.

공항에서 제공되는 여러 운송서비스의 경우에도 정보통신기술은 큰 영향을 미치고 있다. 전자발권이 각국의 항공사에 의해 정착되어감에 따라 IATA는 공항에서의 여객서비스 간소화를 통한 항공사의 업무효율 향상과 고객의 신속한 여행을 지원하기 위해 정보통신 기술을 이용한 '비즈니스 간소화(Simplifying the Business, StB)*' 프로그램을 진행하고 있다. StB는 전자항공권을 기반으로 정보통신기술을 활용하여 고객의 서비스처리 절차를 간소화하여 고객의 만족도를 높이고 공항과 항공사의 효율성을 높이기 위한 목적으로 추진되고 있다.

항공기를 탑승하여 이용하는 동안 항공사는 다양한 형태의 기내서비스를 고객에게 제공한다. 식음료 서비스, 기내오락 서비스, 입출국 정보제공 서비스, 도착공항 정보 및 환승정보 등을 기내에서 고객에게 제공하고 있다. 인터넷의 이용이 확대되면서 일부 항공사에서는 기내 인터넷 서비스를 도입하여 고객에게 제공해 주었으나 지속되지 못하였고, 기내오락 서비스(In-Flight Entertainment; IFE) 제공 시스템을 통해 고객과의 상호작용이 가능한 오락 서비스를 제공하고 있다. 또한, IFE 시스템을 통한 면세품 판매, 취항지 정보, 도착지 정보 등을 고객에게 제공해 주고 있다.

---

* 항공사 유통구조를 디지털 기반으로 전환하는 과제, 표준화된 공용 셀프서비스(Common Use Self Service)기기를 활용하는 과제, 탑승권에 사용될 바코드에 대한 표준화 과제, RFID(Radio Frequency Identification) 기술을 채택한 수하물 처리 과제, 항공사 간 자동화된 시스템 처리로 단일화, 자동화된 거래가 가능하도록 하는 과제를 설정하여 추진하고 있다.

〈표 16〉 항공사의 본원적 서비스와 지원서비스

여객서비스			제공 서비스 내용
본원적 서비스	예약서비스	예약접수(General Sales)	· 여행 정보 및 운임 안내 · 여정, 부대서비스, 특수서비스 요청 접수 · 항공사 콜센터를 통한 예약 접수
	발권서비스	티케팅(Ticketing)	· 고객 여정에 따른 운임 산출 및 적용과 운임수령 · 티켓 발급 · 여행 취소 및 변경에 의한 운임 환불 · 여정 변경 및 조정에 따른 재발권
	운송서비스	탑승수속	· 여행 구비서류 확인(여권, 비자, 반출입물, 병무) · 항공권(ITR) 접수 및 명의인과 조건 확인 · 좌석 배정 및 탑승권 발급 · 하물 접수 처리 및 수하물표 발급
		항공기 탑승	· 탑승권 부분 회수 방법 등에 의한 탑승자 확인 · 기내 반입 제한품 회수 및 탁송 처리
		승객 하기	· 우선순위에 의한 하기, 수화물 수취
		연결 및 통과 승객	· 연결 및 통과 승객 안내
	객실서비스	좌석 안내 및 이륙준비	· 좌석 안내 및 기내 휴대물 보관 조력 · 탑승 환영 및 Safety Demonstration · 안전띠 착용 안내 및 확인
		기내 오락	· 헤드폰 서비스 및 기내 오락물 사용 조력
		기내식음료	· 기내식음료 서비스
		기내 면세품 판매	· 기내 면세품 판매 및 대금 수수 · 사전 주문품 전달 및 귀국편 사전주문 접수
		입국 서류안내	· 입국 서류 배포 및 작성 조력
지원서비스	정보제공 서비스	여행정보	· 여행지 안내, 취항지 정보, 날씨, 환율 등
		운항정보	· 항공편 스케줄 안내 · 운항상황 정보
		여행상품 정보	· 에어텔 상품 정보 · 여행 상품(패키지, 마일리지, 허니문, 골프 등)
		운임정보	· 지역별 단순 여정 및 조건별 운임 · 특별 할인 운임 및 조건
	FFP(frequent flier program)관리		· 마일리지 프로그램 조건 안내 · 고객별 마일리지 축적 및 이용안내
	고객만족		· 고객불만 접수 및 처리

항공사는 고객에게 항공권 판매 및 운송관련 서비스만 제공하는 것이 아니라, 여행정보, 출・도착 정보, 스케줄 정보, 운임 및 환율 정보 등 다양한 정보를 제공하고 FFP 회원 관리 및 보상서비스 신청 처리 서비스 등을 제공한다. 아울러 고객불만 사항에 대한 접수 및 안내를 통해 고객만족을 높이기 위한 서비스 활동을 수행한다. 이 같은 다양한 지원서비스는 인터넷 웹사이트를 통해 지원되어 왔으나, 최근 정보기술의 발전으로 모바일 인터넷, 스마트폰 등으로 적용분야가 확대되고 있다.

항공사는 상품의 특성상 판매 가능한 좌석보다 다소 많은 좌석을 판매(overbooking)하는 경향이 있다. 이는 예약부도(no-show) 등으로 항공기 출발시점에 빈 좌석이 발생하는 가능성을 최소화하여 수익을 높이려는 판매기법이다. 따라서 항공사는 출발시점이 가까워질수록 예약부도를 최소화하기 위해 예약고객과의 의사소통 기회를 증대하고 있다. 즉, 상품 판매 이후에도 지속적으로 고객과의 의사소통 채널을 확보하여 관리하는 것이 일반적이다.

3. 항공여객 서비스 과정

전통적 환경에서 항공사 고객인 항공여객은 항공여행에 필요한 정보를 얻기 위해서는 항공사나 여행사 영업장을 방문하거나, 콜센터에 전화를 통해서 가능하였다. 근래에는 항공사나 관련 기관의 웹을 통해서도 가능해졌다. 항공사 좌석 예약을 위해서도 영업장에 가거나 콜센터 전화를 통해 가능하였으며, 근래에는 항공사나 온라인 여행사 웹을 통해서 가능해졌고 모바일을 통해서도 가능하게 되었다. 항공권 발급을 위해 영업장을 방문해야 하거나, 항공사나 여행사의 실물 항공권 택배 서비스를 이용하여야 했다. 전자항공권(e티케팅) 등장까지의 상황이었다.

항공여객이 공항의 해당 항공사 체크인 카운터에 줄을 서서 순번에 따라, 체크인 직원에게 여권과 항공권을 제시하고, 탑승권을 발급 받고, 수하물을 체크인 하여 수하물표를 받는다. 대개의 경우 많은 대기 승객이 제한된 카운터에 줄을 서서 상당한 시간과 인내가 필요하게 된다. 항공사 탑승수속 완료 후, 기내 반입 수하물 안전점검과 항공기 탑승을 위한 여권이나 신분증을 통한 확인 및 시큐리티 검사가 관련 기관에 의해 수행된다. 이러한 절차는 항공사 자체 서비스와는 상관없는 공항과 정부 유관기관의 업무이나 결국 항공 여객서비스의 흐름과 품질에 영향을 주게 된다. 항공기 탑승구로 이동하여, 항공사 직원에 의해 항공기 탑승을 위한 탑승절차가 수행되며, 탑승권 일부를 회수하는 방법으로 해당 승객의 탑승을 확인한다.

항공기 내에 진입하여, 승무원의 안내에 따라 지정된 좌석을 찾아가고, 기내반입 수하물을 좌석 상단 컴파트먼트에 보관한다. 객실승무원에 의한 안전관련 시범, 기내 식음료 서비스가 제공되며, 기내 좌석에 부착된 기내 오락서비스를 제공받게 된다.

도착지 공항 착륙 후, 해당 항공사 공항서비스인력의 안내와 조력에 의해 입국수속 내지 수하물 회수 및 필요 서비스를 제공 받게 된다. 이러한 제반 여객 서비스와 전후 관계가 있는 마일리지 프로그램 등과 같은 서비스를 위해서 고객은 항공사 영업장에 실물 항공권이나 탑승권을 제시하여 마일리지 축적이나 사용서비스를 수행해야 하였다.

항공여객 서비스 과정을 중심으로 고객과 항공사 간의 업무처리 내용과 이를 지원하는 항공사 백오피스(back-office) 기능을 다음과 같이 표로 정리하였다.

〈표 17〉 항공여객 서비스 진행 흐름도

고객 - 항공사 상호작용 ↔ 항공사 내부 상호작용 ↔

항공여객 플로우 (Passenger Flow)		항공사 여객서비스 현장기능 (Front-Office)		항공사 내 지원기능 (Back-Office)
여 객 서비스 플로우	(1) 여행정보 확보	영업장; 콜센터, 웹 - 정보제공		IT - 예약 DB, FFP DB
	(2) 좌석예약 - 예약부서 / 인터넷	예약부서 - 가능석 조회, 운임점검 및 예약	인터넷기반 예약 및 발권	IT - 예약 DB, FFP DB; 기내식 - 요청
	(3) 티케팅	발권부서 - 운임 수수 및 티켓 전달		티케팅 DB; 재무관리 - 처리
	(4) 공항체크인 (좌석 / 수하물)	체크인카운터 - 탑승권 및 수하물표 발급	시큐리티 체크인, 수하물 안전검사	IT - 체크인 DB; 수하물 분류 및 탑재
	(5) 탑승 전 CIQ수속	시큐리티 - 여객 및 기내반입수하물 검사		기술기능 - 항공기점검, 주유; 기내청소; 기내식 - 탑재

항공여객 플로우 (Passenger Flow)		항공사 여객서비스 현장기능 (Front-Office)	항공사 내 지원기능 (Back-Office)
여 객 서비스 플로우	(6) 탑승 및 기내 착석	항공기 탑승, 객실승무원 - 인사, 좌석 안내 및 수하물저장조력	이륙서류작성 및 이륙 준비
	(7) 기내서비스	객실승무원 - 안전관련시범, 기내식 음료, 기내오락물	비행 상황 모니터링
	(8) 도착지 수하물 회수	도착지원기능 - 특별조력필요고객, 환승객	수하물 하기 및 공항 수하물대 로딩
	(9) 도착지 CIQ		
	(10) CRM서비스	영업장, 콜센터, 웹 - 서비스 제공	IT-FFP DB, 여객 DB

【자료】 김병헌 · 송미선(2011), 항공여객예약실무, 기문사

이러한 절차에서 보는 바와 같이, 항공여객은 직접적으로 항공사를 방문하거나 유선상 연결하여, 서비스 직원과 접촉하여야만 업무처리가 가능하여, 상대적으로 노력과 비용과 시간이 많이 소요되었다. 그러므로 IT(information technology)서비스를 통해 이를 해소하여, 고객서비스 향상과 업무 효율화를 함께 추구하고자 하는 항공사의 입장에서, IT서비스의 고객 수용과 이용이 중요한 관심사가 아닐 수 없다.

4. 항공여객서비스 업무부문

여행객이 항공사를 탑승하여 이동하며, TC는 단체여행객을 대표하는 기능을 수행해야 하므로 항공여객운송 업무에 대한 이해가 필수적이다. 다음에서 항공 업무부문별로 구분하여 필요한 내용을 설명한다. 특히 단체여행을 중심으로 항공사 유관부문과 관련 업무를 기술한다.

가. 항공여객 예약 및 발권(e-티케팅)

항공사는 단체여행에 대한 예약을 별도로 특별하게 관리한다. 상품인 항공기 좌석은 저장이 불가능한 서비스 상품으로 비행기가 이착륙하면 소멸하기 때문이다. 항공사는 단위 항공편에 단체운임 승객 비율을 한정적으로 유지하고, 수요발생에 대비한다. 일반적으로 단체운임은 저렴하기 때문이다. 예약한 후에 상황이 있어 여행계획을 취소하는 경우에도 좌석 규모

가 한정적이므로 항공기 출발 전 적정한 시간 기준으로 출발 여부를 재확인한다. 그러므로 여행사 등 여행업자는 단체여행객의 예약과 발권 및 출발 여부를 지속적으로 확인하고 관리하는 시스템을 운영하고 있다.

〈표 18〉 단체여객에 대한 예약관리

업무 내용	여행사 업무	항공사 업무
예약신청 시점 및 방법	모객 계획 확정 시 항공사에 CRS로 좌석 및 가격요청	CRS 또는 담당 판매원을 통한 가격 및 좌석지원
단체 승객명 입력 기한설정	CRS상의 PNR(예약)관리	CRS로 관리
단체 발권시한 설정	기한 내 발권완료	e-티케팅
발권 후 출발인원 변동	CRS로 관리, 항공사와 협력	적용운임 조건 부합 여부 점검/확인

현재 IATA 전체 회원 항공사들이 전자항공권(e-티케팅) 시스템을 개발 완료하여 적용 중이다. 종래에 TC는 단체여행객의 실물 항공권을 소지하여야 하였던 업무에서 벗어나게 되었다. 따라서 항공권 분실과 같은 사고는 일어나지 않는다. 항공사들은 실물항공권의 발급 대신에 CRS상의 예약기록(PNR : passenger name record)을 기준으로 전자항공권(e-티켓)을 발급한다. 항공사들은 e-티켓 확인증과 지불영수증을 e-메일로 송부해 준다.

다음은 대한항공의 e-티켓 확인증과 지불영수증을 참고로 첨부한다. TC는 이러한 2가지 양식을 프린터에서 출력하여 소지한다. 공항에서 체크인 시에 필요하다. 첨부된 양식은 개인고객의 확인증이나 단체의 경우에도 경우도 대동소이하다.

Excellence in Flight
KOREAN AIR

1405 / 15DEC11

e-티켓 확인증 / e-Ticket Itinerary & Receipt

승객성명	Passenger Name	KIM/BYUNGHUNMR
예약번호	Booking Reference	6484349
항공권번호	Ticket Number	1802307735912

여정 Itinerary

편명 Flight **KE 653** Operated by **KE (KOREAN AIR)** 경유 Via : -

출발 Departure	**서울 (ICN) Seoul/Incheon**	**02JAN12**	**19:05** Local Time	Terminal No. : -
도착 Arrival	방콕 (BKK) Bangkok	02JAN12	22:55 Local Time	Terminal No. : -

예약등급	Class	D (프레스티지)	항공권 유효기간	Not Valid Before	-
예약상태	Status	SA (미확정)		Not Valid After	15MAR12
운임	Fare Basis	YIDZS4R2	수하물	Baggage	30 Kg
기종	Aircraft Type	BOEING 777-300 SLEEPER	좌석번호	Seat Number	-

편명 Flight **KE 654** Operated by **KE (KOREAN AIR)** 경유 Via : -

출발 Departure	**방콕 (BKK) Bangkok**	**10JAN12**	**00:15** Local Time	Terminal No. : -
도착 Arrival	서울 (ICN) Seoul/Incheon	10JAN12	07:25 Local Time	Terminal No. : -

예약등급	Class	D (프레스티지)	항공권 유효기간	Not Valid Before	-
예약상태	Status	SA (미확정)		Not Valid After	15MAR12
운임	Fare Basis	YIDZS4R2	수하물	Baggage	30 Kg
기종	Aircraft Type	BOEING 777-300 SLEEPER	좌석번호	Seat Number	

* 항공기 기종은 사전고지 없이 항공사 사정으로 변경될 수 있으니 탑승수속 시 재확인해 주시기 바랍니다.

항공권 운임정보 Ticket/Fare Information

Restriction	C/YSUBLO.
Conj.Ticket No.	-
Fare Calculation	M*SEL KE BKK29.00KE SEL29.00 NUC58.00END ROE1183.35
Fare Amount	KRW 68700 (Paid Amount KRW68700)
Equiv. Fare Paid	-
Tax	KRW 28000BP 26200TS (Paid Amount KRW54200)
Total Amount	KRW 122900 (Total Paid Amount KRW122900)
Form of Payment	11E0IPIL462334(C/YSUBLO) CC VI************2150/****/A03
Ticket Issue Date/Place	15DEC11 / 17392255 / KAL OTO SEOUL

* 지불금액은 (Total Paid Amount)에 표기된 금액을 확인하시기 바랍니다.

- 본 e-티켓 확인증과 함께 제공된 법적 고지문을 반드시 참고하여 주시기 바랍니다.
- e-티켓 확인증은 탑승수속시, 입출국/세관 통과시 제시하도록 요구될 수 있으므로 반드시 전 여행 기간 동안 소지하시기 바랍니다. e-티켓 확인증의 이름과 여권상의 이름은 반드시 일치해야 합니다.
- 대부분의 공항에서 **탑승수속 마감시간은 해당 항공편 출발 40분 전**(미주, 유럽 출발편은 1시간 전)으로 되어있으니, 해당 출발 예정시각 최소 2시간 전에는 공항에 도착하시기 바랍니다.
- 일부 공동 운항편의 경우 운항 항공사 규정에 따라 탑승수속 마감시간이 다를 수 있으니 반드시 확인 바랍니다.
- 사전에 좌석을 배정받으신 고객께서는 항공기 출발 1시간 30분 전까지 (일등석 및 프레스티지석 이용 고객께서는 1시간 전까지) 탑승권을 발급 받으시기 바랍니다. 해당 시각까지 탑승권으로 교환하지 못하신 고객은 사전 배정된 좌석 번호가 본인에게 배정되지 않을 수도 있습니다.
- 공동 운항편에서 제공되는 서비스는 운항사의 서비스 기준에 준하여 제공됩니다. 자세한 사항은 해당 운항사 홈페이지에서 확인해 주시기 바랍니다.
- 일부 항공사 (공동운항편 포함)에서는 탑승수속 시 해당 항공사 정책에 따라 무료 수하물 허용량과는 별도로, 위탁 수하물에 대한 Handling Fee(수하물 취급수수료)를 징수하는 경우가 있으니, 자세한 사항은 해당 항공사로 확인하시기 바랍니다.
- 본 e-티켓 확인증은 e-티켓의 정보 등을 확인하기 위하여 제공되는 서면에 불과하고 소지인에게 당해 운송 관련 어떠한 법적 권리를 부여하지 않습니다. 본 e-티켓 확인증을 임의로 수정 및 사용시 대한항공은 책임을 지지 않습니다.

[그림 4] e-티켓 확인증(견본) (계속)

▸ 대한항공 서비스센터 | 한국 : (국내) 1588-2001, (해외) (82)-2-2656-2001, 일본 : (Toll-free) 0088-21-2001, (해외) (81)-6-6264-3311, 중국 : (86)-40065-88888, 로밍폰 : (86)-532-8378-7024, 미국 및 캐나다 전역 : (Toll-free) 1-800-438-5000, Text Telephone (Toll-free) : 1-888-898-5525, 유럽: (Toll-Free) : 00800-0656-2001 (벨기에,덴마크,핀란드,프랑스,독일, 룩셈부르크,노르웨이,스웨덴,스위스,영국 : 일부 전화 Toll-Free 비적용), 아일랜드 및 기타 유럽 353-1-799-7990 (Toll-Free 요금 비적용 : 국가별 Toll-free 전화번호는 대한항공 웹 사이트를 확인해 주시기 바랍니다.)

* 서비스센터 및 현지지점의 근무시간에 따라 일부 서비스가 제한될 수 있습니다. [지점 보기]
* Toll-Free로 표시된 전화번호는 전화요금을 대한항공에서 부담하는 무료전화입니다.
  단, 이용하시는 통신사 요금 정책(로밍 서비스 등)과 호텔의 사정에 따라 전화 요금이 청구되거나 연결이 제한될 수 있사오니 확인 후 이용하여 주시기 바랍니다.
* 전화번호는 부득이한 사유로 예고 없이 변경될 수 있습니다. 대한항공 웹사이트를 확인해 주시기 바랍니다.

대한항공 | 서울 강서구 공항동 1370 | 대표이사: 지창훈 외 2명 | 사업자등록번호: 110-81-14794 | http://www.koreanair.com

항공권 제한사항 안내

구 분	내 용
• 유 효 기 간	›2012년 3월 15일
• 타 항공사로 항공권 양도	
• 환　　불	※ 환불 위약금이 없는 경우에도 환불 수수료는 별도로 부과되며, 환불 수수료는 환불 업무가 처리되는 국가에 따라 상이하오니 확인하여 주시기 바랍니다. ※ 재발행된 항공권인 경우에는 상기의 위약금 또는 최초 발행 항공권에 대한 위약금이 징수될 수 있으오니 대한항공 서비스 센터, 지점 또는 항공권을 구매한 대리점에 별도로 확인해 주시기 바랍니다.
• 예 약 변 경	
• 재　발　행	
• 마 일 리 지	

○ **Deadline** : 일부 할인 항공권에 설정된 사전 구매시한을 의미합니다.
사전 구매시한은 항공권 종류에 따라 상이하오니 확인하시기 바랍니다.

○ **예약변경** : 유효기간 내의 날짜 변경 및 편명 변경

○ **재 발 행** : 예약변경 이외의 항공사 변경, 구간 변경, 유효기간 연장 등 기타 변경

※ 항공권의 변경은 운임규정을 따릅니다.
변경이 가능한 항공권이라도 첫 구간을 변경(예약변경 포함 모든 변경)할 경우에는 변경일에 유효한 운임 및 요금(유류 할증료 포함)에 따라 재계산 후 재발행되며, 기존 운임 및 요금과의 차액 및 재발행 수수료가 발생할 수 있습니다.
일부 특별 운임으로의 재발행은 불가합니다.

✔ 기타 제한사항

C/YSUBLO.

Excellence in Flight
KOREAN AIR

※ 상기 이외의 제한사항이 있을 수 있습니다. 상기 제한사항 및 기타 제한사항에 대한 문의는 항공권 구입처나 대한항공으로 문의하여 주시기 바랍니다.

[그림 4] e-티켓 확인증(견본)(계속)

- 대한항공의 수하물 규정은 아래와 같습니다.
- 단, 공동운항편 또는 타항공사와 함께 발권된 항공권의 경우, 대한항공편에도 해당 항공사의 규정이 적용되거나 추가 요금이 적용될 수 있습니다.

<< 기내 반입 휴대 수하물 >>

좌석 등급	개수	총무게	크기 (가로 x 세로 x 높이)
일등석 프레스티지석	2 개	18kg/40lbs	개당 55 x 40 x 20 (cm) 또는 3 면의 합 115 (cm) 이하
일반석	1 개 + 추가 허용품목 1 개	12kg/25lbs	55 x 40 x 20 (cm) 또는 3 면의 합 115 (cm) 이하

* Note 1. 일반석 고객 추가 허용 품목
노트북 컴퓨터, 서류가방, 핸드백 등 중 1 개

<< 무료 위탁 수하물 허용량 >>

	미주 구간	미주 외 구간	한국 국내 구간
일등석	각 수하물의 무게가 32kg/70lbs 이하이며 최대 3 변의 합이 158cm/62ins 이내의 짐 2 개 (단, 2011 년 11 월 1 일 이후 발행 항공권은 각 수하물의 무게가 32kg/70lbs 이하이며 최대 3 변의 합이 158cm/62ins 이내의 짐 3 개)	40kg/88lbs	-
프레스티지석	각 수하물의 무게가 32kg/70lbs 이하이며 최대 3 변의 합이 158cm/62ins 이내의 짐 2 개	30kg/66lbs	30kg/66lbs
일반석	[2011 년 11 월 1 일 이후 발권시] 각 수하물의 무게가 23kg/50lbs 이하이며 최대 3 변의 합이 158cm/62ins 이내의 짐 2 개 ※ 브라질 출도착 여정은 32kg/70lbs 이하의 짐 2 개 적용 [2011 년 10 월 31 일까지 발권시] 각 수하물의 무게가 23kg/50lbs 이하이며 최대 3 변의 합이 158cm/62ins 이내의 짐 2 개 ※ 단, 2 개 수하물 최대 3 변의 합이 273cm/107ins 를 초과하지 않아야 함 ※ 브라질 출도착 여정은 32kg/70lbs 이하의 짐 2 개 적용	20kg/44lbs	20kg/44lbs
소아 (만 12 세 미만)	성인과 동일		
유아 (만 2 세 미만)	접는 유모차, 운반용 요람, 유아용 카시트 중 1 개 + 크기가 115cm/45ins 이하이면서 무게가 10kg/22lbs 이하인 가방 1 개		접는 유모차, 운반용 요람, 유아용 카시트 중 1 개

[그림 4] e-티켓 확인증(견본)

KOREAN AIR

카드종류 / Card Type	거래유형 / Form of Payment
VI	CREDIT CARD
카드번호 / Card No.	
VI*************	
유효기간 / Expiry Date	거래일자 / Approval Date
13/09	15DEC11
항공권번호 / Ticket No.	
1802307735912	
여정 / Itinerary	
ICN - BKK - ICN	
승객 / Passenger	
KIM/BYUNGHUNMR	
지불운임 / Fare KRW	할부기간 / Installment A03
세금 / Tax KRW	예약번호 / Booking Reference 6484349
결제금액 / Payment Amount KRW	승인번호 / Approval No. 46218531
가맹점명 / Merchant Name (주)대한항공(Korean Air)	대표자 / President 지창훈(Chi, Chang Hoon) 외 2명
가맹점 주소 / 서울시 강서구 공항동 1370 Address / 1370 Gonghang-Dong, Gangseo-Gu, Seoul, Korea	
사업자등록번호 / Business Registration No. 110-81-14794	

[그림 5] 지불 영수증(견본)

나. 공항 체크인 업무

공항의 미팅 포인트(meeting point)에서 단체여행객을 만나서 여행 개시를 위한 항공사 체크인 카운터(check-in counter)로 이동하여 탑승수속을 하게 된다. 항공사는 고객의 e-티켓확인증과 여행관계 서류(여권과 비자 등)를 확인하고 수하물을 탁송한다. TC는 단체여행객을 위해 사전에 항공사 단체승객 체크인 카운터에 예정대로 출발함을 사전 통보하여 예약 상황을 재확인해 둔다. TC는 여행객들을 인솔하여 자신의 수하물과 여행 서류를 가지고 체크인 카운터에서 좌석 배정을 받고 수하물을 탁송한다.

위탁 수하물의 허용량은 전기 e-티켓 확인증에 상세히 안내되어 있으며, 미주노선과 미주노선 이외의 노선에 따라 허용량이 구분되어 있다. 항공사에 따라 약간의 차이는 있으나 대체로 일반석을 기준으로 미주노선은 개당 20kg 이내(대한항공은 23kg 이내)이며 3면의 합이 158cm 이내인 수하물 2개를 탁송할 수 있다. 미주노선 이외의 기타 노선은 20kg 이내인 수하물 1개를 무료로 탁송할 수 있다. 특별한 크기의 수하물이나 골프세트 등은 별도로 탁송하는 절차를 거친다.

체크인을 마치고 CIQ(custom, immigration, quarantine) 지역을 통과하는 출국수속을 마치고, 항공기에 탑승하는 절차를 거친다. 항공편에 휴대할 수 없는 수하물은 위탁수하물에 포함하여 탁송하는 것이 간편하다. 기내 안전을 위해 칼, 액체류 등은 엄격히 기내반입이 제한되고 있다.

수하물 관련(대한항공 사례)

수하물/유실물 / 일반 수하물 안내 / 출발 전

복잡한 수하물 규정, 단계별로 한눈에 확인하세요.

출발 전

공항에서

기내에서

도착후

» 수하물 준비방법 및 유의사항 » 무료 수하물 허용량

» 운송 제한 품목

- 수하물 준비방법 및 유의사항

- 안전한 여행을 위해 짐은 되도록 간편하게 꾸립니다.
- 짐은 항공사에서 안내하는 지정된 크기와 무게를 초과하지 않도록 하고, 내용품이 손상되지 않도록 적절히 포장합니다.
- 만약의 경우를 대비하여, 가방의 안쪽과 바깥쪽에 고객님의 이름과 주소지 그리고 목적지가 잘 보일 수 있도록 영문으로 작성한 이름표를 붙여 둡니다.
- 다용도 칼(일명 맥가이버칼), 과도, 가위, 손톱깎기, 골프채 등은 휴대 제한 품목으로 분류되어 기내로 반입할 수 없으므로, 미리 짐에 넣습니다.
- 라이터 혹은 페인트, 부탄가스, 버너 등 불이 붙거나 폭발 가능성이 있는 물건은 운송 제한 품목으로 항공기 운송이 금지되어 있어, 짐으로 부치실 수 없습니다.
  - 단, 라이터의 경우 본인이 휴대하는 1개에 한해 반입 가능합니다.
  - 2008 년 4 월 8 일 부로 중국 국제선 및 국내선 공항 보안검색대에서 라이터 및 성냥 휴대탑승이 금지되고 있사오니, 여행 시 유의하여 주시기 바랍니다.
- 도자기, 전자제품, 유리병, 액자 등 파손되기 쉬운 물품이나 음식물과 같이 부패되기 쉬운 물품, 악취가 나는 물품은 짐으로 부치실 수 없습니다.
- 자전거, 서핑보드와 같은 스포츠 용품이나 애완동물 등 특수 수하물은 사전에 반드시 항공사에 알려주시어, 출발 당일 여유 있게 처리 될 수 있도록 합니다.
- 노트북 컴퓨터, 핸드폰, 캠코더, 카메라, MP3 등 고가의 개인 전자제품, 보석류, 골동품, 귀금속류 등 고가의 물품은 짐에 넣지 마시고, 직접 휴대하시기 바랍니다. 이러한 물품 또는 현금, 유가증권, 계약 서류, 논문, 의약품 등의 분실이나 그로 인한 여하한 손해에 대한 항공사에서는 책임을 지지 않습니다. 단, 미주 출/도착편의 경우 이런 제한이 적용되지 않습니다.

- 무료 수하물 허용량

[그림 6] 항공사 수하물 서비스 사례(대한항공) (계속)

- 고객님의 여정과 탑승하시는 좌석의 등급, 스카이패스 회원 등급에 따라 가져 갈 수 있는 짐의 크기와 무게, 개수가 다르게 적용됩니다. 출발하시기 전에 고객님의 조건에 맞는 무료 수하물 허용량을 확인 하시기 바랍니다.

- **무료로 맡길 수 있는 짐의 크기와 무게**

지역	미주 구간	미주 외 구간	한국 국내 구간
일등석	각 수하물의 무게가 32kg/70lbs 이하이며 최대 3변의 합이 158cm/62ins 이내의 짐 2개 (단, 2011년 11월 1일 이후 발행 항공권은 각 수하물의 무게가 32kg/70lbs 이하이며 최대 3변의 합이 158cm/62ins 이내의 짐 3개)	40kg/88lbs	-
프레스티지석	각 수하물의 무게가 32kg/70lbs 이하이며 최대 3변의 합이 158cm/62ins 이내의 짐 2개	30kg/66lbs	30kg/66lbs
일반석	**[2011년 11월 1일 이후 발권시]** 각 수하물의 무게가 23kg/50lbs 이하이며 최대 3변의 합이 158cm/62ins 이내의 짐 2개 ※ 브라질 출도착 여정은 32kg/70lbs 이하의 짐 2개 적용 **[2011년 10월 31일까지 발권시]** 각 수하물의 무게가 23kg/50lbs 이하이며 최대 3변의 합이 158cm/62ins 이내의 짐 2개 ※ 단, 2개 수하물 최대 3변의 합이 273cm/107ins를 초과하지 않아야 함 ※ 브라질 출도착 여정은 32kg/70lbs 이하의 짐 2개 적용	20kg/44lbs	20kg/44lbs
소아 (만 12세 미만)	성인과 동일		
유아 (만 2세 미만)	접는 유모차, 운반용 요람, 유아용 카시트 중 1개 + 크기가 115cm/45ins 이하이면서 무게가 10kg/22lbs 이하인 가방 1개		접는 유모차, 운반용 요람, 유아용 카시트 중 1개

- **미주 구간과 미주 외 구간의 정의**
  - 미주 구간
    - 캐나다, 미국 및 미국령, 멕시코, 중남미 출 도착편 등 태평양 횡단 구간
    - 해당 클래스 수하물의 무게와 개수에 제한을 둡니다.
  - 미주 외 구간
    - 한국 지역 국내, 일본, 유럽 등 미주 구간을 제외한 전 구간

[그림 6] 항공사 수하물 서비스 사례(대한항공) (계속)

- 수하물 개수에 상관없이 무게에 적용 받습니다.

- **수하물의 최대 허용 무게**
  - 수하물 개당 최대 허용 무게는 32kg/70lbs, 크기는 158cm/62ins 입니다. 맡기시는 짐은 공항의 수하물 시설을 이용하여 인력에 의해 항공기로 옮겨집니다. 따라서, 작업자의 안전을 위해 1 개의 짐은 탑승하는 좌석 등급과 초과 수하물 요금의 지불과 관계없이 32kg/70lbs 이하로 제한되며, 3 변의 합이 158cm/62ins 를 초과하는 물품은 운송이 제한될 수 있습니다.
- **스카이패스 회원 등급별 추가 수하물**
  - 대한항공 이용 시 스카이패스 회원 등급에 따라 다음과 같이 추가로 수하물을 더 맡기실 수 있습니다.
    (단, SkyTeam 항공사 또는 타 항공사가 운항하는 공동 운항편 이용 시에는 추가 수하물 허용이 제한될 수 있습니다.)
    - 모닝캄 클럽 : 미주 이외 구간 여행 시 10kg/22lbs 추가
    - 모닝캄 프리미엄 클럽 : 미주 이외 구간 여행 시 20kg/44lbs 추가,
      미주 구간 여행 시 짐 1개 추가
    - 밀리언 마일러 클럽 : 미주 이외 구간 여행 시 30kg/66lbs 추가,
      미주구간 여행 시 짐 1개 추가
- **타항공사와 연결 수속하는 경우**
  - 상기의 무료 수하물 허용량은 대한항공 운항편에 대한 규정이며, 타 항공사와 연결 발권 혹은 운송되는 경우에는 IATA Standard 에 따라 타 항공사 무료 수하물 허용량 규정이 적용될 수도 있으니, 자세한 사항은 서비스 센터로 확인하시기 바랍니다.
  - 타 항공사(공동운항편 포함) 에서 수속하시는 경우, 해당 항공사의 규정이 적용될 수 있습니다.
  - 일부 항공사(미주지역 내 구간)에서는 해당 항공사 정책에 따라 무료수하물 허용량과는 별도로,위탁하는 수하물에 대해 Handling Fee(수하물취급수수료)를 징수하는 경우가 있으니 반드시해당 항공사로 확인하시기 바랍니다.

- 운송 제한 품목

- **운송 금지 품목**
  - 아래의 제한품목은 기내 반입이나 수하물로 맡기는 것이 금지되어 있습니다.
    - 페인트, 라이터용 연료와 같은 발화성/인화성 물질
    - 산소캔, 부탄가스캔 등 고압가스 용기
    - 총기, 폭죽 등 무기 및 폭발물류
    - 기타 탑승객 및 항공기에 위험을 줄 가능성이 있는 품목
- **기내 반입 제한 품목**
  모든 종류의 도검류, 골프채, 곤봉, 가위, 손톱깎기, 배터리 등과 같이 타 고객에게 위해를 가할 수 있는 품목의 경우 휴대하고 탑승하실 수 없사오니, 이러한 품목은 위탁 수하물에 넣어 탁송하여 주시기 바랍니다.
- **제한적으로 운송이 가능한 품목**
  - 다음과 같은 물품은 소량에 한하여 기내로 반입이 가능합니다.
    - 소량의 개인용 화장품 및 여행 중 필요한 의약품
    - 1개 이하의 라이터 및 성냥
      (단, 라이터, 성냥의 기내 반입은 출발 국가별 규정이 다를 수 있습니다.)
    - 항공사 승인을 받은 의료 용품, 드라이 아이스 등
- **위탁 수하물 탁송 제한 품목**
  - 다음과 같은 물품은 수하물로 위탁이 불가하오니, 직접 휴대하여 주십시오.

[그림 6] 항공사 수하물 서비스 사례(대한항공)(계속)

- 하기 물품의 운송 도중 발생한 파손, 분실 및 인도 지연에 대하여 대한항공은 일체의 책임을 지지 않습니다.
  - 노트북 컴퓨터, 핸드폰, 캠코더, 카메라, MP3 등 고가의 개인 전자제품
  - 화폐, 보석류, 귀금속류, 유가증권류
  - 기타 고가품, 견본류, 서류, 파손되기 쉬운 물품, 부패성 물품 등
- 단, 미국 출/도착 국제선 여정에 한하여, 승객께서 분실된 물품의 존재 및 가액을 증명하실 경우 보상이 가능합니다.
- 위 경우라도, 수하물 고유의 결함, 성질 또는 수하물의 불완전으로 인한 파손 시, 대한항공은 책임을 부담하지 않습니다.

공항체크인 시

- 수하물 체크인 절차 및 유의사항

- 집에서 사용하는 저울은 바닥 면적이 작기 때문에, 공항에서 재는 가방의 무게와 다를 수 있습니다.
- 가방 하나가 32kg/70lbs 을 초과하는 경우에는 초과 수하물 요금 지불 유무와 상관없이 위탁 수하물로 맡길 수 없으므로, 사전에 짐을 덜어내거나 재포장을 합니다.
- 눈썹 정리용 가위, 손톱깎이 등 기내에 가져갈 수 없는 물품이 휴대하는 가방에 들어있는지 확인합니다.
- 탑승수속을 마치신 후, 맡기신 가방이 X-ray 검사를 마칠 때까지 5 분 정도 주변에서 기다리시다가, 이상이 없으면 출국장으로 이동합니다.
- 안전한 여행을 위하여 모르는 사람의 가방은 대신 맡아주지 않습니다.
- 도착 공항에서의 원활한 수하물 수취를 위하여 수하물표를 잘 보관합니다.

- 수하물 연결 수속

- **국제선에서 국제선으로 갈아타는 경우** (예: 인천-도쿄-로스앤젤레스)
  - 일반적으로 국제선 항공편 이용 후 최종 목적지 국가로 가기 위해 다른 항공사의 국제선 항공편을 이용하실 때, 항공사의 종류에 관계 없이 수하물이 자동 연결되고 있습니다. 이 경우 중간 환승지에서 별도로 수하물을 찾으실 필요 없이, 출발 공항 탑승수속 카운터에서 수하물이 최종 목적지 까지 체크인 되는지만 확인 하시면 됩니다.
- **국제선에서 국내선으로 갈아타는 경우**
  - 유럽지역 국내선 (예 : 인천-프랑크푸르트-함부르크) : 최종 목적지까지 수하물이 자동으로 연결됩니다.
  - 한국지역 국내선 (예 : 로스앤젤레스-인천-부산) : 외국에서 한국으로 입국하여 한국 국내선으로 갈아타시는 경우, 반드시 수하물을 찾아 다시 수속을 하셔야 하므로, 최종 목적지까지 수하물 연결이 불가능합니다.
  - 호주, 일본, 러시아, 중국, 인도 등 대부분의 국가 국내선 (예 : 인천-도쿄-후쿠오카) : 수하물 연결이 불가합니다.
  - 미국, 캐나다 국내선 (예 : 인천-LA-피닉스) : 외국에서 미국/캐나다로 입국하여 미국/캐나다 국내선 구간으로 갈아타시는 경우 반드시 수하물을 첫번째 기착지에서 찾으셔야 합니다. 단, 미국/캐나다의 경우, 수하물표가 이미 최종 목적지까지 프린트되어 있기 때문에, 세관검사를 받으신 후 근접해 있는 환승 고객용 컨베이어 벨트로 옮기시고, 탑승수속(좌석배정)을 위하여 국내선 항공사 카운터로 가시면 됩니다.

[그림 6] 항공사 수하물 서비스 사례(대한항공)(계속)

- 초과 수하물 요금

무료 수하물 허용량을 초과한 경우 다음과 같은 기준으로 요금이 부과됩니다.

[2011 년 10 월 31 일 이전 발권된 항공권]

여행구간	요금규정
한국 내 국내선	kg 당 해당 구간 일반석 성인 편도운임의 3%
미주구간	■ 일등석/프레스티지석 : 무료수하물 개수를 초과하는 32kg 이하의 수하물에 대해, 초과 수하물 요금이 징수됩니다. ■ 일반석 1) 수하물이 2 개 이하라도, 23kg/50lbs 초과 32kg/70lbs 이하인 경우, 아래와 같이 초과 수하물 요금이 징수됩니다. - 한국발 : 50,000 원 - 미국발 : USD 50 - 캐나다발 : CAD 60 2) 무료수하물 개수를 초과하는 32kg/70lbs 이하의 수하물에 대해, 초과 수하물 요금이 징수됩니다. * 예외 : 브라질 출도착 여정은, 32kg/70lbs 이상의 수하물에 대해, 초과 수하물 요금이 징수됩니다. 단, 각 수하물의 최대 3 변의 합이 158cm/62ins 이내여야 하며, 2 개의 합이 273cm/107ins 를 초과하지 않아야 합니다.
미주 외 구간	■ IATA 가 공시한 일반석 성인 정상 편도 운임의 1.5% (kg 당) ■ 보다 정확한 IATA 공시운임은 대한항공 서비스센터(1588-2001)로 확인하여 주시기 바랍니다. ※ IATA 공시운임이란? IATA(국제항공운송협회)에서 공시한 국제표준운임

- 미주 구간 : 캐나다, 미국 및 미국령, 멕시코, 중남미 출도착 편 등 태평양 횡단 구간
- 미주 외 구간 : 한국 지역 국내, 일본, 유럽 등 미주 구간을 제외한 전 구간

[2011 년 11 월 1 일 이후 발권된 항공권]

- 미주노선

(PC 당)

구간	개수 초과 요금
아시아 - 미주, 유럽/중동/아프리카 - 미주 / 마이크로네시아(괌 포함)	KRW 200,000 / USD200 / CAD200 ※ 브라질 출도착 : KRW175,000 / USD175 / CAD175

[그림 6] 항공사 수하물 서비스 사례(대한항공)(계속)

구간	요금	
아시아 - 마이크로네시아 (괌 포함)	KRW100,000 / USD100 / CAD100	
미주 내	KRW75,000 / USD75 / CAD75	
무게 초과		
구간	요금	
	23kg 초과 32kg 이하	32kg 초과 45kg 이하
아시아 - 미주, 유럽/중동/아프리카 - 미주 / 마이크로네시아 (괌 포함)	KRW100,000/USD100/CAD100	KRW200,000/USD200/CAD200 ※ 브라질출도착: KRW175,000 / USD175 / CAD 175
아시아 - 마이크로네시아 (괌 포함)	KRW50,000/USD50/CAD50	KRW100,000/USD100/CAD100
미주 내	KRW50,000/USD50/CAD50	KRW75,000/USD75/CAD75
사이즈 초과		
구간	요금 (158cm 초과 203cm 이하)	
아시아 - 미주, 유럽/중동/아프리카 -미주 / 마이크로네시아 (괌 포함)	KRW 200,000 / USD200 / CAD 200 ※ 브라질 출도착: KRW175,000 / USD175 / CAD 175	
아시아 - 마이크로네시아 (괌 포함)	KRW100,000/USD100/CAD100	
미주 내	KRW75,000/USD75/CAD75	

NOTES
※ 개수, 무게, 사이즈 초과에 따라 징수하는 초과 수하물 요금은 수하물 각각에 부과됩니다.

- 미주 외 노선 (국내선 포함)

(kg 당)

	To Zone1	To Zone2	To Zone3
From Zone1	KRW 7,000/USD 7	KRW15,000/USD15	KRW20,000/USD20
From Zone2	KRW15,000/USD15	KRW30,000/USD30	KRW35,000/USD35
From Zone3	KRW20,000/USD20	KRW35,000/USD35	KRW40,000/USD40

[그림 6] 항공사 수하물 서비스 사례(대한항공) (계속)

NOTES

- Zone1: 한국, 일본, 중국, 홍콩, 마카오, 대만
- Zone2 : 아시아 (단, 한국,일본,중국,홍콩,마카오,대만,대양주 제외)
  예) 인도, 네팔, 캄보디아, 인도네시아, 말레이시아, 몽골, 필리핀,
  러시아(우랄산맥 동쪽/ex. 블라디보스토크, 이르쿠츠크), 싱가폴, 태국,
  우즈베키스탄, 베트남 등
- Zone3 : 유럽/아프리카/중동/대양주
  예) 호주, 피지, 뉴질랜드, 뉴칼레도니아, 오스트리아, 체코, 프랑스,
  독일, 이탈리아, 네덜란드, 러시아(우랄 산맥 서쪽/ex.모스크바),
  스페인, 스위스, 터키, 영국, 이집트, 이스라엘, 아랍에미레이트 등

- 국내선 (kg 당)

	To Domestic
From Domestic	KRW 2,000/USD 2

NOTES

※ 한국 출발인 경우 KRW , 미국출발인 경우 USD, 캐나다 출발인 경우 CAD 로 책정된 상기의 금액이 적용되며, 기타 국가 출발인 경우 USD로 책정된 금액을 당일의 은행 대고객 매도율을 적용하여 지불 통화로 환산, 적용합니다.

기내

» 기내 반입 가능한 수하물의 크기와 무게 » 기내 반입 불가 품목
» 기내 휴대 수하물의 보관 방법

- 기내 반입 가능한 수하물의 크기와 무게

좌석등급별 기내 반입 가능한 수하물의 크기와 무게는 아래와 같습니다.

좌석 등급	개수	총무게	크기 (가로 x 세로 x 높이)
일등석 프레스티지석	2 개	18kg/40lbs	개당 55 x 40 x 20 (cm) 또는 3 면의 합 115 (cm) 이하
일반석	1 개 + 추가 허용품목 1 개	12kg/26lbs	55 x 40 x 20 (cm) 또는 3 면의 합 115 (cm) 이하

- **일반석 고객 추가 허용 품목**
  - 노트북 컴퓨터, 서류가방, 핸드백 등 중 1 개
- **기내로 악기를 반입하는 경우**
  - 바이올린과 같이 크기가 115cm/45ins 이하의 악기는 무료로 기내에 가져가실 수 있습니다. 단, 115cm/45ins 를 초과하는 첼로, 더블베이스, 거문고 등과 같은 대형 악기는 별도의 좌석을 구입하셔야 합니다.

[그림 6] 항공사 수하물 서비스 사례(대한항공)(계속)

- **미국 출발편 및 미국 국내선 연결편**
  - 강화된 보안 절차로 인해 미국 출발편 및 미국 국내선 연결편 이용 시, 기내 반입 수하물 허용량은 탑승 하시는 좌석 등급과 관계 없이 수하물 1 개 및 추가 허용품목 1 개로 제한됩니다.

NOTES
해외 출발 항공편의 경우, 현지 공항 보안 규정에 따라 휴대 수하물의 크기, 개수, 무게 등이 제한될 수 있습니다.
ex) 인도 출발 항공편의 경우, 탑승 클래스와 관계없이 1 개의 휴대 수하물과 노트북 컴퓨터만 가능 합니다.

- **기내 반입 불가 품목**

다음과 같은 물건들은 기내에 가지고 갈 수 없습니다.

구분	세부 품목
끝이 뾰족한 무기 및 날카로운 물체	끝이 뾰족한 우산, 면도기, 눈썹 정리용 가위, 가위, 손톱깎이, 수예바늘, 뜨개질 바늘, 화살, 다트, 포크, 송곳, 스키용 폴, 스위스 칼, 드릴, 톱, 렌치/스패너, 해머, 주사바늘, 코르크 마개뽑이 등
둔기	골프채, 낚시대, 야구 방망이, 하키스틱, 스케이트 보드, 당구 큐대 등
주방용 칼	과일칼, 식칼 (길이에 따라 각국 세관 제한 가능)

- **기내 휴대 수하물의 보관 방법**

- 모든 휴대 수하물은 기내 선반 또는 좌석 밑에 보관해야 합니다.
- 비상 좌석 승객의 수하물은 반드시 기내 선반에 보관해야 합니다.
- 애완동물은 케이지에 담아 승객의 앞좌석 밑에 보관해야 하며, 비상구 좌석이나 통로에 두실 수 없습니다.
- 수하물을 올리고 내리실 때, 수하물 낙하로 인해 부상이 발생하는 일이 없도록 주의하시기 바랍니다.
- 항공기 도착 후 두고 내리는 물건이 없도록 다시 한 번 확인하시기 바랍니다.

도착 후

» 수하물 수취 방법 및 유의사항 » 수하물 분실 및 파손
» 배상 책임 한도 » 보상 불가 물품

- **수하물 수취 방법 및 유의사항**

[그림 6] 항공사 수하물 서비스 사례(대한항공)(계속)

- 입국 심사를 마치신 후, 이동 안내 사인을 참고하여 고객님께서 타고 온 항공편의 수하물 수취대로 이동합니다.
- 수하물 수취대에서 가방을 내리신 후 본인의 가방이 맞는 지 수하물표와 확인합니다.
- 세관신고 할 물품이 있는 경우에는 기내에서 배부하는 "여행자 휴대품 신고서"에 해당사항을 작성하여 세관 검사장내 검사 지정관에게 여권과 함께 제 출하셔야 합니다.

- 수하물의 분실 및 파손

- 항공기 도착 후 수하물이 파손되었거나, 나오지 않는 경우

항공사의 수하물 신고 센터에 신고합니다.

↓

탑승 수속 시에 받은 수하물표를 제시하고, 지정된 서식에 내용물, 귀중품 유무, 수하물 외관상의 특징, 연락처 등을 작성하여 제출합니다.

↓

전화 또는 인터넷을 이용하여 지연 수하물 접수 사항을 조회합니다.

- 여러 구간을 탑승하신 후 분실 사실을 알게 되었다면, 마지막에 탑승했던 항공사로 신고합니다.
- 수하물이 목적지에 도착하지 않았거나 수하물 내용품이 분실됐을 때에는 21 일 이내에, 수하물이 파손 됐을 경우에는 7 일 이내 항공사에 신고해야 합니다.
- 짐이 도착하지 않거나 지연되는 경우 대한항공에서는 도착지에 연고지가 없으신 분에게 1 회에 한하여 필요한 일용품을 구입할 수 있도록 최대 USD 50 에 해당하는 금액을 지급하고 있습니다.

NOTES

- 분실을 방지하기 위한 방법
  1. 수하물에 이름과 연락처를 기록합니다.
  2. 목적지,수량,중량,이름 등 수하물표 내용을 재확인합니다.
  3. 비슷한 모양의 가방을 가져가지 않도록 본인의 수하물표와 수하물에 부착된
  짐표를 대조합니다.

- 배상 책임 한도

[그림 6] 항공사 수하물 서비스 사례(대한항공) (계속)

- 대한항공은 현재 269 개 항공사가 가입되어 있는 국제항공 운송협회(IATA)에서 채택한 국제 협약에 근거하여 타당성 있는 규정 및 절차를 확립, 여객운송 약관을 정하여 운영하고 있습니다.
  - 바르샤바 협약이 적용되는 경우, 위탁 수하물의 분실, 지연이나 손상 시 최대 배상액은 분실 무게 1kg 당 USD 20 또는 그 상당액, 몬트리올 협약이 적용되는 경우는 1 인당 1,131 SDR (특별인출권)이 됩니다.
  - 사전에 보다 높은 가격을 신고하고 종가요금을 지불한 경우 대한항공의 책임 한도는 신고가격으로 합니다.

- 보상 불가 물품

- 하기 물품의 운송 도중 발생한 파손, 분실 및 인도 지연에 대하여 대한항공은 일체의 책임을 지지 않습니다.
- 단, 미국 출/도착 국제선 여정에 한하여, 승객께서 분실된 물품의 존재 및 가액을 증명하실 경우 보상이 가능합니다.
- 상기 경우라도, 수하물 고유의 결함, 성질 또는 수하물의 불완전에 기인한 파손 시 대한항공은 책임을 부담하지 않습니다.
  - 깨지기 쉬운 물품이거나 부패하기 쉬운 물품, 건강과 관련된 의약품
  - 너무 무겁거나 가방 용량에 비해 무리하게 내용품을 넣은 경우
  - 하드케이스(전용 포장용기)에 넣지 않은 스포츠 용품 및 위탁 수하물로 접수된 악기류
  - 노트북 컴퓨터, 핸드폰, 캠코더, 카메라, MP3 등 고가의 개인 전자제품 또는 그 데이터
  - 현금, 보석이나 귀금속, 유가증권, 계약서, 논문과 같은 서류, 여권, 신분증, 견본(샘플), 골동품 등 가치를 따지기 어려운 귀중한 물건
  - 보안검색 과정에서 X-RAY 통과로 인한 필름 손상
  - 일상적인 수하물 취급과정에서 발생하는 경미한 긁힘, 눌림, 흠집, 얼룩 또는 스트랩, 외부 자물쇠, Name Tag, 액세서리 분실

[그림 6] 항공사 수하물 서비스 사례(대한항공)

다. 기내탑승

기내에 탑승하면 승무원의 안내에 따라 지정된 좌석에 가서, 기내 반입품(작은 캐리어 백)을 객실 선반에 넣고 좌석에 앉으며, 좌석벨트를 맨다. 이후 항공기종에 따라 다양한 기내 오락물(영화, 음악, 게임, 신문, 기내잡지 등)이 제공된다. 여기서는 기내설비 이용과 기내식음료 취식, 면세품 구매 등의 활동이 수행되며, 기내 승무원이 고객들에게 적절하게 서비스를 제공하고, 안내하며 조력한다.

목적지 공항도착 전에 해당국가 입국에 필요한 입국서류, 세관신고서 등을 작성하게 된다.

라. 도착지 공항업무

공항에 도착하면 입국수속절차인 CIQ지역을 통과하고, 수하물 인도 지역(baggage claim area)에서 자신의 수하물을 찾아서 공항 밖으로 나오게 된다. 현지 공항에서 대기 중인 현지 운영업체(land operator)의 현지 가이드(local guide) 및 버스기사와 조우하게 된다.

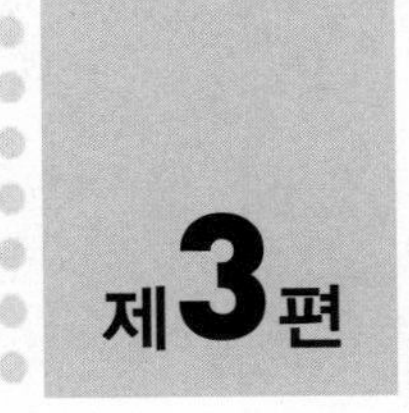

인솔준비와 출입국 업무

제6장 주요 국가별 여행 및 생활문화

해외를 여행하는 것은 여행국가의 관광지와 문화유적지나 관광매력지를 체험하는 데에도 큰 의미가 있다. 그러므로 현지의 생활문화와 관습과 풍습에도 사전에 충분한 지식이 있어야 한다. 관광지에서 문화적인 환경과 인식의 차이로 불필요한 충돌이 발생할 수 있으므로 유의해야 한다. 다음은 외교통상부의 해외안전여행 관련하여 주요국가의 현지 공관에 의해 수집된 자료를 정리한 것이다. 인솔자는 여행준비 단계 이전에 이에 대한 관심과 정보 확인이 필요하다.

1. 아시아대양주 주요국

가. 중국(China)

(1) 일반현황

- 위치 : 베이징 기준 북위 39°, 동경 116°
- 수도 : 베이징(北京)
- 면적 : 1만 6,808㎢
- 언어 : 漢語(중국어)사용(단, 방언(方言) 및 소수민족언어 존재)
- 인구 : 약 14억 4천421만 명(2019년)
- 인종 : 한족과 55개 소수민족(16,643만 명, 총 인구의 8%)으로 구성
  조선족이 약 200만여 명으로 소수민족의 2%
- 종교 : 불교, 도교, 이슬람교, 그리스도교
- GDP : 연 14조 3,429억 달러(2019년)
- 1인당 GDP : 9,614달러(2019년)

(2) 일반문화

- 중국인들은 인사할 때 주로 인사말만 건네는 것이 대부분이며, 남자들은 한국과 마찬가지로 악수를 하는 경우가 많습니다. 한국과 달리 목례는 하지 않는 편입니다.
- 중국에서도 존칭이 존재하나 우리나라처럼 많지는 않습니다. 남녀노소 대부분 존칭을 사용하지 않는데 한국인들이 이 점 때문에 현지인을 상대할 때 예의가 없다고 느끼는 경우가 종종 있습니다.

(3) 종교 관련

- 중국의 종교는 전통적으로 불교, 도교, 이슬람교가 있으며, 그리스도교가 16세기 이후 들어와 전파되었습니다. 중국 헌법 제36조에는 종교 활동의 자유를 보장하고 있지만 제한도 있습니다. 특히, 외국인이 중국인에 대해 선교 활동하는 것이나 허가된 지역 외에서 종교 활동하는 것은 위법으로 관계당국은 민감하게 반응하고, 적발될 경우 통상 강제추방 당하게 되니 유의하시기 바랍니다.

(4) 팁 문화

- 중국은 팁문화가 정착되지 않아 일반적으로 팁을 주지 않아도 상관없습니다.

나. 일본(Japan)

(1) 종교 관련

- 신도신자 약 1억 600만 명→1억 700만 명, 불교도 약 9,600만 명→9,800만 명, 기독교도 약 200만 명→300만 명, 기타 약 1,100만 명→1,000만 명, 총 21,500만 명→2억 900만 명(일본 전체 인구의 2배에 약간 모자라는 수치로 일본인들의 다종교관을 보여줌)

(2) 일반현황

- 인구 : 1억 2,605만 명(2019년)
- GDP : 5조 817억 달러(2019년)
- 1인당 GDP : 4만 106달러(2019년)

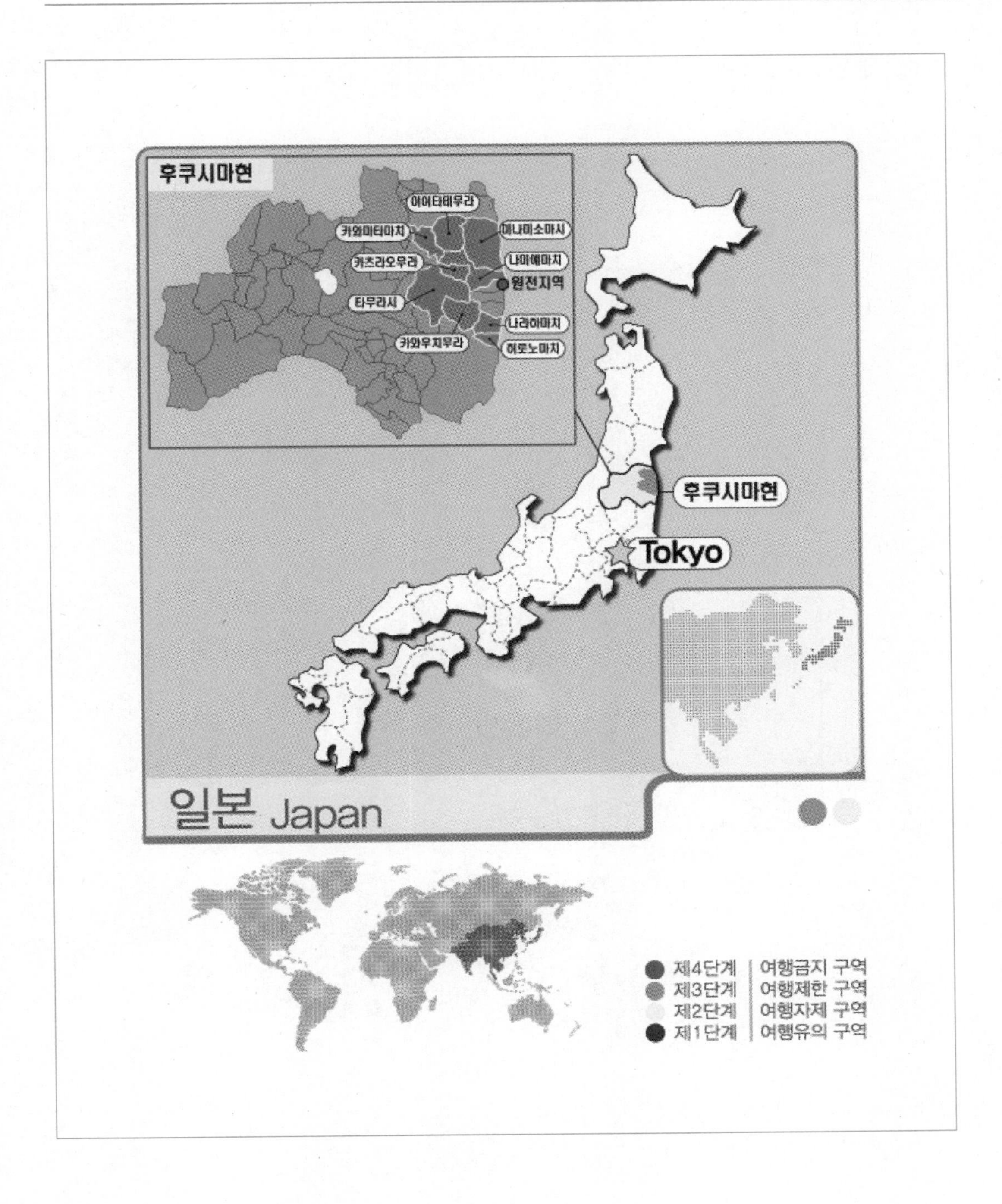
후쿠시마현
이이타테무라
카와마타마치
미나미소마시
카츠라오무라
나미에마치
원전지역
타무라시
나라하마치
카와우치무라
히로노마치
후쿠시마현
Tokyo
일본 Japan
제4단계 | 여행금지 구역
제3단계 | 여행제한 구역
제2단계 | 여행자제 구역
제1단계 | 여행유의 구역

다. 태국(Thailand)

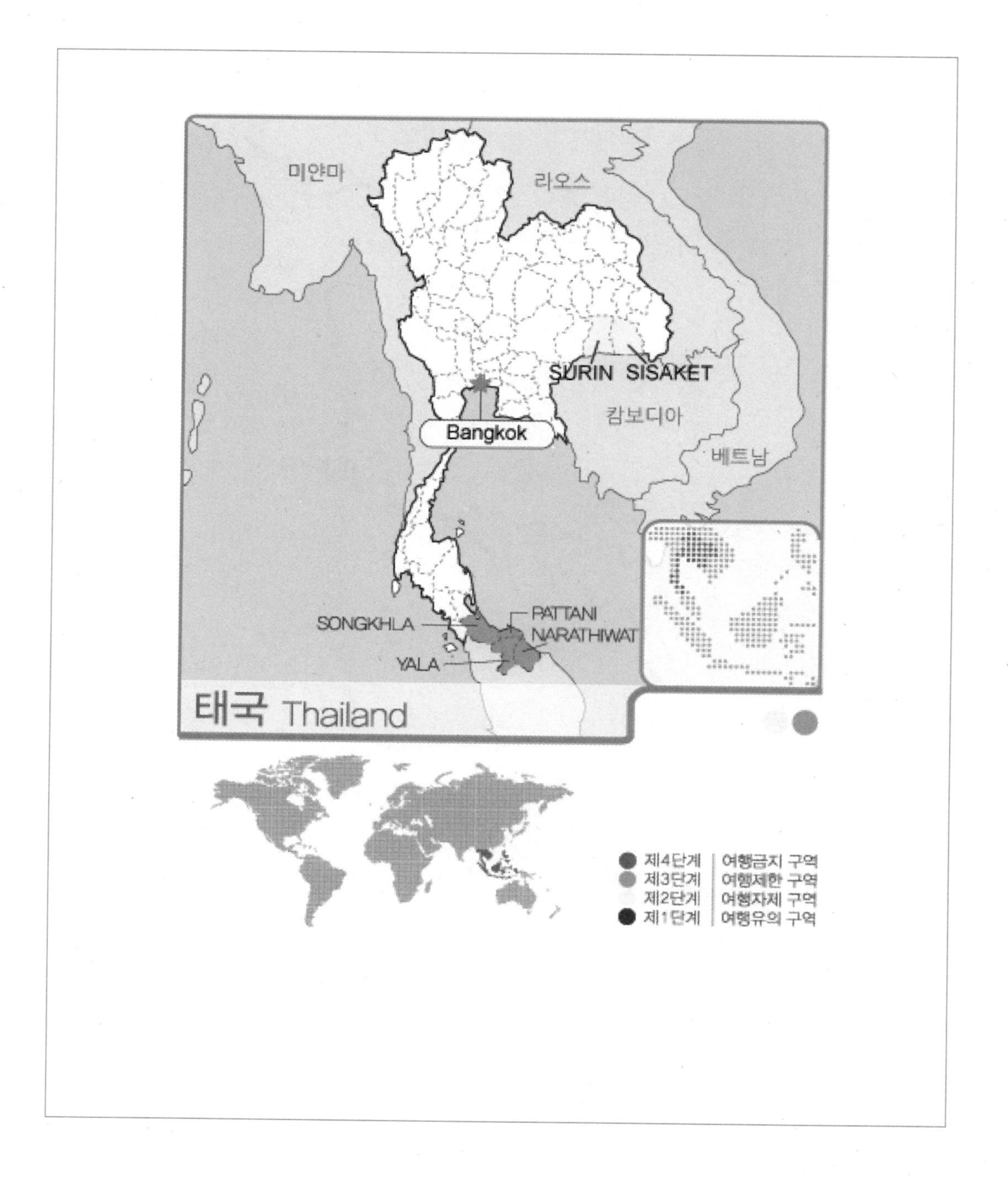

(1) 일반현황

- 국명 : 타이 왕국(Kingdom of Thailand)
- 정체 : 입헌군주제(1932년 6월 혁명 이래)
  - 국가원수 : 푸미폰 국왕(His Majesty King Bhumibol Adulyadej)
    * 차크리왕조 제9대 왕(1946년 즉위)
- 정치형태 : 내각책임제
  - 총리 : 잉락 친나왓(Yingluck Shinawatra)
    * 제28대 총리(2011년 8월 취임)
- 국경일 : 12월 5일(Bhumibol 국왕 탄신일)
- 의회 : 양원제(상원 150명, 하원 480명)
- 수도 : 방콕(Bangkok : 인구 약 1,000만 명)
- 면적 : 51.4만㎢(한반도의 2.3배)
- 인구 : 6,995만 명(2019년)
- 민족 : 타이족 85%, 화교 12%, 말레이족 2%, 기타 1%
- 종교 : 불교 94.6%, 이슬람교 4.6%, 기독교 0.7%, 기타 0.1%
- 언어 : 타이어(공용어)
- 기후 : 고온다습한 열대성 기후이며, 3계절로 대별(3~5월 고온, 6~10월 우기, 11~2월 비교적 저온)
  - 연평균 기온 : 28℃(최고 32.5℃, 최저 23.7℃)
  - 연평균 강우량 : 1,600mm
  - 연평균 습도 : 79%(최고 94%, 최저 60%)
- 서울과의 시차 : -2시간
- 화폐단위 : Baht(바트), US $1 = 30Baht(2021년 2월)
- 주요 자원 : 천연고무, 타피오카, 쌀, 주석, 텅스텐, 안티모니, 천연가스
- GDP : 5,436억 달러(2019년)
- 1인당 GDP : 7,084달러(2019년)

(2) 일반문화

- 태국식 인사는 동성 또는 이성 간에도 상호 합장(불교식)을 하고 머리를 숙여 절을 합니다. 상류층은 외국인과 접촉할 때 서양식 악수를 하는 것에 익숙해져 있습니다.

(3) 종교 관련

- 태국은 불교국가이나 개인의 종교 자유가 보장되며 외국인들의 종교 활동에 특별한 제한은 없습니다.
- 태국인은 오랜 독립국가 유지로 자존심이 높고 독실한 불교도이기 때문에 자존심을 손상시키는 언동은 삼가야 합니다.
- 거리에서 주황색의 승복을 입은 승려에게는 존경의 자세로 접근하는 것이 바람직하며, 아무렇게나 카메라를 들이대는 것은 무례한 행위입니다.
- 여성은 승려를 대할 때 몸이나 손이 닿지 않도록 주의해야 하며, 노상에서 마주칠 때는 길을 피해야 합니다(직접 물건을 건네주어서는 안 되며, 옆의 남자를 통해서만 건넬 수 있음).
- 사원의 본당을 오를 때는 신발을 벗어야 하며, 샌들류는 피해야 하고 사찰을 방문할 때 불상에 손을 대어서는 안 됩니다(여성의 경우 사원을 방문할 때에는 무릎 밑으로 내려오는 긴치마 착용).
- 국왕 등 왕실에 대한 존경표시
  - 각계각층의 왕실에 대한 존경심은 절대적이며 외국인은 왕실에 대한 적절한 존경심을 표해야 합니다.
    * 극장에서 영화상영 전 국왕찬가가 나올 경우 태국인과 같이 기립
  - 호텔 등에 걸려 있는 국왕 및 여왕의 사진을 손가락질하거나 훼손해서는 안 됩니다.

(4) 팁 문화

- Tip제도가 일반화되어 있습니다.
- 음식점 이용 시 식대 계산서에 봉사료가 포함되어 있는 경우가 많으나, 대체로 20바트 정도의 팁을 줍니다.

라. 필리핀(Philippines)

(1) 일반현황

- 위치 : 마닐라 기준 북위 13°, 동경 122°
- 수도 : 마닐라
- 면적 : 약 300,000㎢
- 언어 : 영어, 따갈로그어(공용)
- 인구 : 약 1억 1,104만 명(2019년)
- 인종 : 여러 민족 간의 혼혈, 말레이 인종이 대부분
- 종교 : 가톨릭 83%, 신교 9%, 이슬람교 5% 기타
- GDP : 3,767억 달러(2019년)
- 1인당 GDP : 3,099달러(2019년)

(2) 일반문화

- 필리핀에서는 인사를 할 때 친척 간에는 주로 어른의 손을 아랫사람이 자신의 이마에 대며(mano), 대체적으로는 악수를 나누고 사교적인 곳에서는 뺨을 맞대는 경우도 자주 있음.
- 필리핀 국민은 자신이 옳다고 생각하는 일을 하기보다는 남들이 어떻게 생각하는지에 더 신경을 쓰는 경향이 있으며, hiya(히야; 체면, 부끄러움)를 매우 중시합니다.
  - 현지인을 유순하고 쉬운 상대로 착각하고, 모욕을 주거나 공개적으로 부정적인 감정을 강하게 드러낼 경우, 불의의 사고를 당할 수 있으므로, 필리핀 여행 중에는 현지인의 감정을 자극하는 언동이나 행동은 반드시 삼가야 합니다.
- 필리핀 사람들은 약속 시간에서 30분 내지 한 시간 정도 늦게 나오는 것이 보통이며, 예고 없이 다른 사람(부하, 친구, 비서 등)을 동반하는 경우도 있습니다.

(3) 종교 관련

- 필리핀 사람들은 종교가 일상 생활화 되어 있으며, 마을 축제는 물론 국가 지정 공휴일도 가톨릭 전통과 연결이 되어 있습니다. 소수이지만 이슬람교의 주요 행사 날을 공휴일로 지정하기도 합니다.
- 가톨릭의 규율에 따라 낙태가 철저히 금지되어 있고, 이혼도 결혼 무효를 제외하고는 인정하지 않고 있습니다.

(4) 팁 문화

- 서비스를 받을 때는 팁을 주는 것이 관례로서, 보통 요금의 20~100페소 내외를 팁으로 줍니다.

마. 뉴질랜드(New Zealand)

(1) 일반현황

- 위치 : 동경 174°, 남위 41°
- 수도 : 웰링턴(웰링턴시 인구 18만 5천명, 웰링턴 지역 인구 : 46만 명)
  * 1865년 오클랜드에서 옮김
- 면적 : 27만㎢(북섬 11.6만㎢, 남섬 15.1만㎢, 기타도서 3,542㎢)
  * 한반도의 1.2배, 남한의 2.7배
- 언어 : 영어, 마오리어
- 인구 : 486만 명(북섬 75%, 남섬 25%)(2019년)
- 인종 : 유럽인(68%), 마오리 원주민(14%), 아시아계(9.2%), 남태평양인(6.9%) 등
- 종교 : 대부분 성공회, 기독교, 가톨릭(종교의 자유보장)
- GDP : 2,069억 달러(구매력 기준)(2019년)
- 1인당 GDP : 4만 1,616달러(구매력 기준)(2019년)

(2) 일반문화

- 사업관계가 있을 때는 명함을 교환하지만 대개는 명함교환 없이 가볍게 수인사를 나눕니다.
- 친한 관계에서는 가벼운 포옹을 나누기도 합니다.

(3) 종교 관련

- 국교는 정해져 있지 않으며 종교의 자유가 보장되어 있으나 기독교인이 다수입니다.

(4) 팁 문화

- 뉴질랜드에서는 팁이 일반화되어 있지는 않습니다.
- 고급호텔이나 고급식당 등에서 서비스를 제공받을 경우 팁을 건네기도 합니다.

2. 유럽 주요국

가. 영국(United Kingdom)

(1) 일반현황

- 수도 : 런던(London, 756만 명)
- 면적 : 약 24.482만㎢(한반도의 1.1배, 프랑스의 절반)
- 인구 : 6,820만 명(2019년)
- GDP : 2조 8,271억 달러(2019년)
- 1인당 GDP : 4만 2,261달러(2019년)
- 종교 : 기독교(71.8%), 이슬람교(2.8%)

(2) 팁 문화

- 통상 식당, 택시 등 서비스 이용시 10% 정도의 팁을 지불하며, 계산서에 봉사료가 포함되어 있는지 불분명할 때에는 종업원에게 확인하시기 바랍니다. 호텔에 옷을 맡기실 때는 50펜스, 호텔 포터에게는 1파운드 정도, 택시를 이용할 때에는 1파운드 이하 거스름돈을 주시면 무방합니다.

나. 프랑스(France)

(1) 종교 관련

- 종교 선택은 자유이며, 정해진 장소에서 거행되는 종교의식도 허용됩니다.
- 그러나 국공립 초·중·고등학교에서 학생 및 관계자들이 종교색을 나타내는 의상(이슬람 히잡 등) 또는 눈에 심하게 튀는 것(십자가 목걸이 등)을 착용하는 것은 법으로 금지되어 있습니다.
- 또한, 공공장소에서의 부르카(이슬람 여성이 착용하는 안면 가리개 의상) 착용 금지 법안이 최근 의회에서 통과되었습니다.

(2) 일반현황

- 인구 : 6,542만 명(2019년)
- GDP : 2조 7,155억 달러(2019년)
- 1인당 GDP : 4만 2,931달러(2019년)

(3) 팁 문화

- 일반적으로 요금에 포함되어 있는 경우가 대부분이지만 일반적으로 서비스한 직원에게 작은 동전을 두고 나오며, 레스토랑에서는 5% 이내의 팁을 주는 것이 무난합니다.
- 프랑스는 개인주의 문화가 발달된 국가이므로 제3자에게 특별한 서비스를 베풀거나 과잉으로 호감을 보이면서 접근하는 사람들은 주의하시는 것이 좋습니다. 예를 들어, 처음 보는 사람인데 자기 자동차에 탑승하라거나 음료수를 주는 등의 친절을 베푸는 사람들이나 현금인출기에서 도와주겠다면서 친절을 베푸는 사람들을 조심하는 것이 바람직합니다.

다. 독일(Germany)

(1) 일반문화

- 관공서, 식당, 상점 등에서 일처리가 한국에 비해 느리고 서비스도 좋지 않으므로 인내심과 문화적 차이에 대한 이해가 필요합니다.
- 거리 보행이나 대중교통을 이용할 때에는 뛰거나 앞사람을 밀거나 떠들어서는 안 됩니다.
- 식당에서는 큰소리로 떠들지 말아야 하며, 식사할 경우 소리 내어 음식을 먹는 것, 테이블에 팔꿈치를 올리는 것, 트림을 하는 것은 예의에 어긋나는 행동이므로 주의하시기 바랍니다.
- 통행할 때 서로 신체가 부딪히는 것을 매우 꺼려하며, 기침이나 재채기를 할 경우 반드시 손수건이나 휴지로 입을 막아 주위에 해가 되지 않도록 주의하시기 바랍니다.

(2) 일반현황

- 인구 : 8,390만 명(2019년)
- GDP : 3조 8,456억 달러(2019년)
- 1인당 GDP : 4만 8,670달러(2019년)

(3) 팁 문화

- 식당에서는 계산서에 나온 액수의 5~10%를 팁으로 주는 것이 보통이며, 카드로 결재할 때는 팁을 잔돈으로 따로 주거나 카드명세서의 서비스액란에 따로 기입하여 결제하는 방법도 있습니다.

라. 이탈리아(Italy)

(1) 일반현황

- 국명 : 이탈리아 공화국(La Republica Italiana, The Italian Republic)
- 수도 : 로마(인구 약 272만 명)
  - 로마 주변을 포함한 "로마"도(Provincia di Roma) 인구는 약 370만 명
- 면적 : 301,336㎢(한반도의 1.36배)
- 인구 : 6,036만 명(2019년)
- 민족 : 이탈리아인
  - 북부에 프랑스·오스트리아·슬라브계, 남부에 알바니아·그리스계 등 소수 거주
- 언어 : 이탈리아어
- 종교 : 가톨릭(98%), 기타(2%)
- 독립 : 1861.3.17(이탈리아 왕국 선포)
- 정체 : 민주 공화국
- 정부형태 : 내각책임제
- 경제지표
  - 국내총생산(GDP) : 2조 12억 달러(2019년)
  - 1인당 GDP : 3만 4,349달러(2019년)
  - 실업률 : 10.0%(2019년)
  - 화폐단위 : 유로
- 주요산업 : 기계, 자동차, 철강, 섬유의류, 화학, 식품가공, 신발, 요업

(2) 일반문화

- 관공서, 은행, 레스토랑, 상점 등에서 일처리가 한국에 비해 매우 느리므로 인내심을 가지고 기다리는 자세가 필요합니다.
- 성당의 경우 짧은 반바지 등 몸을 많이 드러내는 옷을 입고 입장하는 것을 삼가야 하며, 복장문제로 출입을 제한하는 성당이 있습니다(베드로 성당 등).
- 인권이 존중되며, 강력범죄 피의자가 아닌 경우 대부분 불구속 수사를 원칙으로 하고 있습니다.
  - 수사기관에서 피의자를 임의동행 형식으로 조사하는 경우 48시간 이상 구금할 수 없음.

(3) 팁 문화

- 서비스가 제공되는 분야에 대해서 팁 관행이 있으며, 분야별 팁 액수 수준은 다음과 같습니다.
  - 호텔 포터 : 2유로 정도
  - 호텔 룸 청소 : 1유로 정도
  - 음식점 : 청구액의 5~10% 정도
  - 미용원, 이발소 : 요금의 5~10% 정도
  - 택시 : 거스름돈의 잔돈 정도
  - 유료 공중화장실 이용 시 : 70센트~1유로 정도. 현재 공중 화장실은 거의 유료로 전환됨.

마. 스페인(Spain)

(1) 일반현황

- 위치 : 마드리드 기준 북위 40.2°, 서경 3.7°
- 수고 : 마드리드
- 면적 : 504,030㎢(한반도의 약 2.3배)
- 언어 : 스페인어(까스떼야노), 지역 공용어(까딸란어, 갈리시아어, 바스크어)
- 인구 : 약 4,674만 명(2019년)
- 인종 : 라틴족
- 종교 : 가톨릭(77%)
- GDP : 1조 3,941억 달러(2019년)
- 1인당 GDP : 3만 1,060달러(2019년)

(2) 일반문화

- 스페인 사람들은 초면에도 서로 볼을 2번 맞대고 인사를 나누는 관습이 있으나 악수로 대신하는 경우도 많습니다.
- 어린이에 대한 신체 접촉은 아동성범죄로 오인될 수 있으니 주의를 요합니다.

(3) 종교 관련

- 스페인은 가톨릭 전통의 국가로 도시마다 대성당이 있습니다. 입장 시에는 복장에 유의

하는 것이 좋고 아주 짧은 반바지, 치마, 민소매 T셔츠 등을 착용한 경우에는 제한을 받을 수 있습니다.

(4) 팁 문화

- 식당에서 식사대의 5~10% 정도의 팁을 주는 것이 보통이나 저렴한 대중식당은 팁을 주지 않거나 거스름돈을 놓아둡니다.
- 택시의 경우 팁은 없으나 1유로 미만의 거스름돈을 팁으로 주기도 합니다.

바. 네덜란드(Netherlands)

(1) 일반현황

- 위치 : 유럽 북서부, 동경 5°45", 북위 52°30"
- 수도 : 암스테르담
- 면적 : 41,526㎢
- 언어 : 네덜란드어
- 인구 : 약 1,717만 명(2019년)
- 인종 : 게르만족
- 종교 : 로마 가톨릭교(31%), 네덜란드 개신교(13%) , 무교(41%), 기타(15%)
- GDP : 약 9,090억 달러(2019년)
- 1인당 GDP : 5만 2,931달러(2019년)

(2) 일반문화

- 신체적 인사법으로는 양쪽 뺨에 소리만 내는 키스를 한다(연인이 아닌 경우는 소리만 살짝 낸다). 혹은 반가운 일이 일어났을 때, 새해 생일과 같은 때에는 타인의 뺨에 세 번 뽀뽀하는 특이한 문화가 있습니다.

(3) 종교 관련

- 종교 관련하여 특별히 유의할 사항은 없으나, 타 종교를 비방하거나 지나치게 해당 종교만을 절대적으로 강조하는 것은 자제하여야 합니다.

(4) 팁 문화

- 기본적으로는 필요 없으나 간혹 택시나 호텔 등에서 서비스를 받았을 경우 1유로 정도를 지불합니다.
- 레스토랑 등에서도 계산서에 Inclusief라는 단어가 쓰여져 있다면 동전을 남겨 두는 것 정도로 충분합니다.

사. 그리스(Greece)

(1) 일반현황

- 국명 : 그리스 공화국(The Hellenic Republic)
- 수도 : Athens(인구 약 450만 명)
- 면적 : 131,957㎢(본토 81%, 도서 19%)
- 인구 : 1,037만 명(2019년)
- 언어 : 그리스어
- 종교 : 그리스정교(Greek Orthodox, 98%), 이슬람교(Muslim, 1.3%), 기타(0.7%)
  (국교 : 그리스정교(Greek Orthodox))
- 국경일 : 3월 25일, 10월 28일
- 정부형태 : 내각책임제
- 국회 : 단원제(의석수 300명)
- GDP : 2,098억 달러(2019년)
- 1인당 GDP : 2만 572달러(2019년)
- 경제성장률 : 1.9%(2019년)
- 화폐단위 : 유로(Euro)
- 지형 : 산지 43%, 구릉 27%, 평지 30%
- 기후 : 지중해성 기후(여름 - 고온건조, 겨울 - 온난다습, 연 강우량 400㎜)

(2) 일반문화

- 아침 인사 : Kalimera(깔리메라)
- 오후 인사 : Kalispera(깔리스페라)

- 상대방에게 손바닥을 보이는 행위는 욕에 해당됨으로 주의해야 합니다.
- 그리스인들은 시에스타(낮잠) 시간이 있기 때문에 가급적이면 낮시간에는 전화를 피하는 것이 좋습니다.

(3) 종교 관련

- 수도원 시찰 시 여성은 긴 스커트를 입어야 하며 남성은 긴바지를 입어야 합니다. - 수도원에서 빌려주기도 합니다.
- 그리스 정교의 성산인 아토스산의 경우 여성의 입산이 금지되며 또한 남성이라도 비자가 필요합니다.

(4) 팁 문화

- 식당에서는 보통 5~10% 정도의 팁을 주는 것이 보통이나, 경제 위기로 인해 팁을 주고 가는 사람이 많이 줄어들었습니다.

아. 스위스(Switzerland)

(1) 일반현황

- 인구 : 871만 명(2019년)
- GDP : 7,030억 달러(2019년)
- 1인당 GDP : 8만 3,583달러(2019년)

(2) 일반문화

① 일반 사항

- 상대방에 양보하고, 남을 먼저 배려하는 여행 습관이 몸에 배도록 하는 것이 좋습니다. 양보와 배려 없이 행동하면 주의나 핀잔을 받는 경우가 종종 발생합니다. 특히, 스위스는 외국인 거주자 비율이 높은(약 20%) 나라로 외국인의 행위에 대한 현지 주민의 감시, 신고, 심지어 적대감까지 보이는 경우가 종종 있으므로 교통 관련 법규 및 공공장소에서의 일반 예절을 잘 지키는 것이 필요합니다.

② 식당 및 호텔 관련

- 현지 식당에서는 한국에서와는 달리 식당 입구에서 웨이터의 안내를 받아 착석하시

고, 서비스료는 요금에 포함되어 있으나, 필요시 거스름돈으로 받는 1~5CHF 이내에서 Tip을 지불하시면 되겠습니다.

- 관광객을 위한 저렴한 간이식당 : 20~30CHF
- 중급 이상 레스토랑 : 40~90CHF
- 고급 레스토랑 : 100~300CHF

• 영업시간은 대체로 아래와 같습니다.

- 점심 : 11 : 30~14 : 00(일부는 11 : 00~14 : 00)
- 저녁 : 19 : 00~22 : 00(일부는 18 : 00~22 : 00)
- 일요일 및 축제일은 대부분 휴점이나 일부 시내 식당은 개점

• 호텔은 5등급으로 나누어져 있으며 시설은 청결하고 양호하나 방 규모가 작은 편입니다. 정규 호텔 이외에도 값이 싼 Pension, 유스호스텔 등이 있으므로 참고하시기 바랍니다.

• 고급호텔을 제외한 나머지 호텔은 예약할 때 방을 배정하지 않고 도착 당일 방을 배정해 주는 것이 일반적입니다.

• 해약할 때에는 필히 최소 1일 전에 통보하여야 하며, 그렇지 않을 경우에는 동 예약된 방의 요금을 지불하여야 하는 것이 통례이므로 특별한 주의를 요합니다.

③ 상점 관련

• 대형 상점의 영업시간은 아래와 같습니다.

- 백화점 : 평일 09 : 00~18 : 30, 토요일 08 : 00~16 : 00
- 슈퍼 : 평일 09 : 00~18 : 30, 토요일 07 : 00~16 : 00
  * 목요일은 21 : 00까지 개점(베른 시내)
  * 일요일 및 월요일 오전은 휴무, 월요일에는 14 : 00 개점

• 소규모 상점의 경우 상기와 유사하나 점심시간(12 : 00~14 : 00) 중 휴무하는 곳이 많습니다.

자. 러시아(Russia)

(1) 일반현황

• 위치 : 모스크바 기준 북위 55°, 동경 37°

• 수도 : 모스크바

• 면적 : 1,708만㎢(한반도의 78배)
• 언어 : 러시아어
• 인구 : 약 1억 4,591만 명(2019년)
• 민족구성 : 러시아인(80%), 타타르인(4%), 우크라이나인(2%), 기타 140여 개의 소수민족
• 종교 : 러시아정교(75%), 이슬람교(5%), 유태교, 가톨릭 등
• GDP : 1조 6,998억 달러(2019년)
• 1인당 GDP : 1만 950달러(2019년)

(2) 일반문화

• 러시아 국민성은 원래 다정다감한 편이었으나 70년 동안 사회주의 체제의 영향으로 자기 감정을 외부로 명확히 표현하는 경우가 거의 없으며, 대체로 무뚝뚝하며 불친절합니다.
• 또한 잘 웃는 편이 아니며 명랑 쾌활함을 외부로 표시하는 것을 자제하는 것이 습관화되어 있습니다.
• 러시아에서는 현관문 안에서 작별인사(악수)를 나누어야 합니다. 현관문을 사이에 두고 악수를 하게 되면 불길한 일이 일어난다고 믿고 있습니다.

(3) 종교 관련

• 러시아 제1의 종교는 러시아 정교입니다. 러시아 정교 신자가 아니더라도 러시아 정교 사원 입장이 허락되어 러시아 정교의 독특한 예배식을 참관할 수 있습니다.
• 러시아 정교 사원에 들어갈 때 남자는 모자를 반드시 벗어야 하고, 여자는 스카프로 머리를 가려야 합니다. 또 짧은 치마나 반바지 차림으로 입장하는 것은 삼가는 것이 좋습니다.

(4) 팁 문화

• 식당에서는 10% 정도의 팁을 주어야 하나 금액이 큰 경우 5~10% 사이에서 주면 됩니다.
• 호텔(Bell boy)에서는 1달러 또는 50루블이 팁으로 적당합니다.

차. 헝가리(Hungary)

(1) 일반현황

• 국명 : 헝가리 공화국(The Republic of Hungary)

- 국기 : 적색(열정), 흰색(충성), 녹색(희망)
- 위치 : 북위 45.48°~48.35°(우리나라는 북위 33°~43°)
- 면적 : 93,030㎢(한반도의 2/5, 한국의 0.94배)
  * 인접국가 7개국 : 오스트리아(366㎢), 크로아티아(329㎢), 루마니아(443㎢), 세르비아(151㎢), 슬로바키아(677㎢), 슬로베니아(102㎢), 우크라이나(103㎢) 포함 총 2,171㎢
  * 주변국에 총 230만 명의 헝가리계 소수민족 거주
- 수도 : 부다페스트(인구 170만 명)
- 국토 : 동서 528㎞, 남북 268㎞, 산지 20%, 평지 80%
- 기후 : 대륙성, 서안해양성 기후 혼재, 남부 일부 지역은 지중해성 기후
- 기온 : 연평균 10.8℃, 여름평균 22℃, 겨울평균 -1℃
- 강수량 : 연평균 600mm 정도
- 주요하천
  - 다뉴브강(유럽에서 2번째로 큰 강으로 헝가리 관통 지역은 417㎞)
  - 티서강(헝가리 관통 지역은 585㎞)
- 주요도시
  - 데브레첸(Debrecen, 21만 명), 미슈꼴쯔(Miskolc, 18만 명), 세게드(Szeged, 17만 명), 피츠(Pécs, 16만 명), 죄르(Györ, 13만 명)
- 인구 : 963만 명(2019년)
- GDP : 1,609억 달러(2019년)
- 1인당 GDP : 1만 6,016달러(2019년)
- 인구밀도 : 93명/㎢
- 언어 : 마자르어(헝가리어), 독일어, 영어 일부 통용
- 민족 : 마자르족(96.6%), 독일, 슬로바키아계
  - 집시 : 60~80만 추산
- 종교 : 가톨릭 67.5%, 개신교 20%, 그리스 정교 등
- 주요산업 : 제조업, 관광, 농업 및 목축업
- 교육
  - 초등학교부터 대학교(원)까지 무상교육, 초등4년 / 중등8년, 초등8년 / 중등4년, 대학3년,

대학원 2년제

- 사회보장
  - 전국민의료보험, 전국민연금제도, 실업보험제도
- 대외관계
  - 현재 수도 부다페스트에 76개 대사관과 10여 개의 국제기구가 소재, 1999년에 NATO 가입, 2004.5.1 EU 가입
  - 유럽 대서양협력강화, 인접국과의 우호·친선관계 유지, 인접국 거주 헝가리계 소수민족 권익보호를 대외정책의 기조로 채택
- 우리나라와의 관계
  - 1988.10.25 주헝가리 상주대표부 설치
  - 1989.2.1 정식 외교관계 수립(구 사회주의권 국가 중 최초)
- 시차 : 한국보다 8시간 늦음(3월 마지막 주 일요일~10월 마지막 주 일요일까지 실시되는 섬머타임 기간의 시차는 7시간)
- 비자 : 3개월까지 무비자 입국, 체류가능

(2) 일반문화

- 특별한 인사법은 없으나 친한 사이끼리는 양 볼을 서로 맞대기도 합니다.

(3) 종교 관련

- 헝가리도 오랜 가톨릭 국가로 예배당 출입 시 경건을 중시하여 남자는 모자를 벗어야 하고, 여자는 짧은 치마를 입거나 민소매를 입어서는 안 됩니다.

(4) 팁 문화

- 식당, 호텔 등의 요금계산서에 Tip(경우에 따라 10~15%)이 포함되어 있는 경우도 있으므로 Tip을 주기 전에 계산서를 미리 확인하는 것이 바람직하며 영수증에 포함되지 않았을 경우 팁(5~10%)을 별도로 지불해야 합니다.
- 호텔에서 짐을 운반하는 보이 또는 체크아웃하기 위해 객실을 나올 때는 1유로(300포린트) 정도 팁을 주는 것이 예의입니다.

3. 미주 국가

가. 미국(the United States of America)

(1) 일반문화

- 관공서나 국립박물관 등을 방문할 때 대부분의 경우 보안 체크를 하게 됩니다. 보안 담당관의 지시에 이의를 제기하거나 불필요한 질문을 할 경우 보안검사에 시간이 소요될 수 있으므로 보안 담당관의 지시에 잘 따르는 것이 좋습니다.
- 관공서에서의 일 처리는 한국에 비해 매우 느린 편이므로 양국의 업무처리의 차이점을 이해하는 것이 좋습니다.
- 대화 태도 : 대화할 때는 상대방의 눈을 똑바로 쳐다보며 대화하는 것이 예의입니다. 대화내용 중 특정종교나 소수민족, 인종이나, 성별과 관계된 차별성 또는 동물 비하 발언은 매우 민감한 사안으로 받아들여지므로 비록 농담이라도 절대 금물입니다. 또한 초면에 나이나 가족사항 등 개인적인 질문을 하는 것은 상대방에게 불쾌감을 줄 수 있으므로 유의해야 합니다.
- 제스처 : 대화 중 손 전체가 아닌 특정 손가락으로 가리키는 행위는 상대에게 불쾌감을 줄 수 있으므로 유의하여야 합니다. 공공장소 등에서 재채기를 할 경우에는 손으로 입을 가리는 것이 좋으며, 재채기를 하고 나면 "excuse me"라고 말해 상대방에게 예의를 표시해 주는 것이 좋습니다.
- 직접 대화하거나 전화 통화를 할 때 기록이 필요한 경우에는 반드시 상대방의 이름과 직책 등을 물어서 적어두는 것이 좋습니다.

(2) 일반현황

- 인구 : 3억 3,291만 명(2019년)
- GDP : 21조 4,277억 달러(2019년)
- 1인당 GDP : 6만 2,518달러(2019년)

(3) 팁 문화

- 미국에서의 모든 서비스에는 팁을 지불해야 합니다. 식당과 미용실, 택시 등을 이용할

때에 팁은 비용의 15~20% 정도 지불합니다. 호텔이나 공항에서 짐을 이동해 주는 경우에는 보통 가방당 1달러 정도 지불하면 됩니다.

- 일반적인 식당인 경우 총 음식값의 15~20%가 적당합니다.
- 택시와 호텔을 이용할 때에는 가방 개수에 따라 팁 필요(가방 1개당 1달러)합니다.

나. 멕시코(Mexico)

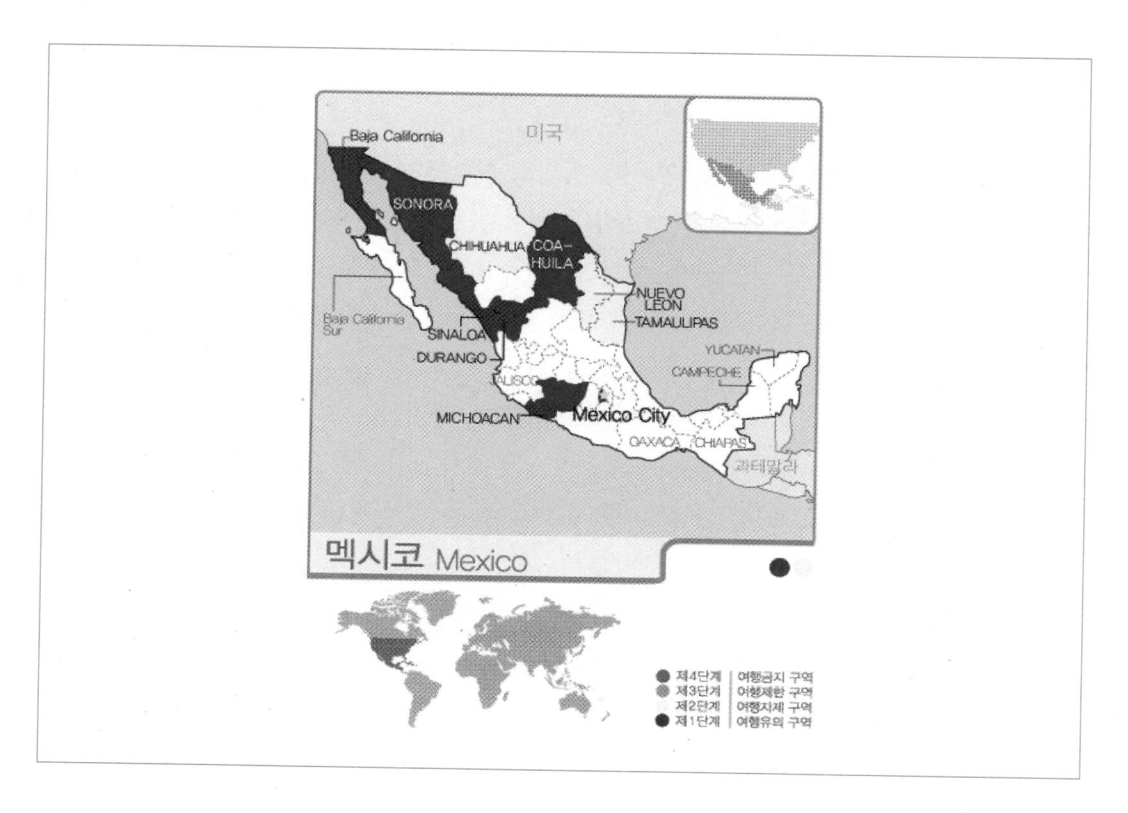

(1) 일반현황

- 위치 : 멕시코시티 기준 북위 19°, 동경 99°
- 수도 : 멕시코시티
- 면적 : 196만㎢(한반도의 9배)
- 언어 : 스페인어
- 인구 : 1억 3,026만 명(2019년)

- 인종 : 메스티조 60%, 인디언 30%, 백인 9%
- 종교 : 가톨릭(89%), 기독교(65%), 기타(5%)
- GDP : 1조 2,582억 달러(2019년)
- 1인당 GDP : 9,614달러(2019년)

(2) 일반문화

- 남녀 간에 멕시코식으로 인사를 나눌 때 나이에 관계없이 가볍게 포옹한 채 상대의 볼에 가볍게 뺨을 대는 것이기 때문에 이에 익숙하지 못한 한국인들은 종종 당황하기도 합니다.
- 남의 집을 방문하거나 초대를 받은 경우 선물을 준비하는 것이 일반적이며 통상 크리스마스, 연말에는 친구, 친지, 거래선들에게 선물을 돌리는 관행이 있습니다.

(3) 종교 관련

- 멕시코에는 종교의 자유가 인정되어 있으나 스페인 식민지의 영향으로 가톨릭이 전체의 89% 정도를 차지하고 있을 만큼 구교도가 많습니다. 종교적인 행사는 매우 성대하여 부활절 주간과 크리스마스는 휴일이며, 결혼, 장례 등의 의식행사도 대부분 성당에서 거행합니다.
- 멕시코시티에는 한인교회가 9개 있으며, 한인성당 1개 그리고, 한인사찰도 2군데 있습니다. 그리고 과달라하라시, 몬테레이시, 티후아나시 등 큰 도시에는 한인교회가 있습니다.

(4) 팁 문화

- 팁문화가 일반적으로 통용됩니다. 식당에서 식사를 하고 난 후 계산서 금액의 10~15% 정도를 종업원에게 팁으로 지급합니다. 또, 방청소 또는 개별 심부름 등을 시켰을 경우 1달러나 현지화로 이에 상당하는 금액(10페소)을 지급합니다.

다. 브라질(Brazil)

(1) 일반현황

- 수도 : 브라질리아(Brasília, D.F.)
- 면적 : 8,514,876.599㎢
  - 세계 5위, 남미대륙의 47.3%, 한반도의 약 37배

- 북위 5°16', 남위 33°45'(남북거리 : 4,320km)

- 인구 : 2억 1,399만 명(2019년)
  - 세계 5위
  - 인구밀도 : 22명/㎢
- GDP : 1조 8,397억 달러(2019년)
- 1인당 GDP : 9,127달러(2019년)
- 인종 : 백인 44.2%, 물라토 46.7%, 흑인 8.2%, 동양인 0.9%, 원주민 0.9%(2017년 초)
- 언어 : 포르투갈어
- 종교 : 천주교 73.8%, 개신교 15.4%, 기타 토속종교(Umbanda) 등
- 국체 : 연방공화국
- 정부형태 : 대통령 중심제
- 국가원수 : Andres Manuel Lopez Obrador 대통령(2018.12.1 취임)
- 의회 : 양원제
  - 상원 81석(임기 8년)
  - 하원 513석(임기 4년)
- 국경일 : 9월 7일(독립기념일), 11월 15일(공화국 선포일)
- 화폐단위 : Real(R$)
  - 자유변동환율제
  - 환율 : U$1 = R$5.39(2021.2.8)
- 기후 : 열대, 아열대, 온대 기후가 폭넓게 분포
  - 브라질리아 : 19~-28°C의 아열대성 기후(해발 약 1,170미터)
  - 상파울루 : 하계 21°C, 동계 14°C(해발 약 700미터)
  - 리우데자이네루 : 연평균 22.7°C
- 시차
  - 우리나라는 브라질보다 12시간 빠르며, 일광절약시간제가 실시되는 10월 중순부터 익년 2월 중순까지는 11시간 빠릅니다.
  - 마나우스 등 서쪽에 위치한 지역과 동부지역 간에는 1시간의 시차가 있으며, 북동부 일부 주는 일광절약시간제를 실시하지 않습니다.

(2) 일반문화

- 인사
  - 아침인사 Bom dia(봉 지아)
  - 오후인사 Boa tarde(보아 따르지)
  - 저녁인사 Boa noite(보아 노이찌)
  - 헤어질 때 Tchau(짜우)
  - 일반 안부 Tudo bem(뚜두 벵)
- 감사표시
  - 남자는 Obrigado(오브리가두)
  - 여자는 Obrigada(오브리가다)
- 의사 표시
  - 매우좋다 : Está bom(따봉)
  - 예 : Sim(씽)
  - 아니오 : Não(너웅)

(3) 종교 관련

- 브라질 전역에 현지 가톨릭 성당 및 교회가 많이 있으며, 수도인 브라질리아에는 한인교회(성결교회)가 하나 있습니다. 그리고 상파울루에는 한인성당 1곳, 한인교회 60여 곳과 사찰 4곳이 있습니다.

(4) 팁 문화

- 식당, 호텔 등의 요금계산서에 10%의 봉사료가 포함되어 있으므로 별도의 팁은 필요치 않습니다.
- 그러나 호텔에서 짐을 운반하는 보이 또는 체크아웃하기 위해 객실을 나올 때는 미화 1달러(2헤알) 정도 팁을 주는 것이 예의입니다.

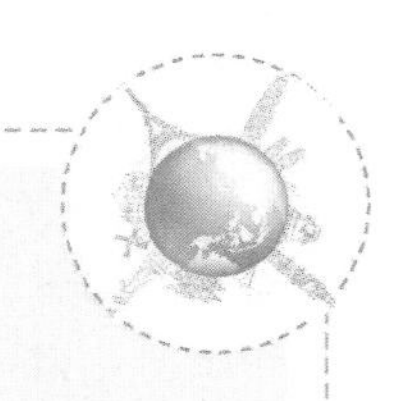

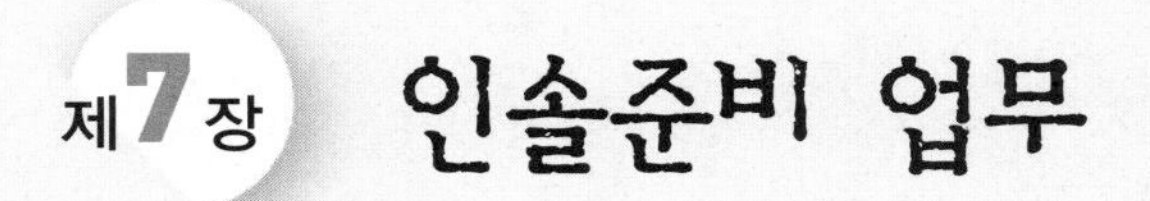

제7장 인솔준비 업무

1. TC의 여행준비 업무

단체여행객의 인솔에 앞서 TC는 철저한 확인과 준비가 선행되어야 한다. 자신의 일반적인 인솔 경험만을 믿는다거나 여행사 담당자의 구두 통보를 받고 별도의 특별한 준비 없이 업무에 임한다면 많은 문제점이 발생할 여지가 크다. TC는 마치 전장에 나서는 장수와 같이 치밀하고 체계적인 준비와 확인과정을 거치는 것이 유능한 TC의 길이다. 준비가 부족하면, 업무와 단체에 대해 자신이 없고 더구나 약간의 문제만 발생하더라도 단체는 우왕좌왕하기 쉽다. 따라서 여행객의 만족도와 신뢰도는 급격히 저하됨을 명심해야 한다.

가. 여행정보 수집

여행에 대한 준비는 여행지역과 여행단체 구성원의 성격 파악에서부터 시작한다. 회사의 출장 명령이 나면 일단 여행 목적지에 대한 정보를 점검하는 것이 필요하다. 그리고 인솔해야 하는 단체의 성격을 알아야 이에 맞는 인솔계획 수립이 가능하며 전체적 여행일정을 고객 입장에서 배려할 수 있게 되기 때문이다.

(1) 여행 목적지에 대한 정보

여행 목적지에 대한 정보는 기후와 계절적 환경, 국가 현황, 특별한 문화적 관습과 환경, 관광지 특성, 전염성 질병 등에 대한 조사와 확인이 필요하다.

〈표 19〉 여행 목적지 정보

구 분	내 용	필요사유
기후 조건	기온(최저, 최고), 강우	옷차림, 활동성
국가 현황	위치, 정치 경제상황, 화폐(환율), 시차, summer time, 전기(220v), roaming service	현지 적응
문화적 관습	독특한 관습과 풍습	현지인과 마찰방지
공항, 교통	비자, 세관수속, 공항구조	원활한 인솔
건강정보	전염성 질환, 수돗물	사전 대비
안전 정보	치안 상태, 사고처리	
주요 연락처	대사관, 항공사, 랜드사	

(2) 인솔 단체에 대한 정보

인솔 단체의 연령 및 성별, 기성 단체 여부, 특별한 성향 여부, 여행 목적 등의 정보를 파악해야 단체 성격에 맞는 인솔 서비스를 제공할 수 있게 된다.

〈표 20〉 인솔 단체 정보

구 분	내 용	필요사유
단체명	단체명으로 여타 단체와 구분 필요	구분관리
인원규모	인원수(10, 15, 20, 25명 등)	식사, 버스탑승 시
연령대	20대 이하, 30~40대, 50~60대 등	관심 영역과 체력
성별 인원	남녀 구성비, 가족 여부	숙식 및 투어관리
단체성격	기성단체, 비기성단체	조직 리더, 구성원 간 협동
여행목적	관광, 연수, 휴양, 종교, 취미	목적에 맞는 관리
성향	종교적, 정치적, 지역적	불필요한 논쟁 방지
특별 인사	건강상 장애, 관계 영향상, 특별요구사항	장애자, 특별 배려 준비
여행빈도	처음, 2~3회, 매년	안내 내용과 방법 차이

나. 여행조건과 최종점검 사항

인솔하는 여행단체가 어떠한 조건과 내용으로 여행하는지를 파악하는 것은 가장 기본적인 TC의 책무 중의 하나이다. 해외출장 명령을 수령하면 TC는 여행 전반에 대한 인수 서류와 정보를 충분히 확보하고 확인하여야 한다. 원만한 여행일정 관리를 위해 여행조건서 및 여행계약서 내용에 대해 알고 있어야, 고객들의 특별한 요청사항이 있을 때 그 수용 여부 및 가능성을 판단할 수 있기 때문이다. 그뿐만 아니라 계획된 일정을 수행하기 어려운 환경에 봉착할 수도 있으며, 통상적인 상황을 벗어나는 상태가 발생하였을 때 여행조건을 알고 있다면, 문제해결의 방향을 설정하기가 쉽다.

〈표 21〉 여행조건 확인 및 인수 서류

구 분	자료 / 서류명	확인사항	소지 여부
고객과 일정	고객 명단(name list)	인적사항	O
	여행일정표(tour itinerary)	내용과 조건	O
	여권과 비자	유효기간	
	여행자보험	개시 및 종료일	
	특별한 내용	특별요청 사항	
	현지 지도, 브로슈어(brochure)	필요수량	O
항공	항공편 e-티켓 확인증, 영수증	예약상태, 티케팅, 조건	O
	항공사 마일리지	카드 소지 여부	
	수하물 인식표(baggage ID tag)	회사제공 인식표 수	O
랜드	최종 수배확인서(confirm sheet)	내용과 조건	O
	호텔객실 배정표(rooming list)	객실수	O
	호텔, 식당 바우처(voucher)	인원과 조건	O
경비	랜드비, 입장료, 공항세 등	내역과 금액	O
	기타 경비	처리 및 정산 방법	
공항	출입국신고서(E/D card)	국가별 매수	O
	세관신고서(customs declaration form)	필요 매수	O
	병무신고서	허가 필요 인원	
	미팅과 센딩	장소, 시간	
보고양식	행사완료보고	양식과 주요내용	O
	회사 특별요청 사항		
	회사 연락처	담당업무, 연락처	

다. 출장 전 준비물

국외여행을 인솔하기 위해 TC는 전술한 바와 같이 여행에 필요한 정보와 자료에 대해 수령하고 확인하였다. 이와 함께 TC는 해외출장에 앞서 조직이나 개인적인 업무 처리를 하며 출장 여행을 준비한다. 다음은 TC 및 여행자가 해외여행에 앞서 준비해야 하는 개인적인 준비사항에 대해 알아본다.

(1) TC의 개인적 준비물

TC는 대외적으로 전체 여행자의 대표자이며, 상품판매 여행사의 대표이고, 여행자의 일원이기도 하다. 그러므로 사전 준비는 개인 여행자 보다 더욱 철저하게 해야 한다. 출장 업무준비와 함께 단체를 대표하는 만큼 개인적인 용모와 복장을 준비하고, 건강한 상태를 유지하여야 기본적인 인솔자로서의 자세를 갖추는 것이 된다.

〈표 22〉 TC의 개인적 준비사항 체크 리스트

준비물	확 인	내 용
여행용 가방		장기간 여행에 필요한 물품
휴대용 가방		여행서류(e-티켓확인증 등), 사무용품, 양식, 비용보관
전자사전		필요시 용어의 정확한 확인
mobile전화기		관계처와 소통
알람용 시계		모닝콜(wake up call), 현지와 한국 시차(2개국 시간)
명함		관계인사와 업무 협조
필기구		행사 진행과 사후보고서 작성 준비
세면용품		간단한 화장품, 자외선 차단제
상비약		본인 및 여행객 상황대비(소화, 감기, 진통, 해열, 멀미)
선글라스 등		모자, 우비, 슬리퍼 등

(2) 여행자 준비물

여행할 때 준비한 수하물은 너무 많아 부담이 되기도 한다. 그러나 해외 현지에서 구매하기 쉽지 않기도 하고 상당히 비쌀 수도 있으므로 적절하게 준비하는 것이 좋다. 특히 간단한 상비약은 꼭 준비해야 한다. 현지에서는 국가에 따라 상당히 절차가 까다롭고 복잡하다. 그러므로 여행자 준비물은 사전에 상품설명회 등의 시기에 적절하게 안내하는 것이 필요하다.

〈표 23〉 여행자 준비물 체크 리스트

준비물	확 인	내 용
여권 / 비자		해외여행의 필수품, 분실의 사고를 대비해 사진이 있는 1면은 복사해서 여권과 다른 곳에 보관해 둔다.
항공 e-티켓확인증		출국, 귀국 날짜, 여정, 예약상태, 유효기간을 확인한다.
현금(현지화)		팁, 쇼핑, 선택 관광, 기타 개인적인 경비 등에 필요한 돈
신용카드		해외에서 사용가능한 카드로 만일의 경우를 대비해 1~2종 정도 준비한다.
예비용사진		여권 분실의 사고를 대비해 2~3장 정도 준비한다.
카메라		추억을 저장하기 위하여 디지털 카메라 등을 준비한다.
mobile폰		해외에서 로밍서비스(roaming service)가 된다면 유용하다.
전화카드		한국으로 전화 걸 일이 많은 분들은 구입해서 준비하는 것이 좋다.
작은 가방		큰 가방과 분리해서 휴대할 수 있는 작은 가방이 있으면 편리하다.
필기도구 / 수첩		여권번호, 여행자수표번호, 신용카드번호, 현지주요기관 등의 번호를 메모해 두고, 현지에서 얻은 유용한 정보를 메모할 수 있는 필기도구를 가져간다.
모자 / 선글라스		여름이나 열대기후 국가를 여행할 때에는 필수품
자외선 차단크림		여름이나 열대기후 국가를 여행할 때에는 필수품
편한 신발		여행에서는 걷는 시간이 많으므로 편한 신발이나 운동화를 준비하는 것이 좋다.
휴대용 우산		비가 올 경우나, 우기인 국가를 여행할 경우 휴대가 편리한 접이식 우산이 좋다.
칫솔과 치약		해외에는 없는 경우가 대부분이므로 준비해 가는 것이 좋다.
화장품		여행용이나 소포장용을 가져가는 것이 좋다.
빗 / 드라이어		호텔에 없는 경우도 있으므로 가져가는 것이 좋으며, 전압과 플러그를 확인하고 가져간다. 플러그는 호텔에서 대여해 주는 경우가 많다.
셔츠 / 바지		편한 것으로 여행기간에 맞게 준비하며, 되도록 적게 가져가는 것이 좋다.
재킷 / 가디건		냉방차, 비행기, 비올 때, 밤에는 기온차가 생기므로 가벼운 것으로 준비하는 것이 좋다.
속옷		호텔 등에서 세탁을 할 수도 있으므로, 여행기간에 맞게 준비한다.
생리용품		현지에서 구입하기가 쉽지 않고, 비싼 경우가 많으므로 미리 준비해 가는 것이 좋다.
상비약		평소에 복용하는 약, 지사제, 소화제, 신경안정제, 진통제, 멀미약, 감기약, 피로회복제, 1회용 밴드 등
비닐봉투		빨래할 옷, 젖은 옷, 잡동사니를 넣기에 편리하다.
손톱깎이 / 귀이개		휴대용으로 작은 것을 가져가면 요긴하게 쓰이는 경우가 많다. 귀이개는 수영장이나, 해변이 있는 경우 요긴하게 쓰인다.
알람손목시계		바쁜 일정 중에 스케줄 관리에 편리하다.

라. 여행상품과 일정 및 고객에 대한 자료(사례)

(1) 행사일정표의 실제

〈표 24〉 행사일정표

일 자	장 소	교통편	시 간	일 정	식 사
제01일 12월12일 토	인천 런던	KE 907 전용버스	13 : 10 16 : 20	인천 공항 출발, 로마 향발 런던 공항 도착하여 가이드 미팅하여 호텔 투숙 * HOTEL : HOLIDAY INN KINGS CROSS or similar	기내식
제02일 12월13일 일	런던 옥스퍼드 윈저 런던	전용버스	08 : 00 09 : 00 14 : 00 19 : 00	호텔 조식 오전 런던에서 북서쪽으로 템즈강 상류의 조용한 대학도시 옥스퍼드로 이동하여 관광 (옥스퍼드에서 가장 크고 중요한 대학 '크라이스트 처치 칼리지', 옥스퍼드대학교의 근간이 된 유서깊은 '머튼 칼리지'. 옥스퍼드 대학교 박물관 등) 중식 후 런던 서쪽으로 템즈강 옆에 있는 도시 윈저로 이동하여 영국왕실의 별궁인 '윈저성' 관광 런던 귀환하여 석식 및 호텔 투숙 * HOTEL : HOLIDAY INN KINGS CROSS or similar	호텔식 현지식 한식
제03일 12월14일 월	런던 파리	전용버스 유로스타 전용버스	08 : 00 09 : 00 17 : 30 20 : 47	호텔 조식 전일 시내관광 (빅벤, 국회의사당, 웨스트민스턴 사원, 버킹엄 궁전, 트라팔가 해전의 승리를 기념하기 위해 완공한 트라팔가 광장, 런던 최고의 중심지 피카딜리 서커스, 세계 3대 박물관 중의 하나인 '대영박물관' 등) 유로스타 편으로 런던 출발, 파리 향발 파리 도착하여 가이드 미팅하여 호텔 투숙 * HOTEL : GRAND MERCURE ORLY or similar	호텔식 현지식 도시락 (김밥)
제04일 12월15일 화	파리	전용버스	08 : 00 09 : 00 12 : 00 18 : 00	호텔 조식 전일 시내관광 (세계 3대 박물관 중의 하나인 '루브르박물관 - 수신기', 개선문, 샹젤리제 거리, 콩코르드 광장, 개선문, 노틀담 사원 등) 도중 중식(에스까르고) 석식 후 세느강유람&에펠탑(3층) 관광 및 호텔 투숙 * HOTEL : GRAND MERCURE ORLY or similar	호텔식 현지식 한식
제05일 12월16일 수	파리 베른 인터라켄	전용버스 T.G.V. 전용버스	08 : 00 09 : 00 12 : 00 16 : 58 21 : 40	호텔 조식 절대왕권을 상징하는 '베르사유궁전' 관람 및 몽마르뜨 언덕, 성심성당 전경 관광 도중 중식 초고속 열차인 T.G.V.편으로 베른 향발 베른역 도착하여 가이드 미팅 후 인터라켄으로 이동하여 호텔 투숙 * HOTEL : ALPIN SHERPA or similar	호텔식 중국식 도시락

일 자	장 소	교통편	시 간	일 정	식 사
제06일 12월17일 목	인터라켄 밀라노	전용버스	06 : 30 07 : 30 12 : 30 17 : 00 19 : 00	호텔 조식 알프스의 최고영봉인 '융프라우' 등정(협궤열차 탑승) 및 만년설, 얼음동굴, 전망대 관광 중식 후 밀라노로 이동(약 4시간 소요) 도착하여 가이드 미팅하여 간단히 시내관광 (두오모 성당, 스포르체스코성, 라스칼라좌 등) 석식 및 호텔 투숙 * HOTEL : UNA HOTEL or similar	호텔식 한식 현지식
제07일 12월18일 금	밀라노 피렌체 로마	전용버스	07 : 00 08 : 00 12 : 00 15 : 00 19 : 00	호텔 조식 후 피렌체로 이동(약 4시간 소요) 도착하여 가이드 미팅하여 시내관광 (미켈란젤로언덕, 두오모, 시뇨리아광장, 지옷토의 종탑 등) 도시 전체가 거대한 박물관인 로마로 이동(약 4시간 소요) 도착하여 석식 및 호텔 투숙 * HOTEL : HOTEL CLELIA PALACE or similar	호텔식 현지식 한식
제08일 12월19일 토	로마 폼페이 소렌토 나폴리 로마	전용버스		호텔 조식 후 폼페이로 출발(약 3시간 30분 소요) 폼페이 고대도시 유적지 관광 소렌토 시가지 관광/세계 3대미항 나폴리 관광 후 로마로 귀환 석식 및 호텔 투숙 * HOTEL : HOTEL CLELIA PALACE or similar	호텔식 현지식 현지식
제09일 12월20 일 일		전용버스 KE 928	 22 : 10	호텔 조식 후 전일 시내관광 (바티칸시국 및 박물관-수신기, 성 베드로성당, 시스티나예배당, 원형경기장, 트레비분수, 진실의 입, 대전차경기장 등) 도중 중식 로마 관광 후 석식 공항으로 이동 로마 공항 출발	호텔식 현지식 현지식
제10일 12월21일 월	인천		17 : 05	인천 국제공항 도착	

(2) 행사비 청구서

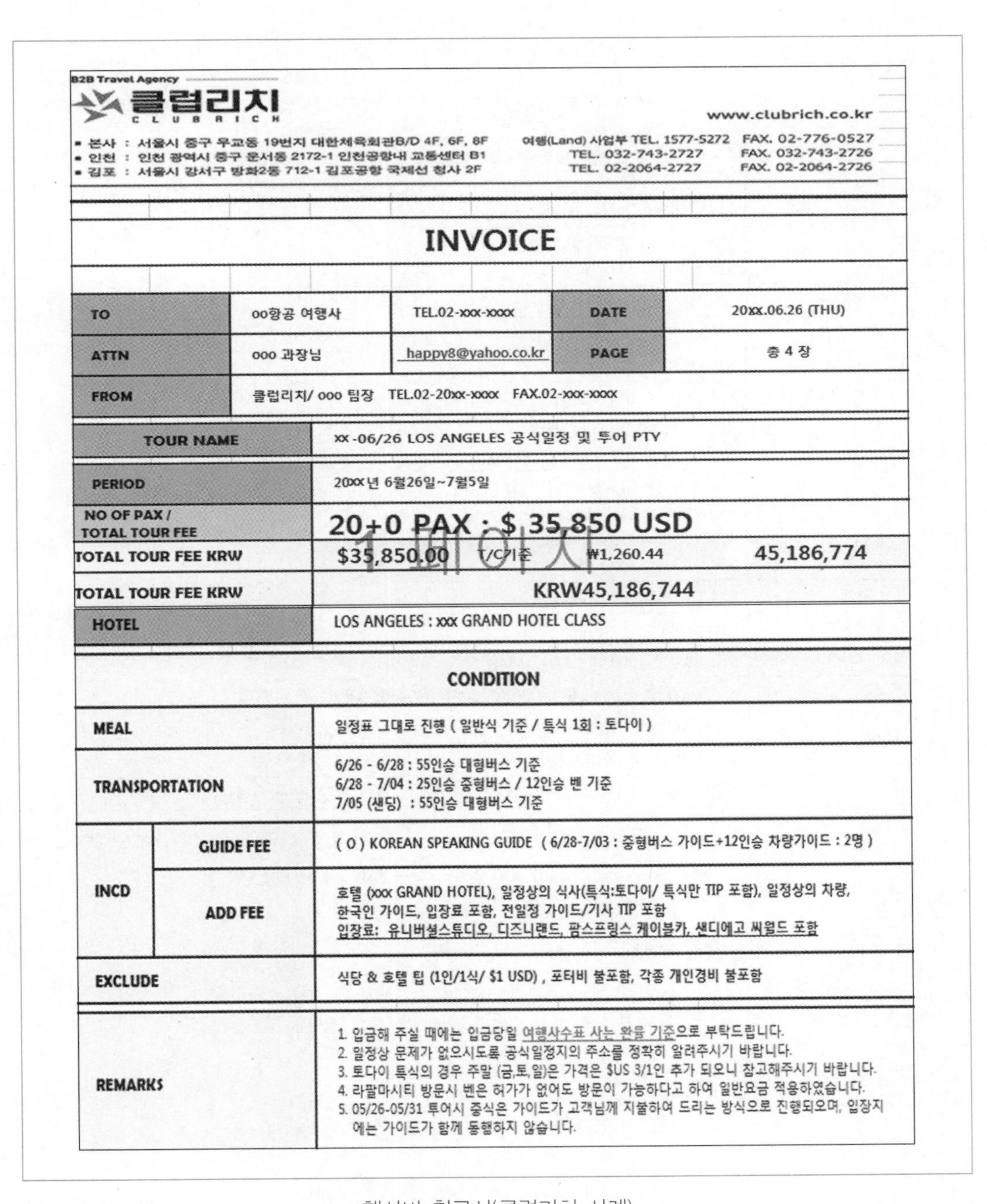

B2B Travel Agency
클럽리치
CLUBRICH

www.clubrich.co.kr

- 본사 : 서울시 중구 무교동 19번지 대한체육회관B/D 4F, 6F, 8F　여행(Land) 사업부 TEL. 1577-5272　FAX. 02-776-0527
- 인천 : 인천 광역시 중구 운서동 2172-1 인천공항내 교통센터 B1　TEL. 032-743-2727　FAX. 032-743-2726
- 김포 : 서울시 강서구 방화2동 712-1 김포공항 국제선 청사 2F　TEL. 02-2064-2727　FAX. 02-2064-2726

INVOICE

TO	oo항공 여행사	TEL.02-xxx-xxxx	DATE	20xx.06.26 (THU)
ATTN	ooo 과장님	happy8@yahoo.co.kr	PAGE	총 4 장
FROM	클럽리치/ ooo 팀장　TEL.02-20xx-xxxx　FAX.02-xxx-xxxx			

TOUR NAME	xx -06/26 LOS ANGELES 공식일정 및 투어 PTY			
PERIOD	20xx 년 6월26일~7월5일			
NO OF PAX / TOTAL TOUR FEE	20+0 PAX : $ 35,850 USD			
TOTAL TOUR FEE KRW	$35,850.00	T/C기준	₩1,260.44	45,186,774
TOTAL TOUR FEE KRW	KRW45,186,744			
HOTEL	LOS ANGELES : xxx GRAND HOTEL CLASS			

CONDITION

MEAL		일정표 그대로 진행 (일반식 기준 / 특식 1회 : 토다이)
TRANSPORTATION		6/26 - 6/28 : 55인승 대형버스 기준 6/28 - 7/04 : 25인승 중형버스 / 12인승 벤 기준 7/05 (샌딩) : 55인승 대형버스 기준
INCD	GUIDE FEE	(O) KOREAN SPEAKING GUIDE (6/28-7/03 : 중형버스 가이드+12인승 차량가이드 : 2명)
	ADD FEE	호텔 (xxx GRAND HOTEL), 일정상의 식사(특식:토다이/ 특식만 TIP 포함), 일정상의 차량, 한국인 가이드, 입장료 포함, 전일정 가이드/기사 TIP 포함 입장료: 유니버셜스튜디오, 디즈니랜드, 팜스프링스 케이블카, 샌디에고 씨월드 포함
EXCLUDE		식당 & 호텔 팁 (1인/1식/ $1 USD) , 포터비 불포함, 각종 개인경비 불포함
REMARKS		1. 입금해 주실 때에는 입금당일 여행사수표 사는 환율 기준으로 부탁드립니다. 2. 일정상 문제가 없으시도록 공식일정지의 주소를 정확히 알려주시기 바랍니다. 3. 토다이 특식의 경우 주말 (금,토,일)은 가격은 $US 3/1인 추가 되오니 참고해주시기 바랍니다. 4. 라팔마시티 방문시 벤은 허가가 없어도 방문이 가능하다고 하여 일반요금 적용하였습니다. 5. 05/26-05/31 투어시 중식은 가이드가 고객님께 지불하여 드리는 방식으로 진행되오며, 입장지 에는 가이드가 함께 동행하지 않습니다.

행사비 청구서(클럽리치 사례)

(3) 행사진행비 세부내역서

○ ○ 여행㈜ Tel(02)xxx – xxxx Fax(02)xxx – xxxx

행사지역		LAX(Los Angeles)	비 고
행사인원		20 PAX	
행사기간		06/26-07/05(9N 10D)	
호텔	이름	XXX GRAND HTL CLS	
	요금	$95 × 9N × 10RM = $8,550 $95 × 4N × 2RM = $760	
차 량 비		($1050 × 9D)+($750 × 1D) = $10,200	
가이드비		$200 × 10D = $2,000	
가이드, 기사팁		$200 × 10D = $2,000	
식사 등	중 식	$15 × 9회 × 20명 = $2,700	
	석 식	$15 × 8회 × 20명 = $2,400 $35 × 1회 × 20명 = $700(토다이)	
	입장료	$90 × 20명 = $1,800(유니버셜) $90 × 20명 = $1,800(디즈니) $70 × 20명 = $1,400(씨월드) $20 × 20명 = $400(케이블카)	
합계		$34,710/20명 = $1,740P/P	
당사 PROFIT		$100.00P/P	
1인 지상비		$1,840P/P × 1300원 = 2,400,000원	
1인당 합계		5,060,000원(항공)+2,400,000원(지상비) = 7,460,000원(비즈니스석)	
		1,250,000원(항공)+,2,400,000원(지상비) = 3,650,000원(일반석)	
		1,720,000원(항공)+2,400,000원(지상비) = 4,120,000(A형태 : 1명)	
		100,000원(항공TAX)+2,400,000(지상비) = 2.500,000원(B형태 : 4명)	

단체명 : 미국 방문(20××. 6. 26 – 20××. 7. 5)

계좌 ○○은행 : xxx-xxxx-xx-xxx(○○여행)

여행조건

1. 항공료, 공항세, TAX, 여행자보험 포함입니다.
2. 호텔 / 2인 1실 기준입니다.
3. 식사 / 일정상에 표기된 식사
4. 차량 / 대형버스(06/26~07/05)
5. 가이드 / 한국인 가이드
6. 가이드, 기사 팁 포함입니다.
7. 투어입장료 포함입니다(유니버셜스튜디오, 디즈니랜드, 팜스프링케이블카, 씨월드).
8. 특식 – 토다이, 포함입니다.
9. 통역비용 및 브리핑 비용은 불포함입니다.
10. 식당팁은 불포함입니다(현지에서 식사후 1$씩).
11. 공식행사 참가 시 차량&가이드는 PICK-UP&DROP 조건이며 자체행사입니다.

(차량 & 가이드 전일 10시간 사용기준이며, OVER TIME이나 타 지역 이동 시 추가비용 있음)

행사진행비 세부내역서(OO여행(주) 사례)

(4) 국외여행계약서

국외여행 계약서(여행자용)

(주)00투어와 여행자는 아래와 같이 (□기획, □희망)여행 계약을 체결하고 계약서와 여행약관(계약서이면 첨부)·여행일정표(또는 여행설명서)를 교부한다.

※해당란에 기록하거나 ☑로 표기, (   )는 선택입니다.

여행상품명				
여 행 기 간	. . . ~ . . . (박 일 - 기내 숙박 일 포함)			
보험가입등	□공제 □영업보증 □예치금 금액: 만원 보험기간 : ~ 피보험자 :			
여 행 인 원	명	최저행사인원 명	여행지역	* 여행 일정표 참조
여 행 경 비	성인 1인당: 원 총 액: 원	계약금 : 원 *계약과 동시 납부	잔액 완납일: 금액 : 원	
	계좌번호 : 외환 150-22-xxxx-xx 예금주 : (주)00투어 * 영수증, 지로용지, 은행계좌 등의 가입자는 **여행사명**이나 **대표자**일때만 유효함			
출발(도착) 일시 및 장소	출발 : / / / : 도착 : / / / :			
교통수단	□ 항공사 ( ) 석	□ 기차 ( ) 등석	□ 선박 ( ) 등실	□ 기타 ( )
숙 박 시 설	□ 관광호텔 : ( )급	□ 일반호텔 □ 여관 □ 여인숙		□ 기타
	* 1실 투숙인원 ( ) 명			
식 사 회 수	□ 일정표에 표시 / 조식( )회, 중식( )회, 석식( )회 * 기내식포함			
여행인솔자	□유 □무	현지 안내원	□유 □무 *일정표참조	
현 지 교 통	□버스( )인승 □승용차 □기타	현지 여행사	□유 □무 *일정표참조	
여행요금 포함사항	**필 수 항 목**	**기 타 선 택 항 목**		
	□항공기·선박·철도 등 운임 □숙박·식사료 □안내자 경비 □국내외 공항·항만세 □관광진흥개발기금 □제세금 □일정표내 관광지입장료 ※ 희망여행인 경우 해당란에 ☑로 표기	□여권발급비 □비자발급비 □봉사료 □포터비 □여행보험료(최고한도액: 원) □쇼핑 □선택관광(※선택관광은 강요될 수 없으며 전적으로 여행자의 의사에 따름) □기타( )		
기 타 사 항		여권발급비	원	
		비자발급비	원	

(주)하나투어와 여행자는 위 계약내용과 약관을 상호 성실히 이행 및 준수할 것을 확인하며 아래와 같이 서명·날인한다.

※ 본 계약과 관련한 다툼이 있을 경우 문화관광부고시에 의거 운영되는 관광불편신고처리위원회(전화 02-779-6957) 또는 여행사 본사 소재 사도청(사군구 포함) 문화관광과로 중재를 요청할 수 있음

작성일: 200 . . .

여행업자
- ⊙ 상 호 : (주)00투어
- ⊙ 주 소 : 서울시 종로구
- ⊙ 대 표 자 : 0 0 0 (인) 전 화:
- ⊙ 등록번호 : 담당자: (인)

대리판매여행사
- ⊙ 상 호 :
- ⊙ 주 소 :
- ⊙ 대 표 자 : (인) 전 화:
- ⊙ 등록번호 : 담당자: (인)

여행자
- ⊙ 이 름 : (서명) 전 화:
- ⊙ 주 소 :

(5) 고객명단표

〈표 25〉 고객명단표(name list)

NO	국문성명 영문성명	성별	주민등록 번호	여권번호	유효 기간	주소	전화	e-메일
1								
2								
3								
4								
5								
6								
7								
8								
9								
10								
11								
12								
13								
14								
15								
16								
17								
18								
19								
20								

(6) 객실배정표(rooming list)

〈표 26〉 객실배정표(rooming list)

Rooming List

Group Name : XXX PTY　　Tour Conductor : LEE, HYO JEONG

Arrival : 20 MAR 2021　　Departure : 25 MAR 2021

No.	Name	Sex	Room No.	Remark
1	KIM JIN KOO	M		
2	LEE MI HUYN	F		
3	KANG SAM YOUNG	M		
4	CHUNG SOON JEONG	F		
5	IM HO KYUN	M		
6	PARK SO JUNG	F		
7	AHN JEONG HAN	M		
8	CHOI NA RI	F		
9	KIM CHAN SOO	M		
10	YOON MIN SEON	F		
11	LEE MIN HO	M		
12	GONG HYO JIN	F		
13	MIN BYUNG CHAN	M		
14	HONG MI RA	F		
15	KOO CHOONG SAM	M		
16	LEE HYUN MIN	F		
17	KIM MOON HO	M		
18	KIM SOON MI	F		
19	OH IN CHUL	M		
20	SEO SOO JUNG	F		
21	LEE HYO JEONG	F		TC
22				
23				
24				
25				

2. 여권과 비자

가. 여권(passport)

(1) 여권의 개념과 용도

여권(passport)이란 자국을 떠나 외국을 여행할 때 정부가 여행자의 국적과 신분 등을 증명하고 상대국에게 자국민의 편리의 도모와 보호를 의뢰하는 공적 증명서이다. 외국을 여행하려면 반드시 필요하며, 대한민국 국민임을 나타내는 신분증명서이다. 정부가 규정하는 여권법에 의하여 소정의 절차를 걸쳐 여권을 발급받아야 한다. 해외여행 결격사유가 없는 대한민국 국민은 누구나 외교통상부 장관으로 부터 여권을 발급 받을 수 있으나, 출입국 관리법에 의해 발급을 거절당할 수도 있다.

여권발급은 외교통상부 여권과, 각 시/도청, 구청에 신청을 하여 발급받을 수 있다.

〈표 27〉 여권의 용도

- 달러 환전할 때
- VISA신청 및 발급할 때
- 출국 수속 및 항공기 탑승할 때
- 현지 입국 수속할 때
- 귀국할 때
- 면세점에서 면세상품 구입할 때
- 국제 운전 면허증 만들 때
- 국제 청소년 여행 연맹카드(FIYTO카드) 만들 때
- 여행자 수표(T/C)로 대금지급이나 현지 화폐로 환전할 때
- T/C를 도난이나 분실 당한 후 재발급 신청할 때
- 출국 시 병역의무자가 병무신고를 할 때와 귀국신고 할 때
- 해외여행 중 한국으로부터 송금된 돈을 찾을 때
- 렌터카 임대할 때
- 호텔 투숙할 때

(2) 여권의 종류

여권은 일반여권과 외교관여권, 관용여권으로 나뉘며, 일반여권은 다시 복수여권, 단수여권으로 나뉜다. 일반 복수여권은 유효기간이 10년이며, 이 유효기간이 만료 될 때까지 횟수에 제한 없이 외국 여행을 할 수 있으며, 관광객은 특별한 사유가 없는 한 대부분 복수여권을 발급받는다.

- 일반여권(녹색) : 일반여권은 대한민국 국적을 보유하고 있는 국민이면 발급 받을 수 있

다. 법령에 의한 여권발급 거부 또는 제한 대상이 아닌 자(여권법 제12조), 이중국적자 · 불법체류자 · 무국적자 등도 일정한 경우, 여권 또는 여행증명서를 발급받을 수 있다.

- 관용여권(황갈색) : 여행 목적과 신분에 비추어 외무부장관이 특히, 관용여권의 발급에 필요하다고 인정되는 자에게 발급하는 여권이다(관용여권, 거주여권(이민)은 외교통상부 여권과에 신청해야 한다).
- 외교관여권(적자색) : 여행 목적과 신분에 비추어 외무부장관이 특히, 관용여권의 발급에 필요하다고 인정되는 자에게 발급하는 여권이다(관용여권, 거주여권(이민)은 외교통상부 여권과에 신청해야 한다).
- 가족동거여권 : 해외 주재증명서, 주민 등록 등본 또는 호적 등본, 관광여권 공통 구비서류
- 문화여권 : 단체에 소속된 사람의 경우
  - 소속 단체장의 추천서, 단체등록금사본, 재직 및 출장 증명서, 단체에 소속되지 않은 경우
  - 자격을 증빙하는 서류, 귀국 서약서등이 필요하고, 발급 대상자
  - 국제회의 참석 또는 국제기구에 근무하는 자, 국제 경기 참석 또는 스포츠 교류, 국외에서 취재하는 경우
  - 공연 또는 영화 촬영, 문화 목적의 연수, 선교 사업, 국내 치료가 불가능한 질병치료, 단기 학술 연구
  - 학생의 단기 국외 연수 및 시찰
- 유학여권 : 유학생기록 카드, 입학허가서를 가지고 있는 사람에 대해서만 발급한다.
- 취업여권 : 해외취업 초청장, 구인신고필증, 일반구비서류, 노동부 허가서
- 해외이주여권 : 해외이주 허가서 또는 영주 허가서 및 이민 사증, 이에 갈음하는 최장기 체류허가증면서 중 택일, 국세 혹은 지방세 납세필증이 있는 사람만이 발급 받을 수 있다.

(3) 여권 신청서류와 발급기관

① 여권 신청서류

- 일반인
  - 여권발급신청서 1부(여권관련 민원서식 다운받기)
  - 여권용 사진 1매

- 신분증(주민등록증, 운전면허증)
- 병역 의무자인 경우 병역 관계 서류 1통(군미필자 확인사항 보기)
- 18세 미만인 경우 부모의 여권 발급 동의서 및 인감증명서

• 공무원
  - 여권발급신청서 1부
  - 여권용 사진 1매(※ 긴급 사진부착식 여권을 신청할 때에는 2매 제출)
  - 신분증(주민등록증, 운전면허증)
  - 공무원증 또는 재직증명서(단, 해당기관에 재직 여부 확인)
  - 병역 의무자인 경우 병역 관계 서류 1통(18세 이상 35세 이하 남자, 병역관계 항목 참조)

• 군인, 군무원 및 대체의무 복무 중인 자
  - 여권발급신청서 1부
  - 여권용 사진 1매(※ 단, 사진전사식 여권(~2008.8.24)이나 긴급 사진부착식 여권을 신청할 때에는 2매 제출)
  - 신분증(주민등록증, 운전면허증)
  - 추가서류

② 여권발급기관

2008년 8월 25일 전자여권발급과 더불어 여권본인직접신청제가 실시되었다. 이에 외교통상부는 여권사무 대행 기관을 66개 기관에서 168개 기관으로 확대하고, 기타 지방자치단체에서도 희망하는 경우 여권접수 교부를 실시할 수 있어, 모든 지방자치단체에서 여권을 신청할 수 있게 되었다.

2021년 2월 1일 현재, 여권사무 수행기관은 전국 시 · 군 · 구청의 종합민원실(민원여권과 민원봉사과) 251개처에서 여권사무가 대행되고 있다. 전국 지방자치단체 모두에서 여권접수 및 교부가 수행되고 있다. (외교통상부 여권과 담당전화 02-733-2114)

(4) 여권 기재사항 변경

① 여권 유효기간 연장 재발급

여권의 유효기간은 사진 부착식 일반 복수 여권의 경우 유효기간이 10년이며, 여권의 만료

기간 기준으로 전, 후 1년 이내 1회에 한하여 5년 연장이 가능하다.

- 여권발급신청서 1부
- 여권용 사진 2매
- 연장 가능한 여권
- 신분증(주민등록증, 운전면허증, 공무원증, 유효한 여권, 복지카드)
- 병역 의무자인 경우 병역 관계 서류 1통
- 18세 미만인 경우 부모의 여권 발급 동의서 및 인감증명서
- 발급 수수료 : 38,000원(전자 복수여권 48면 기준, 2021년 2월 초 현재)

② 여권 분실 재발급(대리신고 불가)

- 신규발급신청 시의 구비서류
- 여권재발급 사유서

* 최근 5년 이내 2회 이상 분실자는 주소지 관할 경찰서에 수사의뢰하게 된다.

* 분실신고할 때 완전무효 처리된 여권을 다시 찾은 경우에는 재사용이 불가능하다. 단, 분실신고만 하여 분실여권효력정지 처리된 여권을 찾은 경우에는 분실여권회수 신고서를 작성한 후 분실여권효력 회복신청을 하면 1주일 이후 여권 재사용이(출국) 가능하다.

(5) 여권관련 참고사항

① 해외여행 중 여권을 분실하였을 때

현지의 한국 대사관이나 영사관에서 재발급 수속을 한다. 일반여권 재발급 신청서 2통을 작성한 후 여권 발급 수수료(현지 통화), 사진, 여권 분실 신고확인서(현지 경찰서 발행), 여권 번호 및 발행 년, 월, 일, 여권 유효기간, 수수료 등이 필요하다. 따라서 여행 전에 만일의 경우를 대비해서 여분의 사진과 여권 유효기간 및 여권 번호를 수첩에 꼭 적어 두거나 기재사항 면을 복사하여 지참하는 것이 필요하다.

② 기타 주의사항

1회 이상 분실하면 6개월, 2회 이상은 1년간 재발급이 중지된다. 잔여기간 6개월 이상을 요구하는 국가들이 있으므로 여권 유효기간을 확인해 둔다. 한국인의 여권을 탈취하여 위변조하는 사례가 빈번하게 일어나고 있으니 주의하여야 한다.

나. 비자(visa)

(1) 비자의 개념과 종류

① 비자의 개념과 용도

비자는 방문하고자 하는 상대국의 정부(대사관, 영사관)에서 입국을 허가해주는 일종의 허가증이다. 여행계획을 세우고 방문국가가 결정되면 방문하고자 하는 나라에 대한 비자 필요 여부를 확인해야 한다. 비자가 필요한 국가들 중에는 방문 목적에 따라, 체류기간이 다를 수도 있고, 요구하는 구비서류가 다른 경우가 있다.

최근 우리나라는 많은 나라들과 비자 면제 협정을 맺고 있으며, 이들 국가들은 단기간의 여행 시에는 비자가 필요치 않으나, 허용하는 기간을 초과하여 체류할 때에는 반드시 체류목적에 맞는 비자를 받아야 한다. 비자에는 입국의 종류와 목적, 체류기간 등이 명시되어 있으며, 여권의 사증에 스탬프나 스티커를 붙여 발급하게 된다.

② 비자의 종류

비자 종류는 방문 목적, 체제기간, 사용 횟수 등에 따라 다음과 같이 분류할 수 있다.

- 방문목적별 : 관광비자, 학생비자, 방문비자, 주재원비자, 경유비자, 이민비자, ARRIVAL 비자, 문화공연 비자
  - 체류기간별 : 영주비자, 임시비자
  - 사용횟수별 : 단수비자, 복수비자

(2) 비자가 필요한 국가

(2020년 1월 기준)

구분	지역	국가명	일반여권	관용여권	외교관 여권
1	아주	동티모르	×	무기한	무기한
2		몽골	×	90일	90일
3		미얀마	×	90일	90일
4		방글라데시	×	90일	90일
5		인도	×	90일	90일
6		중국	×	30일	30일
7		캄보디아	×	60일	60일
8		파키스탄	×	3개월	3개월
9	미주	볼리비아	×	90일	90일
10	유럽	아제르바이잔	×	30일	30일
11		타지키스탄	×	90일	90일
12		투르크메니스탄	×	30일	30일
13	아프리카 · 중동	가봉	×	90일	90일
14		모잠비크	×	90일	90일
15		바레인	×	X	X
16		베냉	×	90일	90일
17		알제리	×	90일	90일
18		앙골라	×	30일	30일
19		요르단	×	X	90일
20		이란	×	90일	90일
21		이집트	×	90일	90일
22		카보베르데	×	90일	90일
23		쿠웨이트	×	180일 중 90일	180일 중 90일
24		탄자니아	×	180일 중 90일	180일 중 90일

(자료원: 외교통상부 자료 저자 재정리)

- 미국 : 출국 전 전자여행허가(ESTA) 신청 필요
  ×표시는 비자가 필요함을 의미(무비자 허용기간이 없음), 90일 등은 기간 표시임

(3) 한국인의 무사증 입국이 가능한 국가

- 2020년 1월 기준 우리나라 국민들은 사증면제협정에 의거하여, 혹은 일방주의 및 상호주의에 의해 아래 국가/지역들에 사증 없이 입국할 수 있다.
- 소지 여권의 종류(일반여권, 관용여권, 외교관여권)에 따라 무사증 입국 가능 여부가 다름에 유의해야 한다.
- 사증(비자) 취득은 해당 국가의 주권사항이므로 반드시 해당 주한대사관을 통해 문의해 보아야 한다.

「입국허가요건」 관련 유의사항

- 국내 코로나19 확산에 따라 일부 국가에서 우리나라에서 출발하는 여행객에 대해 입국제한 및 금지 조치를 시행하고 있어 아래 「입국허가요건」과 상이할 수 있음에 유의해야 한다. 목적지 또는 경유지 국가에서 시행하고 있는 우리나라 출발 여행객에 대한 입국제한 조치에 관한 상세사항은 반드시 사전에 재외공관 및 해외안전여행 홈페이지 등에서 확인하여야 한다.

(2020. 1월 기준)

구분	기간	가능한 나라
아주지역 (20개 국가 및 지역)	90일	대만, 마카오, 말레이시아, 싱가포르, 일본, 태국, 홍콩
	30일	라오스(관용/외교관 90일), 베트남(일반 15일, 관용/외교관 90일), 브루나이(30일), 인도네시아, 필리핀
미주지역 (34개국)	90일	가이아나, 과테말라, 그레나다, 니카라과, 도미니카(공), 도미니카(연), 멕시코, 미국(단, 관용/외교관: 없음), 바베이도스, 바하마, 베네수엘라(관용/외교관: 30일), 벨리즈, 브라질, 세인트루시아, 세인트빈센트그레나딘, 세인트키츠네비스, 수리남, 아르헨티나, 아이티, 앤티카바부다, 에콰도르, 엘살바도르, 온두라스, 우루과이, 자메이카, 칠레, 캐나다(6개월), 코스타리카, 콜롬비아, 트리니다드토바고, 파나마(180일), 페루
	30일	파라과이(관용/외교관: 90일)
구주지역 (쉥겐 가입국 26개)	90일	네덜란드, 노르웨이, 덴마크, 독일, 라트비아, 룩셈부르크, 리투아니아, 리히텐슈타인, 몰타, 벨기에, 스웨덴, 스위스, 스페인, 슬로바키아, 슬로베니아, 아이슬란드, 에스토니아, 오스트리아, 이탈리아, 체코, 포르투갈(180일 중 90일), 폴란드, 프랑스, 핀란드, 헝가리
구주지역 (비쉥겐 가입국 및 지역 28개)	90일	러시아(1회 최대 연속체류 60일, 180일 중 90일), 루마니아(180일 중 90일), 북마케도니아(180일 중 90일), 모나코, 몬테네그로, 몰도바(180일 중 90일), 보스니아 헤르체코비나, 불가리아(180일 중 90일), 사이프러스, 산마리노, 세르비아, 아르메니아(연 180일), 아일랜드, 안도라, 알바니아, 영국(6개월), 우크라이나, 조지아(360일, 관용/외교관: 90일),

		코소보, 크로아티아, 터키(180일 중 90일)
	60일	키르기즈 공화국(관용/외교관: 30일)
	30일	벨라루스(러시아 제외 제3국에서 민스크 출입국 시 적용, 관용/외교: 90일), 우즈베키스탄, 카자흐스탄(1회 최대 연속체류 30일, 180일 중 60일, 관용/외교관: 90일)
대양주 (14개 국가 및 지역)	90일	뉴질랜드, 피지(4개월), 호주(오스트레일리아)
	60일	사모아
	30일	괌(45일/VWP: 90일), 마셜제도, 마이크로네시아, 바누아투, 북마리아나 제도(사이판: 45일/VWP: 90일), 솔로몬제도(45일), 키리바시, 통가, 투발루, 팔라우
아프리카 · 중동 지역 (27개국)	90일	라이베리아(일시중지), 모로코, 모리셔스, 보츠와나, 세네갈, 아랍에미리트, 이스라엘, 튀니지(협정에는 30일)
	60일	레소토, 에스와티니(스와질랜드)
	30일	남아프리카공화국, 상투메프린시페(15일), 세이셸, 오만(관용/외교관: 90일), 카타르

(자료원: 외교통상부 자료 저자 재정리)

- 미국: 출국 전 전자여행허가(ESTA) 신청 필요
- 캐나다: 출국 전 전자여행허가(eTA) 신청 필요, 생체인식정보 수집 확대 시행(2018.12.31~)
- 호주·뉴질랜드: 출국 전 전자여행허가(ETA) 신청 필요
- 괌, 북마리아나연방(수도: 사이판): 45일간 무사증입국이 가능하며, 전자여행허가(ESTA) 신청 시 90일 체류 가능
- 영국: 협정상의 체류기간은 90일이나 영국은 우리 국민에게 최대 6개월 무사증입국 허용 (무사증입국시 신분증명서, 재정증명서, 귀국항공권, 숙소정보, 여행계획 등 제시필요(주 영국대사관홈페이지 참조))

(4) 미국비자 관련

미국비자 이런 점이 궁금하다.

✤ 미국비자면제 프로그램의 가장 기본적인 개념은?

[조건 1] 전자여권(2008년 8월부터 발행된 여권 포함) 소지자

[조건 2] 미국 내 90일 이내 체류(출발일 기준 3개월 이내 귀국일이 명시된 왕복 항공권 필요)

[조건 3] 관광 및 상용 목적

[조건 4] 사전 인터넷 ESTA 시스템에 접속하여 필요 사항을 입력 후 최종 Autho- rization Approved(허가승인)을 받은 자

* ESTA 웹페이지 : https://esta.cbp.dhs.gov/esta/esta.html

이렇게 4가지 조건이 충족되면 미국 비자 없이 입국이 가능한 프로그램이다.

상기 조건 중 하나라도 충족이 되지 않으면 현행과 동일하게 미국 대사관 인터뷰를 통해

비자를 받아야 한다. 또한 ESTA 신청 후 Travel Not Authorized(여행 미승인)을 받을 경우, 현행과 같이 비자를 받아야 하기 때문에 ESTA 신청은 최소한 1달 여유를 두고 하는 것이 좋다. 보다 자세한 정보는 외교통상부 비자면제프로그램 홈페이지(http://www.vwpkorea.go.kr)에서 확인할 수 있다.

✤ 자주 하는 질문

Q VWP란 무엇인가?

VWP는 Visa Waiver Program의 약자로서 비자면제 프로그램을 뜻한다.
비자면제 프로그램(VWP)이란 미국 법에서 지정된 요건을 충족하고 미국 정부에서 지정한 국민에게 최대 90일간 비자 없이 관광 및 상용 목적에 한하여 미국을 방문할 수 있도록 허용하는 제도를 의미한다.

Q VWP가 시행되면 누구나 무비자로 미국에 갈 수 있나?

아래와 같은 경우에는 해당되지 않는다.
VWP 적용을 받을 수 없는 경우

관광 및 상용목적에 의한 무비자 방문이기 때문에 여타 목적을 위한 방문(유학, 취업, 공연, 투자, 취재 등) 또는 90일 이상 체류할 계획이라면 비자를 발급받아야 된다.

① 90일 이상 체류할 경우
② 유학, 취업, 취재, 이민 등 여타의 목적으로 방문하는 경우
③ 미국 비자 발급이 거절되었거나, 입국 거부 또는 추방된 적이 있는 경우
④ ESTA를 통해 비자 발급이 필요하다는 통보를 받은 경우

Q 90일간 관광(또는 상용) 목적으로 미국을 방문하는 경우에 VWP 혜택을 받을 수 없는 경우가 있나?

그렇다. 90일간 관광 및 상용 목적으로 미국을 가더라도 이전에 미국비자 발급이 거부된 경우, 미국 입국이 거부된 경우, 전자여행허가제(Electronic System for Travel Authorization : ESTA) 신청 결과 no 응답을 받은 경우 등에는 무비자가 적용되지 않을 수 있다.

Q 기존에 받은 유효한 미국 비자 소지자는 어떻게 되나?
기존에 받은 미국비자를 이용해서 미국 방문이 가능하다.

Q 무비자로 입국했다가 유학이나 취업, 이민 비자로 전환할 수 있나?
아니다. VWP에 의해 무비자로 미국을 방문한 경우 비자가 필요한 유학, 체류 등으로 비자 신분(Visa Status)을 전환할 수 없다. 비자 신분 전환을 위해서는 미국 이외의 국가로 나가서 현지 미국대사관에 신청해야 한다.

Q VWP에 따라 무비자로 미국에 입국 후 캐나다, 멕시코 및 인접국으로 여행했다가 다시 미국으로 재입국 할 수 있나?
일반적으로 캐나다, 멕시코 및 인접국 여행 후 미국에 재입국할 경우는 최초로 미국에 입국할 때 허용받았던 90일 중에서 이미 사용한 일수를 제외한 잔여일만큼 미국에 체류할 수 있다. 미국 출입국 관리는 예외적인 상황에 대하여 인접국 여행 후 미국에 재입국하는 여행객에게 다시 90일을 부여하는 재량을 보유하고 있으나, 미국체류시간 연장을 위해 인접국으로 여행했다가 미국으로 재입국 하는 이들에게는 이러한 예외가 적용되지 않을 가능성이 크다. 따라서 불법체류 회피를 위해 단기간 인접국 여행 후 미국에 재입국하는 편법은 통하지 않는 것으로 예상된다.

✤ ESTA(사전여행허가) 기본 정보

- ESTA 최소 신청 기간 : 최소한 여행 출발 72시간 전까지 입력 가능(그러나 신청 후 승인이 나지 않으면 별도 비자 수속을 받아야 하므로 최소 출발 1개월 전에 승인 여부를 확인하여야 한다)
- 유효 기간 : 승인 날짜로부터 2년 또는 신청자의 여권이 만료되는 일자 중 빠른 날짜까지며 여러 차례 방문 가능(복수)
- 미국에 입국했을 때 ESTA 승인 번호를 꼭 가지고 가야 한다(종이 인쇄 추천).
- 승인 후 업데이트 가능한 항목 : 메일 주소, 전화번호, 항공편수, 도착하는 도시, 미국 내 거주할 주소(호텔명)
- 여행 허가 승인 후 여권을 새로 발급 받았을 경우 : 반드시 새 ESTA를 작성해야 한다.

- 목적지가 미국이 아니지만, 미국 공항에서 TRANSIT할 경우 : ESTA 여행 허가를 받아야 한다.
- ESTA 승인을 받았지만 미국 현지 입국 심사 시 사안에 따라 입국 거절을 당할 수도 있다.

✤ ESTA(사전여행허가) 입력에 필요한 사항

- 기본정보
  - 생년월일, 국적, 거주국가, E-MAIL 주소(선택사항), 영문 이름, 성별, 전화번호 / 국가번호(선택사항)
- 여권정보
  - 여권 만료일, 여권 발급일, 발급 국가, 여권 번호
- 여행정보
  - 항공사 코드(선택사항)
  - 항공편수(선택사항)
  - 미국 체류 주소(호텔명)
  - 미국 체류 도시 / 주
- 기타질문(YES or NO)
  - 현재 질병 유무(전염병 / 마약중독)
  - 위법 행위 여부
  - 미국 불법 체류 및 시도 여부
  - 미성년 대상 범죄 여부
  - 고발 및 고소 여부

전자여행허가(ESTA) 신청 서약서(Electronic System for Travel Authorization)

** 신청자(고객) 정보 **

성　　명	
생 년 월 일	

※ 제공해 주신 고객님의 개인정보는 ESTA 승인관련 용도로만 사용함을 약속드립니다.
※ 본 서약서는 전자여권사본과 함께 첨부되어야 ESTA 승인이 가능합니다..
※ 고객의 정보, 확인사항, 자필서명은 정확한 사실을 근거로 ESTA 승인을 진행합니다.
※ 굵은선 안에만 기입하여 주십시오.

** 고객 확인 사항 **
다음 중 귀하에게 적용되는 사항이 있습니까? 예 / 아니오 란에 (○)로 표기해 주십시오.

A. 귀하는 전염성 질병; 신체적 정신적 장애를 가지고 있습니까; 혹은 약물남용 / 중독자입니까?
예(　) 아니오(0)

B. 규제약물과 관련한 위반; 혹은 부도덕한 범죄 또는 법률위반으로 유죄선고를 받거나 체포된 적이 있습니까; 혹은 총5년 이상의 구금판결을 받은 2회 이상의 법률위반으로 유죄선고를 받거나 체포된 적이 있습니까; 혹은 규제 약물상을 한 적이 있습니까; 혹은 범죄 및 비도덕적인 행위에 연관되려고 한 적이 있습니까?
예(　) 아니오(0)

C. 현재 혹은 예전에 첩보활동, 사보타주; 혹은 테러리스트 활동; 혹은 집단학살에 연루된 적이 있거나 연루되어 있습니까; 혹은 1933년에서1945년 사이에 어떤 방법으로든 독일 나치 및 그 동맹국과 관련된 박해에 관련된 적이 있습니까?
예(　) 아니오(0)

D. 미국에서 취업할 예정이십니까; 혹은 예전에 미국에서 국외로 추방당한 적이 있습니까; 혹은 허위 또는 사기로 미국에 입국을 시도하거나 비자를 발급; 혹은 발급받으려고 한 적이 있습니까?
예(　) 아니오(0)

E. 미국시민권이 있는 어린이를 구류, 유치하거나; 혹은 보호한 적이 있습니까?
예(　) 아니오(0)

F. 예전에 미국 비자; 혹은 미국입국을 거부당하거나 미국비자가 취소된 적이 있습니까?
예(　) 아니오(0)
있을 경우 언제(　　　　) 어디서(　　　　)

G. 기소 면제가 밝혀진 적이 있습니까?
예(　) 아니오(0)

* 상기내용은 모두 사실임을 확인합니다.
* **ESTA 승인, 거절 및 미국으로의 입국허가, 입국불허 관련사항은 고객님의 상황과 정보에 따른 미국국토안보국(CBP)의 고유권한이므로 이에 대한 책임은 고객님 본인에게 있음을 동의하며 서명합니다.**

신청자(고객) : (인, 자필서명)

직원 기재 사항

출발 예정일(월 / 일)	예약번호(RP,RW,RQ)	담당자(부서 / 이름)	사 번(H)
		광화문 / OOO	H5xxx

[그림 7] ESTA 신청양식

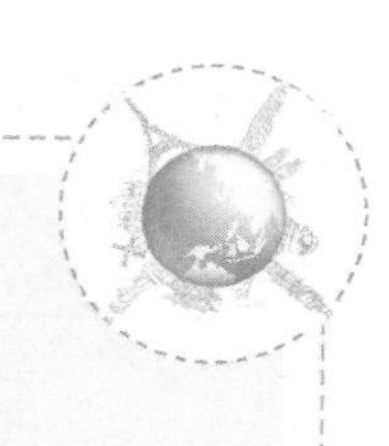

제8장 출국 업무

1. 출국수속 업무

가. 공항 출국수속 업무 개요

공항에서의 출국수속업무는 지방 국내선을 탑승하여, 김포나 인천공항에서 국제선 연결편을 탑승하는 경우와 김포나 인천 공항 또는 지방공항에서 직접 해외로 국제선을 타는 경우를 고려할 수 있다.

우리나라의 경우 해외로 출국하는 항공편이 아닌 국내선을 연결하여 인천공항에서 출국하게 되는 경우 해당 지방 국내선을 탑승할 때의 유의사항에 대해 설명한다. 이는 해외에서도 유사한 상황이 많이 발생할 수 있기 때문이다. 부산에서 국내선을 탑승하고 김포공항에 내려, 인천공항으로 이동하여 해외 목적지행 항공기를 탑승하는 경우와 같이 해외 지방 도시에서 국내선 항공편을 탑승하여 중심도시로 이동하고 이곳에서부터 한국 인천공항 행 항공기를 타는 경우이다.

〈표 28〉 국내선→국제선 연결항공편 탑승 시 유의사항

업무 구분	확인 필요 사항
탑승수속(check-in)	국제선 탑승 시 별도 수속필요 여부, 연결탑승수속(through check-in) 여부
수하물(baggage)	수하물 국제선 연계서비스(baggage through check-in) 여부

국내선과 국제선의 연계수송서비스는 고객에게 편리성을 제공한다. 그러므로 우리나라에서 국제선 항공기를 타고 해외 국제공항에 도착하여 해당공항에서 바로 국내선 항공기를 연

결하여 탑승하는 경우도 그러한 서비스를 기대할 수 있다. 이 경우에는 특정 항공사와의 마케팅 연계 프로그램에 의해 시행되기도 하나 상당히 예외적이고 제한적이다. 그러므로 탑승수속 시 최종목적지와 항공편 연결 상황을 항공사 체크인 담당직원에게 설명하고 연계탑승수속이 가능한지 확인하여야 한다. 다음에서 국제선 공항의 출국수속업무를 중심으로 출국업무를 설명하기로 한다.

〈표 29〉 국제공항 출국수속업무 흐름

- 소속 여행사 안내표시판의 설치 및 집결 안내
- 인원 파악 및 집결 확인
- 최종 인원 확인 및 수하물인식표의 배포
- 여권 회수 및 위탁수하물 안내
- 출입국신고서, 병무신고, 환전, 검역
- 출국수속 절차 및 행동요령 설명
- 탑승수속
- 탑승권, 여권·출국신고서 배포
- 세관신고, 귀중품 신고
- 출국수속, 보안검색 및 휴대품 검사
- 출국심사
- 라운지 집결
- 면세점 물품 수령 및 쇼핑
- 항공기 탑승 대기구역
- 탑승

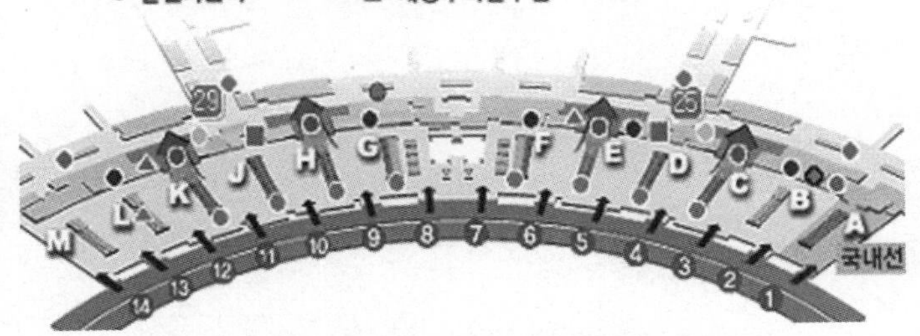

* TC와 고객과는 B와 L지역에서 장소를 지정하여 만나게 된다.

[그림 8] 인천공항 출국장

국외여행인솔자(TC)와 단체여행객은 보통 인천국제공항 만남의 장소에서 첫 대면이 이루어지는 것이 보통이다. 지금까지 해 온 인솔을 위한 자료와 준비로 비로소 실제적인 인솔 활동에 들어가게 된다. 그러므로 공항에서 시작되는 본격적인 출국업무를 분야별로 상세하게 살펴보기로 한다. 업무영역별로 TC가 어떠한 기능을 담당해야 하는지를 한마디로 설명하자면 고객에 대해서는 정확하고 적절한 안내 설명과 협력 및 지원이다. 업무를 수행하는 항공사(탑승수속)나 정부 관계기관(CIQ)에 대해서는 원활한 협조가 필요하다. 다음에서 출국수속 업무별 각 업무내용을 기술하였다.

〈표 30〉 출국수속 업무 개요

구 분	업무 내용	업무 귀속처
사전준비	· 안내판 설치 · 항공사 협조확인 · 고객 안내물 비치	TC(상품판매 여행사)
고객확인 및 안내	· 명단확인 · 여권수거 · 수하물인식표 · 병무신고 확인 · 검역 · 세관 · 자기소개	TC(상품판매 여행사)
탑승수속	· e티켓확인증 및 여권/비자 제시 · 좌석 배정 · 상용고객 우대 프로그램(FFP) · 수하물 위탁 · 수하물표 확인	항공사(체크인 카운터)
출국심사 전(안내)	· 재집합 및 출국서류 배부 · 출국절차 설명	TC(상품판매 여행사)
	· 병무신고 · 검역 · 세관	정부 관계기관(여행자 본인수행)
출국심사	· 보안검색 · 출국심사	정부 관계기관(여행자 본인수행)
출국심사 후(자유행동)	· 면세점, 면세품 인도장 · 탑승구 확인	여행자 본인
탑승	· 일행확인(필요시 : 좌석배정조정) · 탑승	항공사(항공기 탑승담당)

나. 출국업무 세부 내용

(1) 집결시간 및 장소확인

고객과 TC의 집합장소는 미리 정해진다. 단체여행객들을 위한 만남의 장소는 인천국제공항 여객터미널 3층 동편 체크인 아일랜드(check-in island) B와 서편 체크인 아일랜드 L에 마련되어 있다. 공항에 도착하면 우선 해당 항공사의 단체 카운터 위치를 확인한다. 위치를 확인한 후, 짐을 싣는 카트를 여러 개 확보하고 눈에 띄기 쉬운 곳에 자리를 잡는다.

단체여행객이 공항에 집결하는 시간은 국제선탑승의 경우 통상 항공기 출발 2시간 전이며, 국내선탑승의 경우는 최소한 40분 전이다. 고객과 약속된 시간의 최소 30분 전까지는 미리 도착하여 대기하여야만 한다. 단체여행객들보다 늦게 나오게 되면 여행출발부터 불성실한 사람으로 좋지 않게 인식되기 쉬우며, 주요한 것을 잊거나, 실수들을 범하기 쉽기 때문이다.

(2) 집결장소에서의 사전준비사항

T/C는 인솔할 단체여행객과의 약속된 시간보다 1시간 전에 일찍 나와서 우선 소속여행사의 팻말 및 안내판을 설치하고, 공항에서 항공편의 예약상태 확인 및 제반 사전준비와 조치를 수행한다. 단체여행객들에게 나누어줄 물품들을 점검하고 출발 항공편의 출발시간 및 지연유무 등을 확인한다.

(3) 인원확인과 필요자료 및 출국정보 제공

T/C는 안내표지판을 이용하여 이미 도착한 여행객을 신속하게 집결시키고, 도착하는 대로 인원을 확인해야 한다. T/C는 인솔할 단체여행객이 전부 도착할 때가지 기다렸다가 여행정보를 제공하지 말고, 일찍 오는 순서대로 인원을 확인하면서 필요한 확인과 설명을 하는 것이 바람직하다. 이는 먼저 도착한 승객이 먼저 항공편 수속을 하고 항공기를 탑승하는 절차를 이행하도록 하는 것이 승객에게도 신속하고 편리하기 때문이다. 그러나 필요에 따라 전체 승객이 도착할 때까지 대기하도록 하는 경우도 있다.

여행일정표 등 여행 자료, 항공편 탑승에 대한 안내와 필요한 정도의 정보를 제공한다. 소속여행사의 수하물인식표를 배포하여 단체여행객들의 수하물에 부착하도록 요청한다. 여기에서 T/C는 인솔할 모든 단체여행객들이 도착했는지 최종적으로 인원확인을 한다.

사전 준비한 E/D CARD를 도착 순서대로 배포하여 필요 사항을 기재하도록 안내하고, 병무신고 등 공항 당국에 신고해당자는 신고하도록 한다. 현재 새로운 여권으로 처음 출국하는 병무신고해당자가 병무신고 시 제출하는 서류로서는 여권, E/D CARD, 간이병무신고서(혹은 국외여행 허가서) 등 3가지이다.

〈병무신고(대상자에 한함)〉

병역의무자가 국외 출국 시 필요한 서류를 구비하여 병무신고소에 출국신고를 하여야 하며, 귀국할 때에도 반드시 귀국신고를 해야 한다. 병무신고 대상자는 25세 이상 병역미필자이며, 병역을 마친 사람이나 제2국민역은 제외된다.

〈표 31〉 병무신고 대상 및 제출서류

대 상	제 출 서 류	
	출국시	입국시
병역을 마치지 아니한 사람(국외여행 허가중인 사람 포함)	· 여권 · 국외여행허가증명서 : 지방병무청장 발행(기간연장자는 병무신고사무소 창구에서 출국확인서만 작성) · 출국신고서 : 해당항공사 창구	· 여권 · 귀국신고서 : 병무신고 사무소창구에 있음(귀국 후 30일 이내에 공항 병무신고 사무소 또는 가까운 지방병무청 민원실에 신고)
국외이주자	· 여권 · 영주권 · 출국확인서 : 병무신고사무서 창구에 있음 · 출국신고서 : 해당항공사 창구	위와 같음
재일교포 재외국민 2세	· 여권 · 외국인 등록증 · 출국신고서 : 해당항공사 창구	위와 같음

(4) 항공탑승수속

승객 개개인 여권과 위탁수하물을 소지하고 단체수속 창구로 이동하여 탑승수속을 한다. 필요시 단체여행객 전원의 여권과 여행증표를 TC가 회수하여 항공사 체크인 카운터에 제시해야 하는 경우가 많다. 그러나 개인별 수하물은 안전 규정상 본인이 직접 수속해야 한다.

대체로 항공사에서는 단체여행객에 대한 좌석배정을 미리 일괄하여 할당하고, 탑승권(boarding pass)을 사전에 준비해 놓는 경우가 많다. 시간 절약이 크며, 간편하다. 특정고객에게 특정지역의 좌석을 배정하려면, 사전배정제도를 통해 미리 해 두지 않으면 공항에서 원하는 결과를 얻기 쉽지 않다. 위탁수하물은 가급적 식별이 쉽도록 배포한 회사 수하물인식표를 부착하는 것이 좋다. 위탁수하물은 항공사에서 체크인(check-in)할 때 수하물마다 항공사의 인식표를 부착하여 목적지로 탁송될 수 있도록 하며, 이 인식표의 일부분을 고객의 탑승권(boarding pass)에 부착하여 준다. 이를 수하물표(baggage claim tag)라고 하며, 수하물을 항공사에 탁송하였다는 증표이므로 도착지 공항에서 수하물을 인도 받을 때까지 잘 보관하여야 한다. 수하물표의 최종목적지가 맞는지를 반드시 점검해야 한다. 흔히 항공편을 경유하거나 갈아타야 할 경우에 연계수속(through check-in) 여부를 명확하게 숙지하여 수하물 관리를 철저하게 할 필요가 있다.

(5) 출국수속 절차 및 행동요령 설명

항공 탑승수속 후, 여권, 탑승권(boarding pass) 등을 배포하고 출국수속 절차 및 탑승구 위치 및 탑승시간을 안내한다. 이때 특별한 조력이 필요한 여행자를 파악하여 적절히 협력하는 활동이 필요하다. 추가적으로 여권 및 여행증표류 관리 및 약속된 시간과 장소를 지키도록 협조를 요청한다. 또한 고가의 귀중품을 휴대할 경우, 출국심사구역 내의 중간쯤에 위치한 신고안내데스크에 신고하도록 안내한다. 귀국하여 세관심사를 받을 때 휴대물품 반출신고서를 제시하면 해당 물품에 대하여 비과세처리를 받을 수 있다.

(6) 보안검색 및 휴대품 검사

T/C는 단체여행객 전체의 출국장 진입을 확인한 후에 마지막으로 들어가도록 한다. 출국장 입구에서는 출국수속을 받을 여행객들의 여권, 항공권, 출국신고서를 간단하게 확인한 후 출국심사구역 내에서 탑승객의 안전을 위한 보안검색으로 범죄, 마약, 무기류, 폭발물, 위해물질 소지 여부를 검색하고, 아울러 개인의 휴대품을 검사한다. 항공사 탑승수속 및 세관신고를 마치면 가까운 출국장으로 이동하여 보안검색을 받아야한다. 기내 휴대물품은 가로 55cm, 세로 40cm, 높이 20cm(총합 115cm 이내), 무게 10kg 이내의 물품에 대해서만 기내반입이 허용되며, 휴대물품 중 기내반입 했을 때 여객의 생명과 안전에 위협이 될 수 있는 물품은 절대 반입해서는 안 된다. 여객 및 여객의 휴대수하물 보안검색은 공항보안당국이 수행한다. 세관에 신고할 내역이 없는 여객, 또는 세관신고가 끝난 여객은 보안검색대에서 순서대로 보안검색을 받는다. 보안검색대에서는 검색요원의 안내에 의해 대기선에서 순서에 따라 휴대물품은 X-레

이 검색장비 컨베이어 위에 올려놓고 소지품은 바구니에 넣고 문형 금속탐지기를 통과한다.

(7) 세관신고 & 귀중품 신고

고가의 귀중품을 신고하는 곳이며 신고할 물품이 있는 경우 사전에 신고물품이 있는 여행객들에게는 정확한 위치를 알려줄 필요가 있다. 해외여행 시 휴대하는 고가품, 귀중품은 출국 전에 반드시 세관에 신고해서 '휴대물품 반출확인서'를 받아야만 재입국할 때 해당물품에 대해 세금이 부과하지 않고 재반입 받을 수 있다. 출국심사를 할 때에도 마찬가지로 5단계로 구분할 수 있다.

① 출국 시 외화 신고

- 출국 시 외화 신고를 할 때 내국인 거주자가 일반 해외경비로 미화 1만 달러를 초과하는 외화를 휴대 반출할 경우 세관 외화신고대에 신고하면 직접 가지고 출국이 가능하다.
- 해외이주자, 해외체류자, 해외유학생, 여행업자가 미화 1만 달러를 초과하는 해외여행경비를 휴대하여 출국하는 경우와 외국인 거주자가 국내 근로소득을 휴대하여 출국하고자 하는 경우에는 반드시 지정거래 외국환은행장의 확인을 받아야 한다. 일반 해외경비 이외의 물품거래 대금의 지급, 자본거래 대가의 지급은 각 거래에서 정하는 신고나 허가를 받아야 휴대 출국할 수 있다.
- 비거주자 등이 미화 1만 달러를 초과하는 외화를 휴대 반출할 경우, 한국은행 총재 또는 세관장의 허가를 받아야만 반출할 수 있다.

② 휴대물품 반출신고

- 휴대물품 반출신고를 할 때는 일시 출국하는 여객이나 승무원은 여행할 때 사용하고 입국할 때 다시 가져올 귀중품 또는 고가품을 출국하기 전 세관에 신고한 후 '휴대물품 반출신고(확인서)'를 받아야 입국할 때 면세를 받을 수 있다.

③ 부가세 등의 환급

- 부가세, 특별소비세 환급을 위해서 외국인 관광객 면세판매장에서 물품을 구입한 외

국인 여객은 판매장에서 '외국인 관광객 물품판매 확인서'를 교부받아 출국시 물품과 함께 세관에 신고하여야 한다(3개월 내).

④ 출국 시 세관신고 대상물품

- 해외거주자가 출국할 때 반출할 것을 조건으로 입국 시 면세통관 받은 물품으로 미반출했을 때에는 당해물품에 대한 세금을 내야한다.
- 국내 거주자가 비디오카메라, 골프채, 고급시계, 모피의류, 악기, 보석류 고가물품을 해외여행 중 사용하고 입국할 때 재반입하고자 하는 물품으로 출국 시 세관장의 반출 확인이 없이 국내에 반입되는 경우에는 세금을 내야한다.
- 휴대하여 수출하는 물품으로서 기적 확인을 세관에서 받아야 하는 물품으로 기적 확인을 받지 않으면 수출로 인정되지 않으므로 관세환급을 받을 수 없는 경우가 발생한다.
- 미화 10,000달러 상당액을 초과하는 외화 및 원화로 수표, 여행자수표 등 모든 지급수단을 포함하여 한국은행 총재의 사전허가를 받아야 한다.

⑤ 해외반출 금지품목

- 마약, 향정신성의약품 및 이들의 제품들
- 문화재보호법에 의거 해외반출이 금지된 골동품 등 문화재들
- 화폐, 지폐, 채권 등의 위조품, 변조품, 모조품 등

〈표 32〉 휴대품 반출신고서

<table>
<tr><th>품 명</th><th>규 격</th><th>수 량</th></tr>
<tr><td colspan="3">위와 같이 반출함을 확인하여 주시기 바랍니다.

20 . . .

신고인

1. 이 확인서는 휴대 반출한 물품을 재반입하는 때에 관세를 면세받을 수 있는 근거가 되는 것이므로 소중히 보관하시기 바랍니다.
2. 본 신고서는 입국 시 세관에 제출하시기 바랍니다.</td></tr>
</table>

(8) 검역

출국심사구역 내에서 있으며 검역검사는 예방접종 카드의 소지 유무에 대한 확인이다. 최근에는 특별한 경우를 제외하고는 거의 생략하고 있다. 그러나 출국과는 달리 각국은 입국할 때 검역을 중심으로 하고 있다.

(9) 출국심사

출국심사대에서 출입국 심사관이 출국자들을 대상으로 제출한 서류를 확인하고, 출국에 대한 신분 확인 및 자격심사를 행하는 곳이다. 출국심사대를 통과할 때 여권, 탑승권, 출국신고서를 제시하여야 한다. 출국심사에 통과되면 출국 심사관이 여행객의 여권 안지에 출국 심사필의 스탬프를 찍어주고, 아울러 여행객의 탑승권 뒷면에도 출국 심사필에 대한 확인을 해주면 CIQ(customs, immigration, quarantine)에 대한 수속은 끝나게 된다. 여기서 CIQ는 출입국 때 반드시 거쳐야 하는 3대 수속이다.

(10) 라운지 집결

탑승권 및 여권, 서류를 잘 보관하도록 환기하고, 탑승할 해당 항공사의 탑승구 위치와 방향을 정확하게 확인한다. 탑승시간과 탑승자 대기실에 최소한 30분 전에 집결하도록 한다. 국내면세점이나 인터넷면세점을 이용해 사전에 구입한 면세물품이 있을 경우 반드시 찾아야 한다는 것을 안내한다.

(11) 면세점 물품 수령 및 쇼핑

국내면세점이나 인터넷면세점을 이용해 사전에 구입한 면세물품은 출국할 때 물품을 해당 면세점 창구에 가서 인환증을 제시하고 물품을 찾아야 한다. T/C는 여행객들이 물품수령에 대한 내용을 잊어버리고 있거나 입국할 때 찾는다는 생각을 할 수 있으므로 반드시 출국할 때 면세물품을 수령하도록 주지시켜야 한다. 여행객들이 쇼핑을 할 경우 국제공항 구조가 대부분 복잡하고 넓기 때문에 탑승구의 위치와 면세점의 위치가 다소 멀리 있기 때문에 쇼핑시간에 신경을 쓰도록 할 필요가 있다.

(12) 항공기 탑승 대기와 탑승

단체여행객들이 비행기의 출발시간 30분 전부터 탑승개시에 따른 안내방송을 하므로 고객들의 도착 여부를 확인하고, 만약에 임박하여 도착하지 않을 경우에는 항공사 측에 협조를 요청하여 방송을 하여야 한다.

단체여행객의 인원 파악이 완료되면 해당 항공사 직원의 지시에 따라 기내로 들어가면 된다. 승객은 항공기 준비에 대한 모든 최종점검이 끝난 후 비행 인가를 받은 다음 탑승이 가능하다. 이때 탑승교(boarding bridge)를 이용하거나 계단식 차량(step car)을 이용하여 탑승한다. 일반적인 탑승 순서는 환자, 휠체어 승객 또는 보호자가 없는 유아, 노약자와 유/소아 동반 승객, VIP/CIP, 1등석 승객, 2등석 승객, 일반석 승객 순이다.

인천국제공항의 경우 국제선 비행기 탑승은 탑승구에 들어가면 바로 탑승교를 통해 탑승하게 된다. 탑승할 때 인솔자는 단체여행객들의 탑승을 확인한 후에 가장 마지막에 탑승해야 한다.

2. 공항에 대한 이해

공항은 항공운송을 수행하는 중요한 기간시설로서 그 업무와 시설이 국제성을 가지고 있는 대표적인 영역이다. 국제민간항공기구(ICAO : International Civil Aviation Organization) 및 국제항공운송협회(IATA : International Air Transport Association)의 국제적인 표준에 따라 그 시설과 운영이 수행되고 있다. 그러므로 세계적인 인프라와 서비스 수준을 인정받고 있는 인천공항을 개괄적으로 살펴봄으로써, 세계 각지 공항 시설과 서비스 절차를 이해할 수 있을 것이다. 다음은 인천공항 주요시설과 입출국에 대한 내용을 인천국제공항공사의 〈인천공항 이용안내〉의 주요 내용을 중심으로 전개한다.

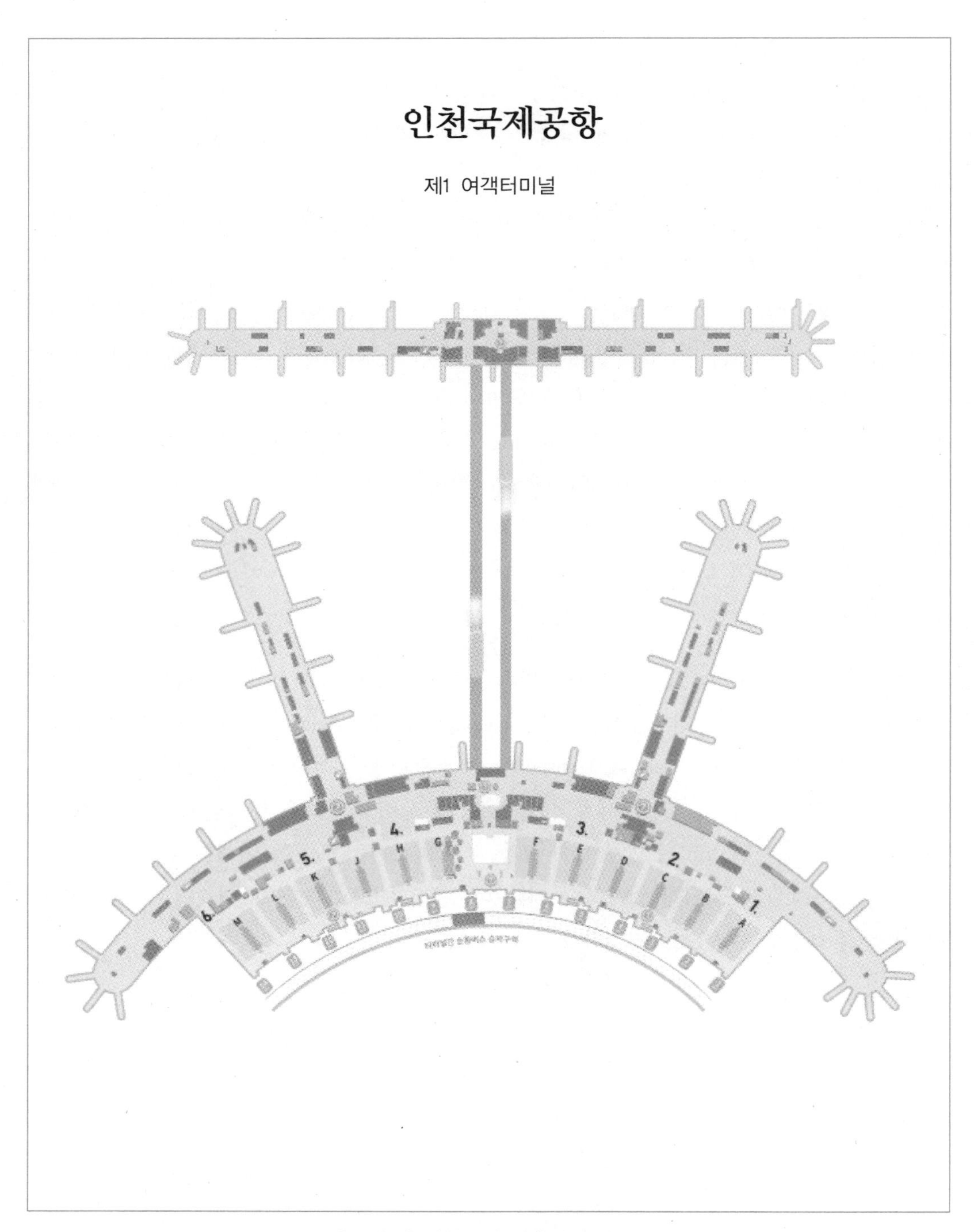

[그림 9] 인천공항 이용안내(계속)

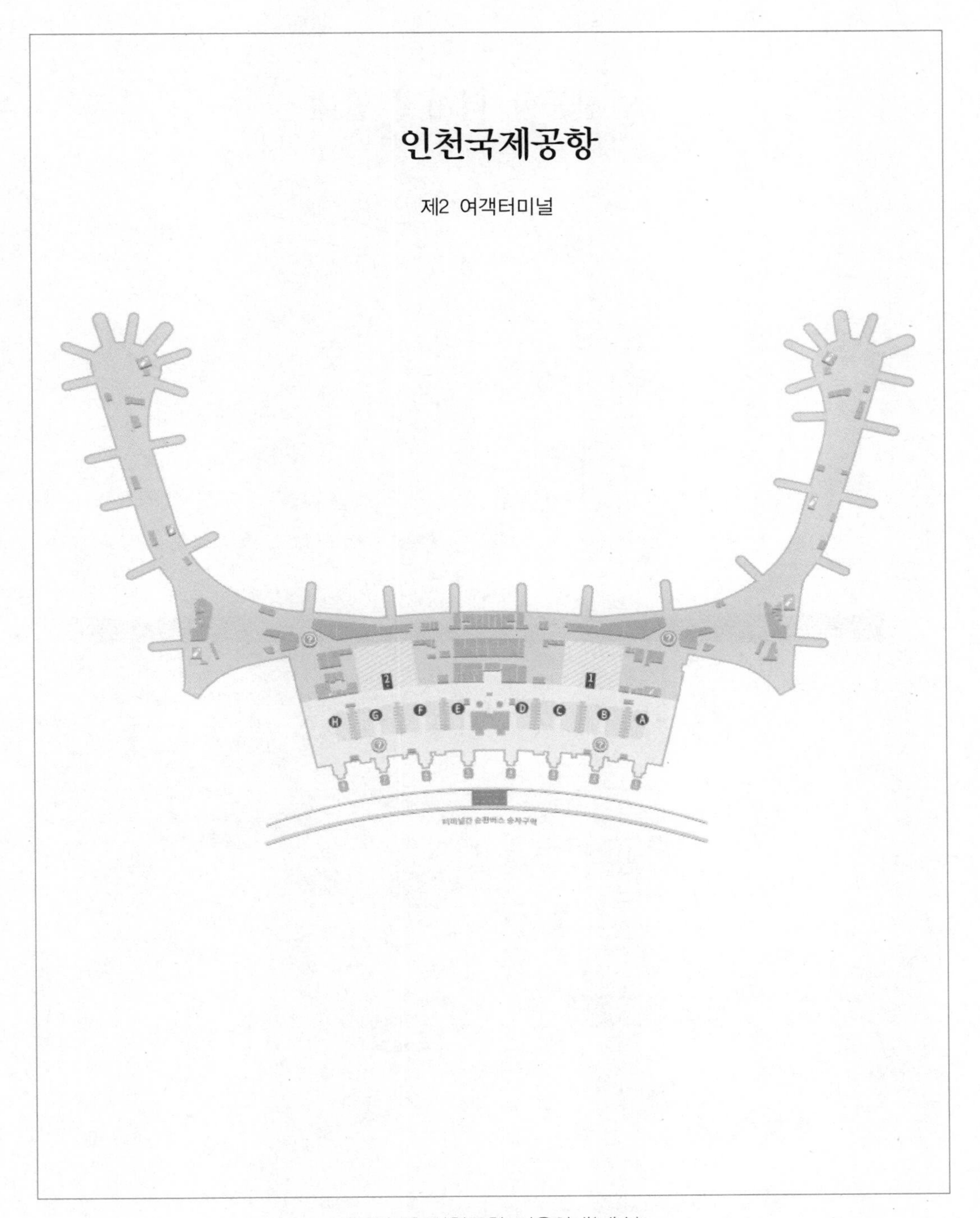

[그림 9] 인천공항 이용안내(계속)

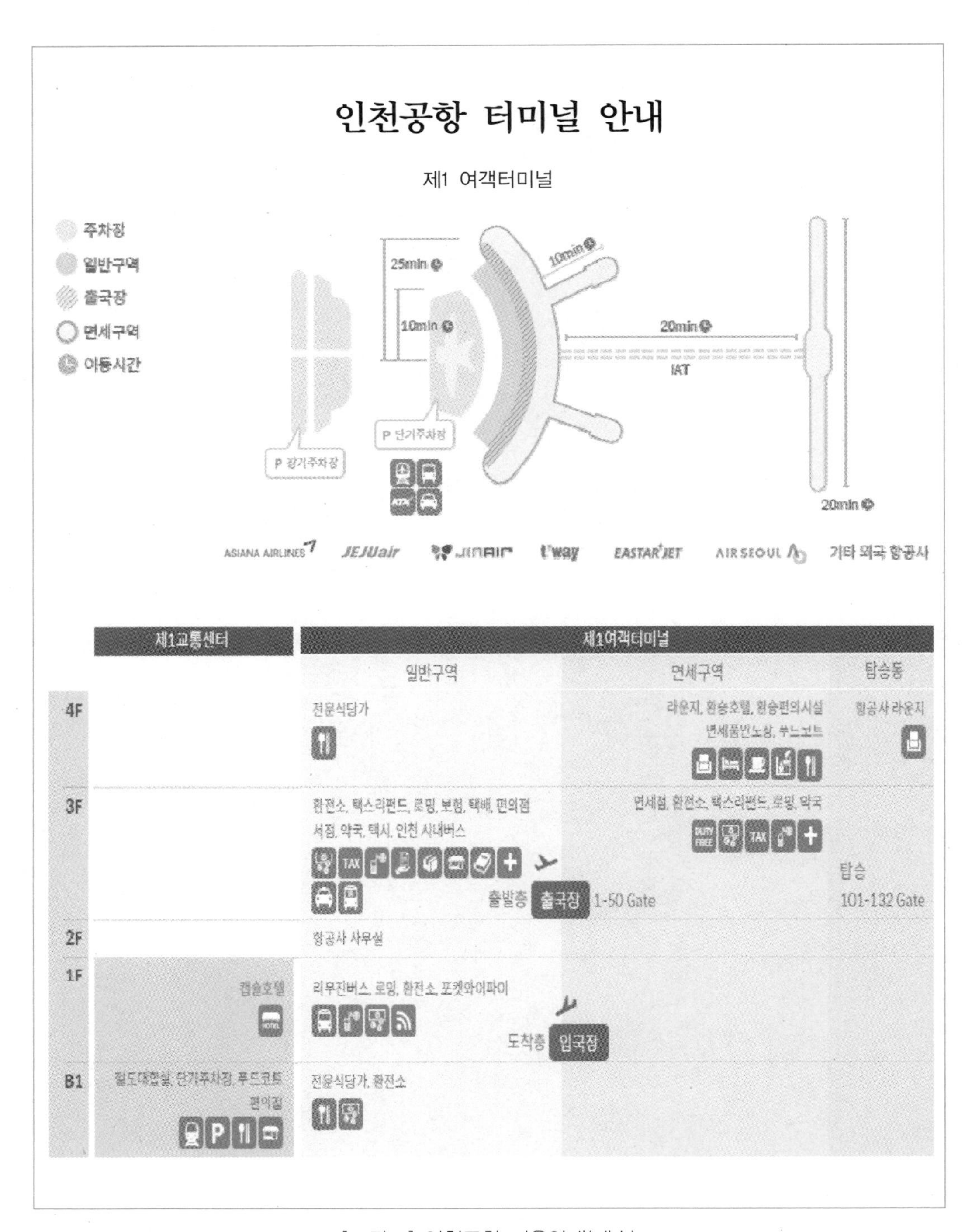

[그림 9] 인천공항 이용안내(계속)

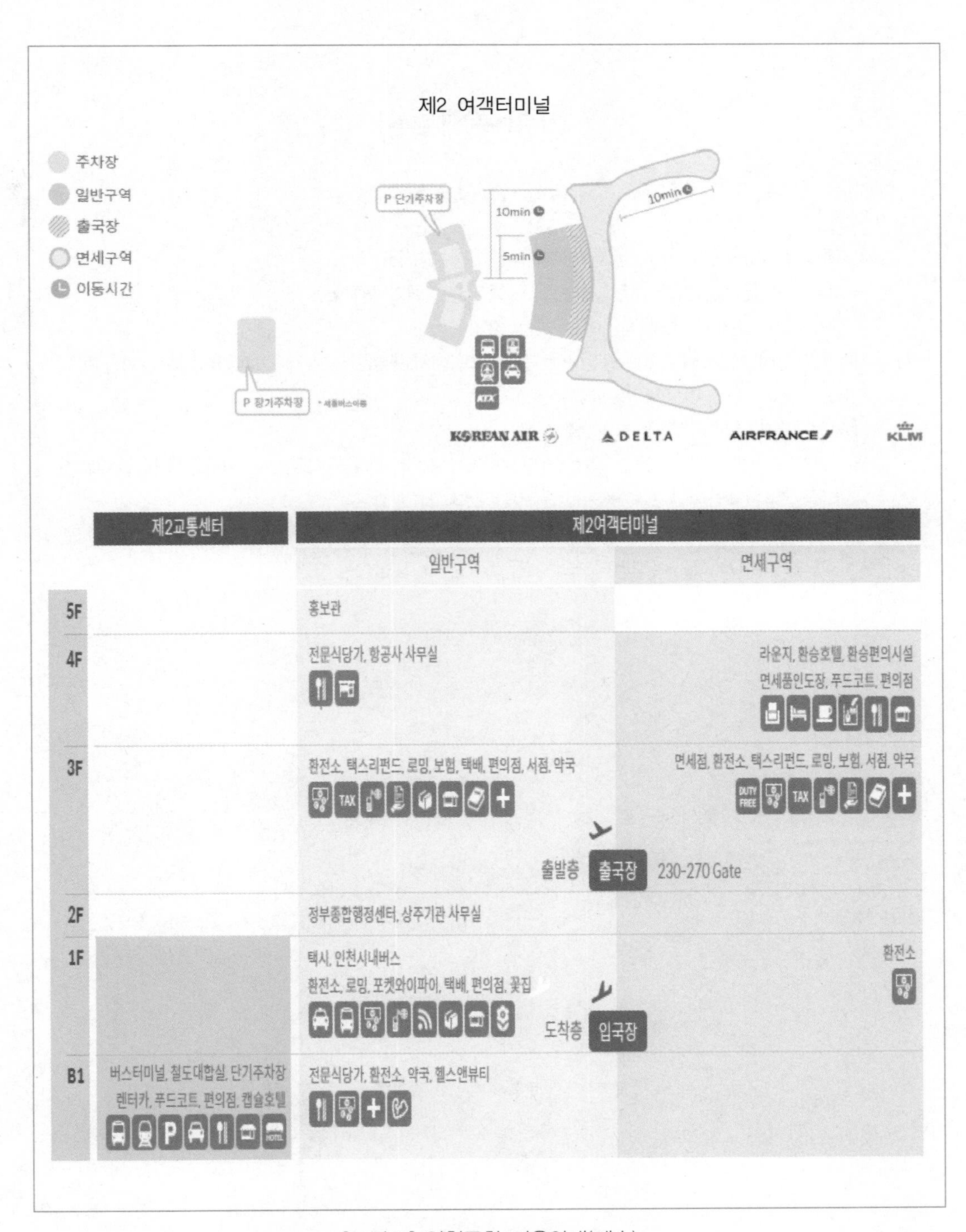

[그림 9] 인천공항 이용안내(계속)

인천국제공항

터미널 간 이동 방법

무료셔틀버스 이용 신속히 해당 터미널로 이동할 수 있음

※ 공항철도 이용 터미널간 이동 가능(소요시간 6분, 금액 900원)

제1 여객터미널에서 제2여객터미널 가는 방법

제1 여객터미널승차장은 3층 중앙 8번 출구이며 배차간격은 5분. 제2여객터미널까지의 이동거리는 15km이고, 이동시간은 약 15분소요.

제2 여객터미널에서 제1여객터미널 가는 방법

제 2여객터미널승차장은 3층 중앙 4,5번 출구 사이이며 배차간격은 5분. 제1여객터미널까지의 이동거리는 18km이고, 이동시간은 약 18분소요.

제1 여객터미널과 제2 여객터미널에서 탑승동으로 가는 방법

제1 여객터미널과 제2 여객터미널의 셔틀트레인 타고 탑승동 이동

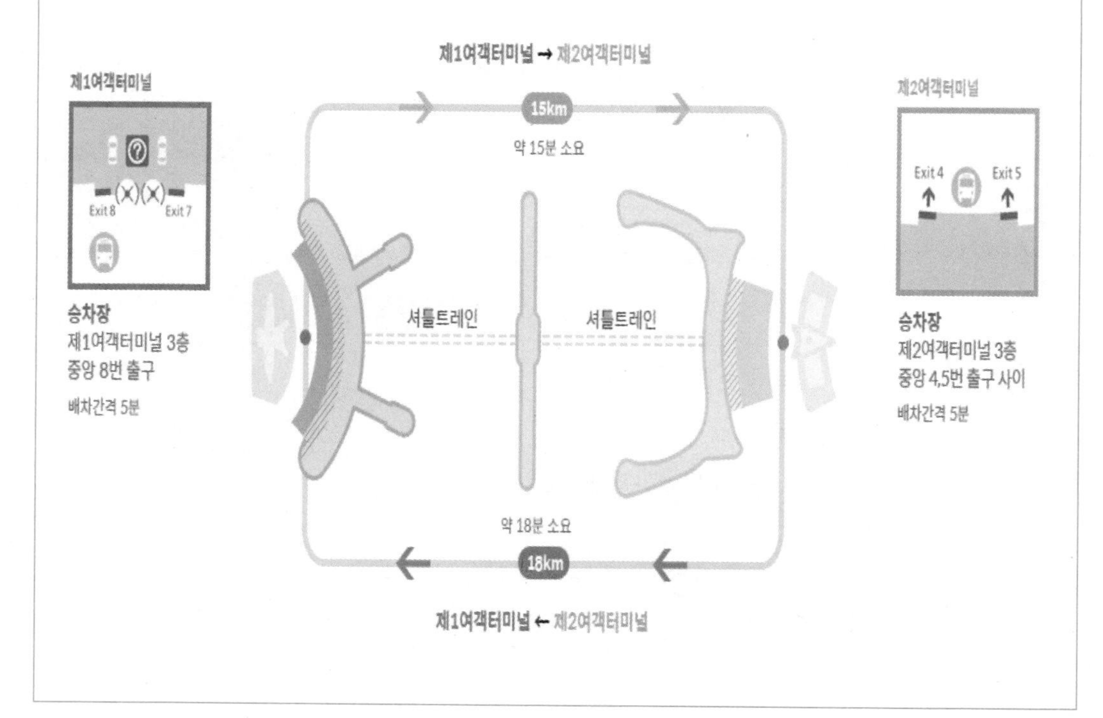

[그림 9] 인천공항 이용안내(계속)

출국(인천국제공항)

〈여객터미널 확인〉

제2 여객터미널 취항항공사
대한항공
델타항공
에어프랑스
KLM네덜란드항공

제1 여객터미널 취항항공사
아시아나항공
제주에어
진에어
티웨이
이스타항공
에어서울
기타 외국항공사

공동운항편(코드셰어)의 경우, 실제 항공편에 따라 출입국 터미널이 달라질 수 있으니
전자항공권(E-Ticket) 또는 홈페이지 내 항공편 검색을 통해 터미널을 꼭 확인하는 것이 필요함

〈출국 절차〉

01 터미널 도착
항공편 검색을 통해 터미널 확인
제1 여객터미널, 제2 여객터미널 모두 3층(출국장)으로 이동

02 탑승수속 및 수하물 위탁
탑승권 발급 및 수하물 위탁
(체크인카운터, 셀프체크인/백드랍, 웹모바일 체크인, 도심공항터미널 이용)

03 안내/신고
병무허가, 검역 증명서 발급 및 세관신고(세관신고, 부가세환급, 검역안내, 문화재, 병무허가)

04 출국 전 준비
출국장 진입 전 환전, 출금, 로밍, 보험 등 필요한 용무 처리
(용무가 끝나면 가까운 출국장 안으로 입장)

[그림 9] 인천국제공항 이용안내(계속)

05 보안검색

항공기에 탑승하기 전 모든 승객들은 반드시 보안검색을 받아야 함
(교통약자우대서비스, 제한물품확인)

06 출국심사

보안검색 및 출국심사를 마치고 면세지역으로 진입하면 일반지역으로 되돌아 갈 수 없음

07 탑승구 이동

1~50번 게이트 탑승객: 제1 여객터미널에서 탑승
101~132번 게이트 탑승객: 제1여객터미널에서 셔틀트레인을 타고 탑승동으로 이동
(한 번 이동하면 다시 돌아올 수 없음)
230~270번 게이트 탑승객: 제2여객터미널에서 탑승

08 여객탑승

이륙 30~40분 전까지 탑승구 및 탑승동으로 이동하여 탑승

〈제1 터미널 3층〉

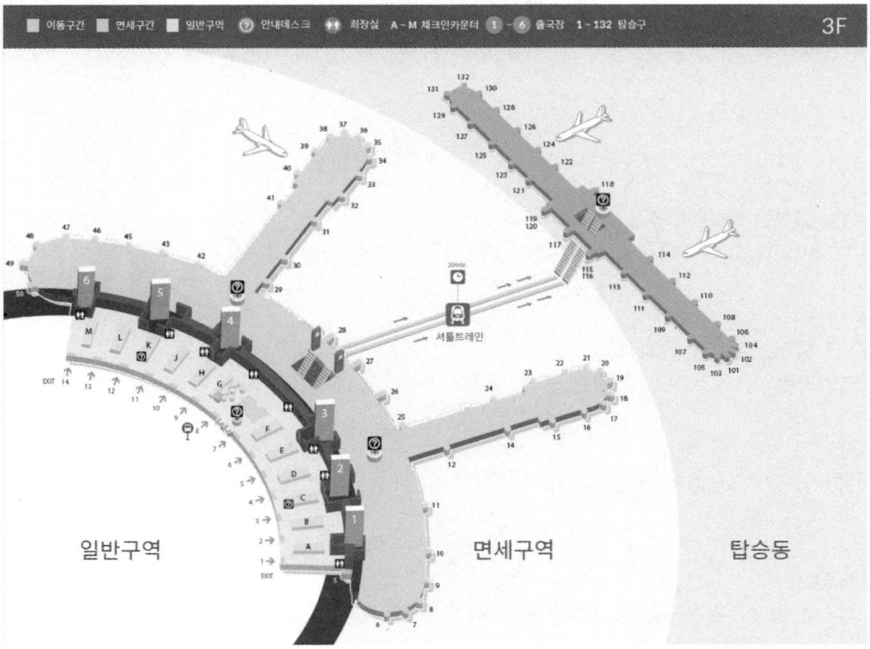

[그림 9] 인천국제공항 이용안내(계속)

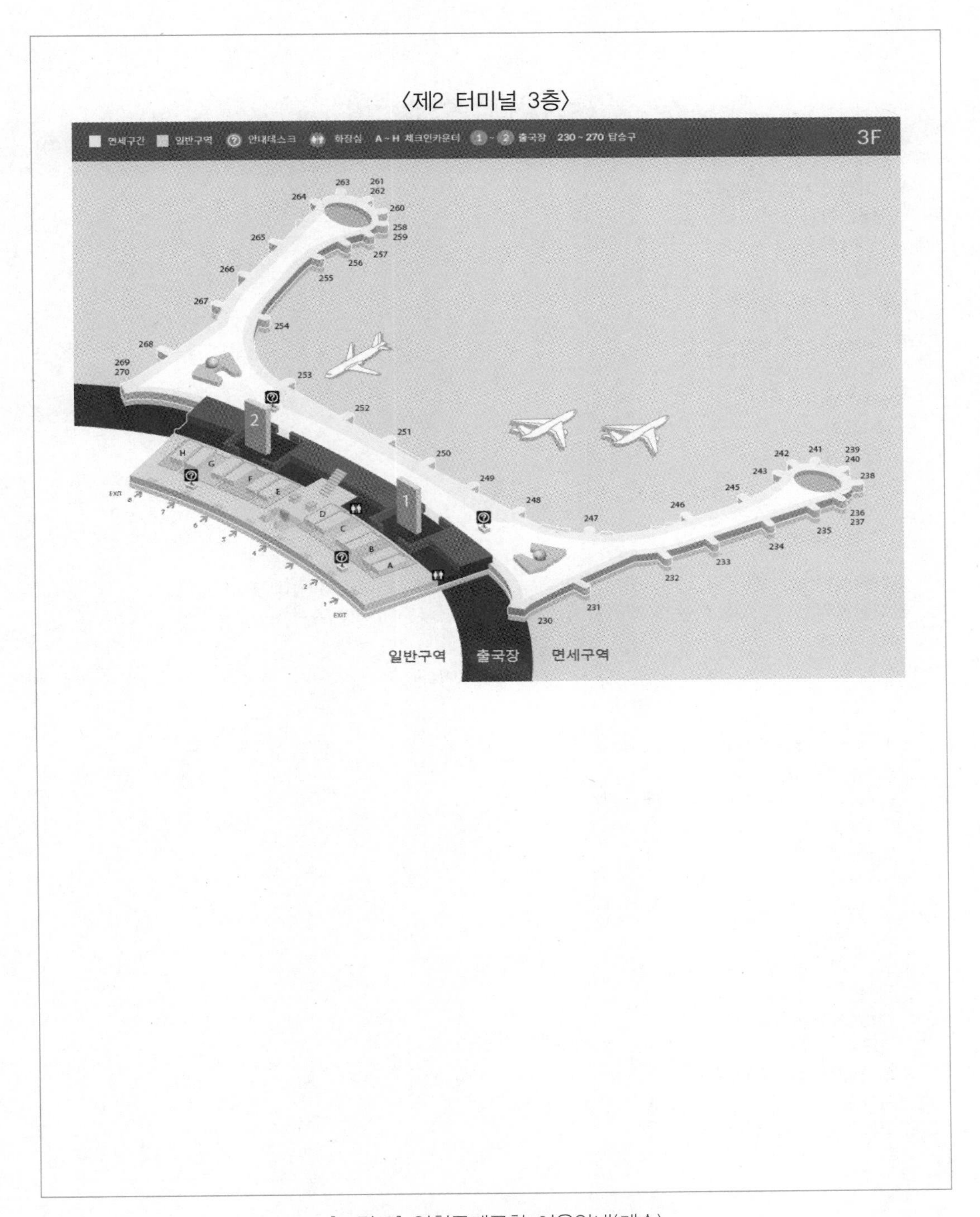

[그림 9] 인천국제공항 이용안내(계속)

입국(인천국제공항)

입국터미널 및 경로

제2 여객터미널 취항항공사
- 대한항공
- 델타항공
- 에어프랑스
- KLM네덜란드항공

제1 여객터미널 취항항공사
- 아시아나항공
- 제주에어
- 진에어
- 티웨이
- 이스타항공
- 에어서울
- 기타 외국항공사

공동운항편(코드셰어)의 경우, 실제 항공편에 따라 출입국 터미널이 달라질 수 있음
전자항공권(E-Ticket) 또는 홈페이지 내 항공편 검색을 통해 터미널 확인 필요

입국 경로 안내

1. 도착
   인천공항 해당 여객터미널 도착
2. 검역(여행객)
   건강상태질문서 제출, 검역대 통과
3. 입국심사
   입국심사 받기
4. 짐 찾기
   수하물 수취
5. 검역(동식물)
   함께 입국한 동식물이 있는 경우
6. 세관신고
   세관신고서 작성 제출
7. 입국
   입국장(환영홀)으로 이동
8. 귀가
   교통수단 탑승 위치 확인

[그림 9] 인천공항 이용안내(계속)

제1 여객터미널

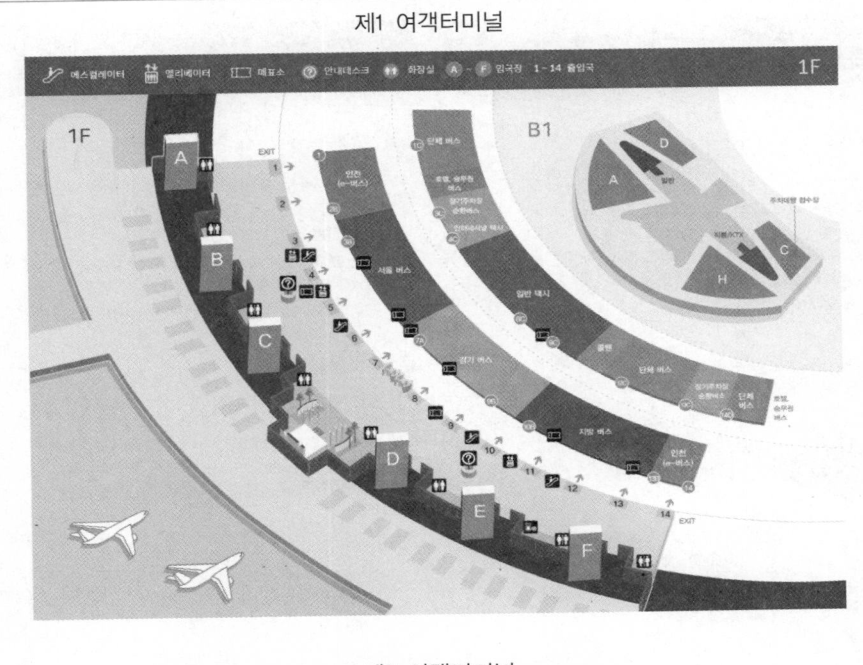

제2 여객터미널

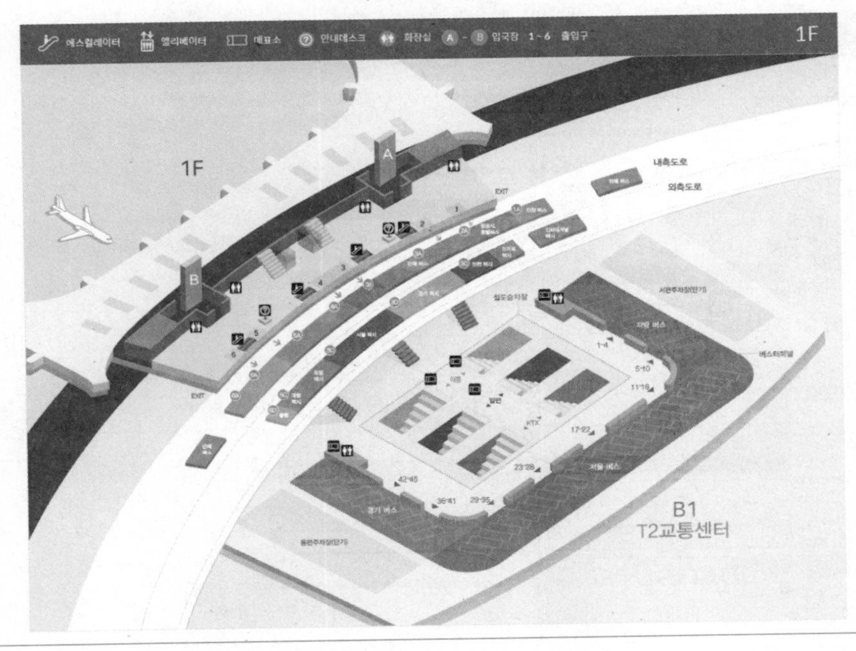

[그림 9] 인천공항 이용안내(계속)

수하물보내기 12

수하물 탁송

- 타인이 수하물 운송을 부탁할 경우 사고 위험이 있으므로 반드시 거절하시기 바랍니다.
- 카메라, 귀금속류 등 고가의 물품과 도자기, 유리병 등 파손되기 쉬운 물품은 직접 휴대하시기 바랍니다.
- 짐 분실에 대비 가방에 소유자의 이름, 주소지, 목적지를 영문으로 작성하여 붙여두십시오.
- 위탁수하물 중에 세관신고가 필요한 경우에는 대형수하물 전용카운터 옆 세관신고대에서 신고하여야 합니다.

항공기 내에 반입(항공기 좌석 위 선반)

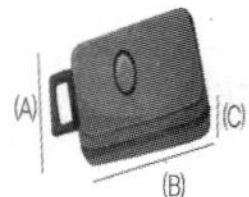

A+B+C=115cm 이하(1개) 10~12kg

- 항공기 안전운항을 위해 항공기내로 반입할 수 있는 짐의 크기를 제한하고 있습니다.
- 항공사별, 좌석 등급별로 기내 반입 가능 기준에 차이가 있으니 항공사로 확인 후 이용하시기 바랍니다.
- 통상적으로 일반석에 적용되는 수하물의 크기와 무게는 개당 55×40×20(cm) 3면의 합 115(cm) 이하로써 10kg~12kg 까지 입니다.

수하물로 위탁(화물칸으로 운반)

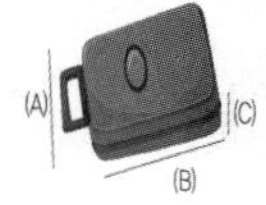

A+B+C=158 cm 이하 23kg

- 항공사별, 노선별, 좌석 등급별로 무료 운송 가능 기준에 차이가 있으니 이용하실 항공사로 확인하시기 바랍니다.
- 통상적으로 미주 노선인 경우 일반석에 적용되는 수하물은 23kg 2개까지입니다.

대형수하물 수속

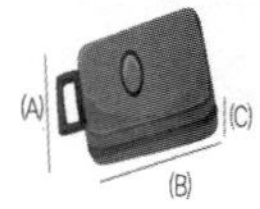

90cm+75cm+45cm 50kg

- 대형수하물은 항공사 탑승수속카운터에서 요금을 지불한 후 B, D, J, L탑승수속카운터 뒷편 세관신고 카운터에서 세관신고를 하시고 대형수하물 카운터에서 탁송하시면 됩니다.
- 대형수하물 기준 : 무게 50kg 이상 또는 가로 45cm, 세로 90cm, 높이 70cm 이상인 경우

기내반입제한품

구분	취급방법	
	객실반입가능	위탁수하물처리
끝이 뾰족한 무기 및 날카로운 물체	X	O
둔기	X	O
소화기류, 권총류, 무기류	X	O
화학물질과 인화성물질	X	X
총포, 도검, 화약류 등 단속법에 의한 소지금지물품	X	X

보안검색 13

보안검색

- 탑승수속 및 세관신고를 완료한 후 가까운 출국장으로 이동하여 보안검색을 받아야합니다.
- 인천국제공항에서는 4개소의(1번, 2번, 3번, 4번) 출국장이 있으며, 해당 출국장이 혼잡할 경우 인근의 출국장을 이용할 수 있습니다.
- 공항 이용객 및 항공기의 안전을 위해 보안검색을 실시하오니 보안검색 업무에 적극 협조하여 주시기 바랍니다.
- 환승객은 항공기의 안전 운항을 위해 보안검색대 지역으로 입장할 수 없으니 출국장 지역에서 환승을 마치시기 바랍니다.

액체, 젤류 휴대반입 제한

허용규격 : 용기 1개당 100ml 이하로, 1인당 1L 이하의 지퍼락 비닐봉투 1개

휴대반입조건

- 모든 액체, 젤류는 100ml이하의 용기에 보관
- 1리터(ℓ) 규격의 투명 지퍼락(Zipper lock) 비닐봉투 안에 용기 보관
- 투명 지퍼락 봉투(크기: 약 20cm×약20cm)에 담겨 지퍼가 잠겨있어야 함
- 보안검색 받기 전 다른 짐과 분리하여 검색요원에게 제시

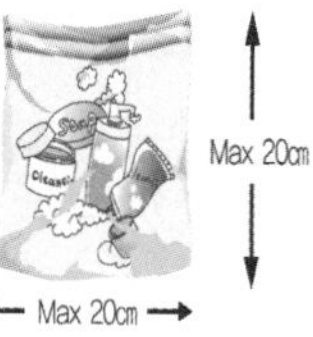

면세점 구입물품의 경우

공항 면세점 구입물품 또는 시내 면세점에서 구입 후 공항 면세점에서 전달받은 주류, 화장품 등의 액체류는 아래 조건을 모두 준수하는 경우 반입가능

- 면세점에서 제공하는 투명봉인봉투 또는 국제표준방식으로 제조된 훼손탐지가능봉투(STEB : Security Tamper Evident Bag)로 포장
- 최종 목적지행 항공기 탑승 전까지 미개봉상태 유지
- 면세품 구입당시 교부받은 영수증이 훼손탐지가능봉투 안에 동봉 또는 부착된 경우에 한하여 용량에 관계없이 반입가능

※ 훼손탐지가능봉투는 면세점에서 제공됩니다.

예외대상품목

- 비행중 이용할 영 · 유아 음식류
- 의사의 처방전이 있는 모든 의약품

[그림 9] 인천공항 이용안내(계속)

Customs 세관통관절차

14/15

Q 해외여행을 마치고 입국할 때 세관절차는?

입국 → 수하물수취 → 신고서 제출

신고서 제출 → 신고물품이 없는 여행자 → HOME

신고서 제출 → 신고물품이 있는 여행자 → HOME

모든여행자
허위로 신고하는 경우 관세법에 따라 처벌받을 수 있습니다.

면세통로
경우에 따라 세관검사를 받을 수 있습니다.

검사통로
세금사후 납부 등 신속통관 서비스 제공

※자진신고를 하지 않을 경우, 가산세 30%부과 또는 처벌 대상임

Q 입국시 신고하여야 할 물품은?

- 면세범위(US $400이하) 주류 1병, 담배 1보루, 향수 60㎖ 초과물품
- 메스암페타민(필로폰), 헤로인, 코카인 등 마약류 및 오남용의약품
- US 1만불을 초과하는 외화 또는 원화 **(출국시에도 신고)**
- 국헌, 공안, 풍속을 해치는 도서, 서적, 영화, 음반 등
- 판매목적으로 반입하는 물품 또는 회사용품
- CITES(야생동식물의 국제 거래에 관한 협약)협약 관련 제품, 가공품 예)상아, 해구신, 웅담 등
- 위조상표 부착물품(가짜상품)
- 동물, 식물, 과일, 채소류 등 농림축산물
- 총포, 도검, 석궁 등 무기류, 실탄 및 화약류, 유독성 또는 방사성 물질

Q 여행자 휴대품 면세 범위는?

여행자 휴대품 면세범위는 US $400입니다.

별도 면세 상품

- 주류 1병 (1ℓ 이하로서 US $400이하인 것)
- 담배 1보루 (200개비)
- 향수 60㎖

※단, 미성년자(만 19세 미만)에게는 주류, 담배 면세가 제외됩니다.

농림축산물(한약재) 면세범위

1인당 총량 50㎏ 이내, 해외취득가격이 10만원이내이고, 검역에 합격하여야 함
(단, 한약은 1인당 10품목 이내)

- 참기름, 참깨, 꿀, 고사리, 더덕 각 5㎏
- 인삼(수삼, 백삼, 홍삼), 상황버섯 각 300g
- 기타 한약재 품목당 3㎏
- 쇠고기 10㎏
- 잣 1㎏, 녹용 150g
- 기타 품목당 5㎏

※단위당 용량 또는 중량이 면세기준을 초과하는 경우 전체에 대해 과세합니다.

Q 출국시 신고해야 하는 물품은?

- 입국시 재반입 할 귀중품 및 고가의 물품
- 수출신고가 수리된 물품
- US 1만불을 초과하는 외화 또는 원화
- 내국세 환급대상(Tax Refund) 물품

Q 밀수 및 마약신고는 어떻게 하나요?

밀수 및 마약신고 방법

- 전 화 : 전국어디서나 국번없이 ☎125(이리로)
  인천공항세관 조사총괄과 ☎032-722-4630
- 인터넷 : airport.customs.go.kr(인천공항세관)

포상금(민간인)

- 마약류 관리에 관한 법률 위반 : 최고 1억원
- 관세법, 지적재산권(상표권 등), 대외무역법 외국환거래법 위반 : 최고 5천만원

관세청 KOREA CUSTOMS SERVICE

400-715 인천광역시 중구 공항로 272 인천공항세관
TEL. 032-722-4114, 1577-8577 FAX. 032-722-4039

[그림 9] 인천공항 이용안내(계속)

Immigration 출입국심사

출입국심사란?

국경(출입국심사대)에서 외국인의 입국허가여부 등을 결정하는 국가의 고유한 주권의 행사입니다.

출국심사 안내

- **준비물** 여권, 탑승권,외국인등록증(등록외국인)
- **전용심사대 이용** 도심공항 터미널 이용객, 외교관, 장애인, 휠체어 이용자, 경제인 카드 소지자 등은 1번 심사부스를 이용하시면 편안하고 신속한 출입국 심사서비스를 받을 수 있습니다.

출국민원센터 안내

- **위 치** 여객터미널 3층 체크인카운터 G 구역 앞 출입국 민원실
- **업무서비스** 등록외국인 재입국허가, 동포 출국확인서 발급, 불법체류자 자진 출국, 출입국사실증명 발급, 출국금지여부 확인, 기타 출입국기록정정, 출국기한 연장, 입국사실 확인 날인, 국민처우 등의 업무를 처리합니다.
- **운영시간** 연중 무휴 24시간 운영
- **연 락 처** 032-740-7393

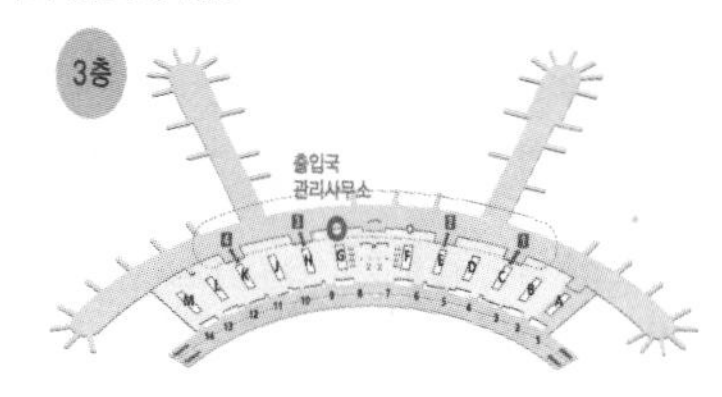

입국심사 안내

입국심사장은 국경에서 허가를 받는 과정입니다. 외국인에게는 허가행위를 국민에게는 국민임을 확인하는 과정이므로 다소 시간이 걸리더라도 양해 하여 주시기 바랍니다.

입국심사시 당부사항

- 국경에서의 내외국인 분리 심사는 국제사회의 원칙입니다.
- 외국인(등록외국인제외)은 입국신고서를 작성 하셔야 합니다.
- 단체사증을 소지한 중국 단체여행객은 입국 신고서를 작성하지 않으셔도 됩니다(단 청소년 수학여행객은 입국신고서 작성 필요).
- 등록대상인 외국인은 입국일로부터 90일 이내에 관할 출입국관리사무소에 외국인 등록을 하여야 합니다.

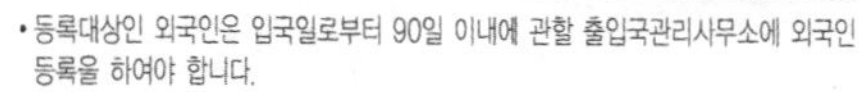

- 외국인 입국불허 등 기타문의 : ☎ 032-740-7215

자동심사대 운영 안내

자동출입국심사는 사전에 지문 정보를 등록한 국민(17세이상) 및 등록승무원에게 신속 편리한 출입국 심사를 제공하는 새로운 심사제도입니다.

등록절차

- 여권을 지참하여 등록센터(여객터미널 3층 체크인카운터 F구역 앞)로 방문하여 주십시오.
- **운영시간** 연중 무휴 오전 7시~ 오후 7시
- **연 락 처** 032-740-7400 **FAX.** 032-740-7402

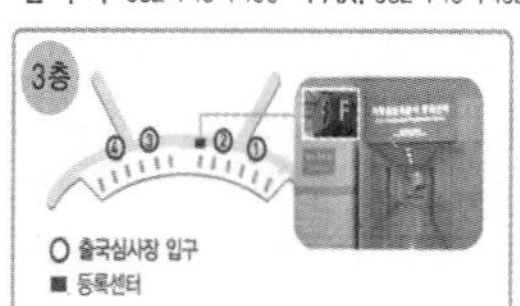

이용방법

- 등록완료 후에 바로 자동심사대 이용이 가능함
- **설치장소** 출국장 전지역(A,B,C,D)에 3대씩 입국장 C,D,E,F 지역 각 2대씩 운영
- **이용방법** 자동심사대에 여권을 올려놓으면 자동으로 출입국가능여부를 확인한 후 첫번째 문이 열리고, 지문으로 본인여부가 확인되면 두번째 문이 열리고 심사는 마무리 됩니다.

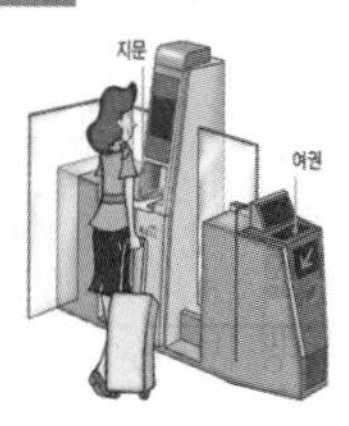

외국인 체류지원 안내

- 외국인 관련된 종합정보를 원하신다면 외국인종합안내센터(국번없이 1345)에 연락을 주시면 영어, 베트남어, 몽골어 등 17개 국어로 직접 상담이 가능합니다. (평일 9:00 ~ 18:00)
- 또한 외국인 종합지원서비스(www.hikora.go.kr)를 통하여 외국인등록 등 출입국 관련 민원안내는 물론, 주거, 교육, 의료, 문화, 관광 추자정보 등 모든 정보를 얻을 수 있습니다.
- 출입국외국인정책본부 홈페이지(www.immigration.go.kr)

법무부 '법질서 바로세우기 캠페인'

- 해외여행의 자유로움에서도 항상 세계 여러나라에서 통용되는 예절은 지켜주시기 바랍니다.

인천공항출입국관리사무소
Incheon airport immigration

인천광역시 중구 운서동 공항로 272
TEL. 032-740-7014~9 FAX. 032-740-7010

[그림 9] 인천공항 이용안내(계속)

Quarantine(Human) 여행객 검역 18/19

검역심사

발열감시
검역심사대의 적외선카메라를 한사람씩 통과합니다.

검역질문서 제출
도착후 발열, 설사, 구토 등의 증상이 있을 경우 검역질문서에 기재하고 반드시 검역관에게 신고합니다.

※대상 : 검역전염병 등 해외유입전염병 발생국가 여행객

검역질문서를 작성하지 않는 경우에도 설사 등 증상이 있는 경우 검역관에게 자진 신고합니다. ☎ 032-740-2706

세균검사
전염병이 의심되는 여행객을 대상으로 콜레라, 장티푸스 등 세균검사 서비스를 무료로 실시합니다.

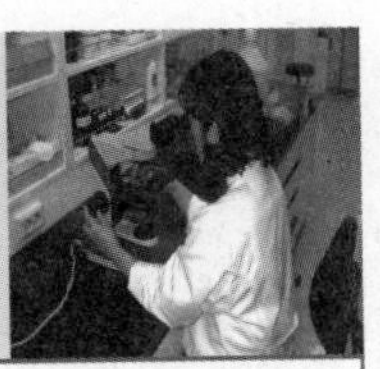

- **검사종류** 콜레라균, 호염성장염비브리오균, 비브리오패혈증균, 살모넬라균, 쉬겔라균, 장출혈성대장균 등
- 1군 전염병이 확인되어 격리치료를 실시한 환자에 대한 비용은 국가와 시·도가 공동부담하고, 기타 균에 대해서는 본인부담으로 치료 받으셔야 합니다.

해외여행질병정보센터

안전한 해외여행이 되도록 여행 전후 건강, 질병, 환경 등 다양한 정보 및 예방접종 서비스를 제공하고 있습니다.
(http://travelinfo.cdc.go.kr)

- 최신 해외 전염병 발생정보 제공
- 해외여행 건강수칙 안내
- 황열, 콜레라 예방접종
- 국제공인예방접종증명서 발급

황열 예방접종

WHO에서 정한 의무적인 예방접종으로 유행지역 출발 10일전 접종하셔야 합니다.
※일부 국가에서는 황열유행국가에서 입국하는 모든 여행객에게 국제공인예방접종 증명서(Yellow Card) 요구

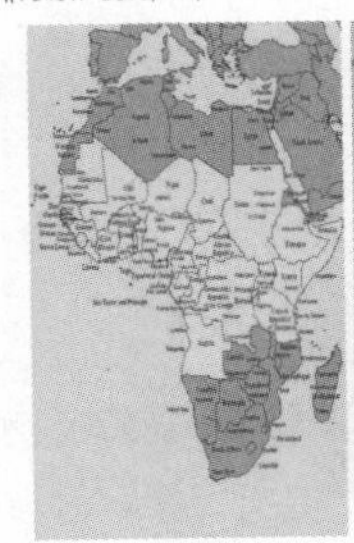

■ 황열 유행지역

해외여행 건강안전 수칙

- 외출후 식사 전 손씻기
- 정수된 물만 마시기
- 조리된 음식만 먹기
- 육류와 어패류는 익혀서 먹기
- 과일은 반드시 씻어서 직접 껍질을 벗겨 먹기
- 길거리에서 파는 음식은 사먹지 않기
- 설사를 한 경우에는 충분한 물을 섭취하기
- 모기에 물리지 않도록 모기장, 곤충기피제 사용, 야간에 긴소매, 긴바지 입기

해외여행질병정보센터 위치

여객터미널 2층 중앙(좌측) 4-32-04 A호 ☎ 032-740-2703

국립인천공항검역소
Incheon Airport National Quarantine Station

인천광역시 중구 운서동 공항로 272 인천국제공항 여객터미널2층 2016호
TEL. 032-740-2700~2706

[그림 9] 인천공항 이용안내(계속)

Quarantine(Animal) 동물 및 축산물 검역 안내

20/21

해외로 나가실때

애완동물을 데리고 출국하시나요?

애완동물(개, 고양이)과 함께 나가실 때는
입국 예정 국가의 검역조건을 충족해야 하며,기본적인 서류(건강진단서, 광견병예방접종증명서 등)는 사전에 동물병원 수의사와 충분히 상의하시기 바랍니다.
해당 국가의 검역 조건은 한국 주재 대사관이나 농림수산검역검사본부 인천공항 검역검사소 운영지원과(032-740-2631)를 통해 문의해 주십시오.

공항에서
출국 당일, 애완동물(개, 고양이등)과 함께 필요서류(건강진단서, 광견병예방접종증명서 등)를 준비하여 공항 내에 있는 농림수산검역검사본부 사무실(공항 3층 F카운터 앞)로 방문하셔서 검역신청(개, 고양이에 한해 신청수수료 10,000원)하시면, 서류검사와 임상검사를 거쳐 이상이 없을 경우 검역증명서를 발급해 드립니다.

검역신청 → 검역신청수수료 → 서류검사 → 임상검사 → 검역증명서 발급(이상이 없을 시)
※제출서류 : 광견병예방접종증명서, 건강진단서 등 해당국가 검역조건 충족서류 등

해외에서 들어오실 때

동물 · 축산물을 휴대하셨나요?

동물 · 축산물을 휴대하거나 가축농장을 방문하신 여행객은 세관의 여행자 휴대품 신고서를 작성하신 후 검역관에게 제출하여 반드시 검역을 받으시기 바랍니다.

검역심사방법
국내도착 → 입국심사
→ 세관휴대품신고서 작성 → 동물검역
→ 세관심사 → 입국

신고대상 휴대검역물
- 개, 고양이, 애완조류 등 동물
- 쇠고기, 돼지고기, 양고기, 닭고기 등 육류
- 햄, 소시지, 육포, 장조림, 통조림 등 육가공품
- 녹용, 뼈, 혈분 등 동물의 생산물
- 알, 난백, 난분 등 알가공품
- 우유, 치즈, 버터 등 유가공품

휴대 검역물은 수입 가능국가에서 검역을 받고 검역증을 휴대하신 경우에만 검사 후 이상이 없으면 휴대반입이 가능합니다.

여행자 유의사항

구제역 비청정국(중국, 몽골, 러시아, 태국 등) 및 조류인플루엔자 발생국(중국, 태국, 베트남, 인도네시아 등)의 축산물은 반입 금지입니다.

해외에서 가축농장을 방문하신 경우에는 입국후 최소 14일간 국내 농장방문 및 가축과의 접촉을 금지하여 주시기 바랍니다.

전국어디서나 동물 · 축산물 신고 · 문의 전화는 ☎1588-9060

※검역을 받지 않고 동 · 축산물을 불법 반입시에는 최고 500만원의 과태료가 부과됩니다.

농림수산검역검사본부 인천공항 검역검사소 운영지원과
TEL. 032-740-2631

농림수산검역검사본부

430-757 경기도 안양시 만안구 안양로 175
http://www.qia.go.kr TEL. 031-467-1700

[그림 9] 인천공항 이용안내(계속)

Quarantine(Plant) 식물 검역

22/23

식물검역

우리의 자연환경과 농업자원을 해외병해충으로부터 보호하기 위하여 외국으로부터 수입되는 각종 농·림산물 등 식물에 대한 검사를 실시하고 있습니다.

수출식물 검역

수출상대국가에 따라 수입금지 또는 식물검역증명서를 요구하는 경우가 있으므로 사전에 해당국가의 한국주재대사관이나 농림수산검역검사본부에서 확인 하시기 바랍니다.

수출식물 검역절차

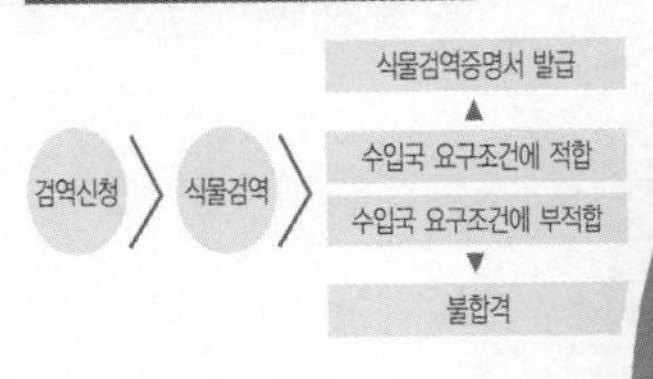

꼭! 신고하여야 할 물품

- 모든 식물류 : 과실, 채소, 종자, 묘목, 호두, 화훼류, 인삼, 한약재 등
- 병원균, 해충, 애완용 곤충, 흙 등

다음 식물류는 대부분 수입금지품입니다!

- 과실(사과, 배, 복숭아, 망고, 파파야, 람부탄, 망고스틴 등), 열매채소의 생과실, 호두, 풋콩류, 벼종자, 고구마, 감자 등
- 사과나무, 포도나무, 묘목 및 분재류
- 살아있는 병원균과 해충(애완용곤충 포함)
- 흙 또는 흙이 묻어 있는 식물류

수입식물 검역

식물을 휴대한 입국자는 반드시 농림수산검역검사본부에 직접 신고 또는 여행자세관신고서를 작성하여 금지품 및 병해충 유무에 대한 검사를 받으시기 바랍니다.

수입식물 검역절차

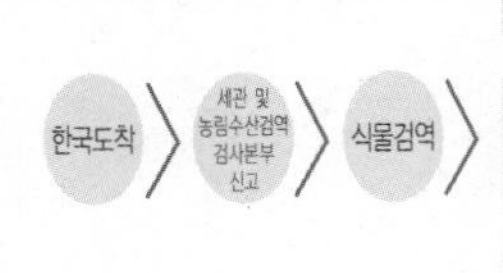

유의사항

- 과실류, 풋콩류, 감자, 호두 등은 우리나라에 없는 병해충의 침입 방지를 위해 수입금지품으로 관리하고 있으니 반입을 자제하여 주시기 바랍니다.

- 휴대한 식물류를 신고하지 않으면 최고 500만원의 과태료가 부과되며 해당식물은 폐기처분됩니다.

농림수산검역검사본부 인천공항 검역검사소 운영지원과
TEL. 032-740-2631
식물방역법 위반 신고전화
TEL. 1588-5117

농림수산검역검사본부
430-757 경기도 안양시 만안구 안양로 175
http://www.qia.go.kr TEL. 031-467-1700

[그림 9] 인천공항 이용안내

3. 항공사의 탑승수속 서비스 사례

출국을 위한 항공사의 탑승 수속도 본 제8장 2절에서 설명한 공항업무와 마찬가지로 국제성을 지닌 대표적인 업무영역으로 공항들이나 항공사들에게 그 업무와 서비스 절차가 국제적 표준에 따르므로 대동소이하다. 따라서 다음은 대한항공의 탑승수속 사례를 살펴보기로 한다. 대한항공 홈페이지 내용을 중심으로 소개한다.

3. 항공사 탑승수속 사례

공항 서비스 / 탑승수속(대한항공 서비스 사례)

탑승수속(Check-In)이란 공항에서 출국하기 위한 첫번째 단계로, 좌석을 배정받고, 수하물을 부친 후 탑승권을 받는 과정입니다.

>> 필수 준비물
>> 공동운항편 탑승수속
>> 탑승수속 절차

- 필수 준비물

- 여권
- 비자(필요한 국가일 경우)
- e-티켓 확인증

NOTES
- **여권 유효기간을 꼭 확인하십시오.**
  대부분의 국가는 여행 개시일 기준으로 여권 유효기간이 6개월 이상 남아 있어야 여행이 가능합니다.
- **여권 서명란에 반드시 서명하여 주십시오.**
  일부 국가에서는 본인 서명이 없는 여권을 유효한 여행서류로 인정하지 않으므로, 여권 서명란에 반드시 본인이 서명하여 주시기 바랍니다.
- "**출입국 규정 조회**" 메뉴에서 목적지 국가를 여행하기 위해 필요한 여행서류, 검역사항 등에 관한 더욱 자세한 정보를 찾아보실 수 있습니다.

- 탑승수속 절차

- **공항 도착**
  - 국내선: 항공기 출발 40분 전 공항 도착 권장
  - 국제선: 항공기 출발 2시간 전 공항 도착 권장
  - 미주/구주지역 출발 항공편을 이용하실 경우, 강화된 보안 검색으로 항공기 탑승까지의 절차가 2 시간 이상 소요될 수 있으니, 보다 여유시간을 두시고 공항에 도착하셔야 합니다.

- **탑승수속**
  - 국내선: 항공기 출발 20분 전 탑승수속 마감
  - 국제선: 대한항공 운항편 기준 항공기 출발 40분 전 탑승수속 마감
  - 미주/구주지역 출발 항공편을 이용하실 경우, 해당 항공편 출발 60 분 전까지 탑승수속을 완료하여 주십시오.
  - 타 항공사가 운항하는 공동운항편의 탑승수속 마감 시간은 대한항공과 다를 수

[그림 10] 대한항공 국제선 탑승수속 서비스(계속)

있사오니, 해당 항공사로 확인하여 주시기 바랍니다.

- **출국수속 (세관, 보안검색대, 법무부 통과)**
  - 세관 : 고가품 및 반/출입 금지품목 등의 소지여부를 신고합니다.
  - 보안검색대 : 위험품 소지여부를 검사합니다.
  - 법무부 : 출입국 자격을 심사합니다.
  - 무인 자동 출입 심사 : 여권 인적 사항 면을 자동 출입 심사대에 인식시켜 입구로 진입한 후, 지문으로 본인 인증하여 법무부를 통과합니다.

- 항공기 탑승
  - 국내선: 항공기 출발 15분 전 시작, 출발 5분 전 마감
  - 국제선: 항공기 출발 30분 전 시작, 출발 10분 전 마감
  - BOEING 737 기종은 출발 20분 전 항공기 탑승 시작
  - 항공기 탑승 시작시간에 맞추어 탑승구 앞에 대기하여 주시기 바랍니다.

- 공동운항편 탑승수속

- 공동운항이란?
  - 고객님께 보다 다양한 스케쥴을 제공할 목적으로 운영하는 제도로서, 대한항공에서 운항하지 않는 노선을 운항하는 항공사나, 대한항공과 같은 노선이지만 다른 시간대에 운항하는 항공사의 항공기 좌석 일부를 할당받아 대한항공이 판매하는 것을 말합니다.
  - 이 경우, 예약이나 발권은 대한항공에서 하게 되지만, **실제로 탑승하시는 항공편은 대한항공이 아닌 다른 항공사의 항공편**입니다.

- 공동운항편 탑승수속
  - 공동운항편의 탑승수속은 실제 항공기를 운항하는 항공사에서 이루어지므로 **실제 탑승하시게 될 항공사**를 반드시 확인하셔야 합니다.

(예)

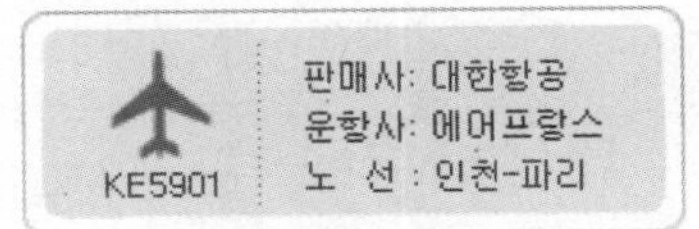

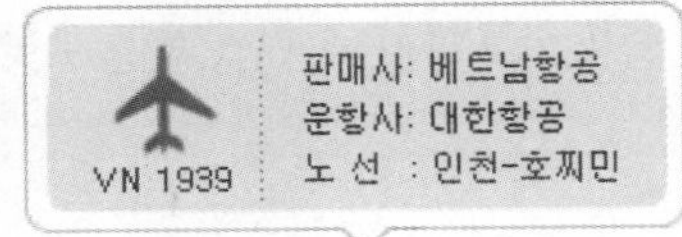

에어프랑스 탑승수속 카운터 이용 **대한항공 탑승수속 카운터 이용**

- 항공권의 제한사항란에서 실제 운항 항공사를 확인하실 수 있습니다.

[그림 10] 대한항공 국제선 탑승수속 서비스(계속)

KOREAN AIR
e-Ticket Itinerary/Receipt

1619 / 26AUG08

인쇄하기

승객성명	Passenger Name	HONG/GILDONGMR
예약번호	Booking Reference	1565666
항공권번호	Ticket Number	1802303070463

여정 Itinerary

KE5901 Operated by AF267 (AIR FRANCE) 경유 Via : -

* AF267 - AIR FRANCE 항공기로 운항하는 공동운항편입니다.

출발 Departure	서울 (ICN)	28DEC08	10:05 Local Time	Terminal No. : -
도착 Arrival	파리 (CDG)	28DEC08	14:30 Local Time	Terminal No. : 2E

* AF267 - AIR FRANCE 항공기로 운항하는 공동운항편입니다.

운임 Fare Basis YOW 무료 수하물 허용량 Free Baggage Allowance 20 KG

AF9832 Operated by AZ319 (ALITALIA) 경유 Via : -

* AZ319 - ALITALIA 항공기로 운항하는 공동운항편입니다.

출발 Departure	파리 (CDG)	01JAN09	10:10 Local Time	Terminal No. : 2F
도착 Arrival	로마 (FCO)	01JAN09	12:15 Local Time	Terminal No. : B

* AZ319 - ALITALIA 항공기로 운항하는 공동운항편입니다.

운임 Fare Basis COW1 무료 수하물 허용량 Free Baggage Allowance 30 KG

항공사 직원을 위한 e-티켓 정보입니다. For Airline Staff

Restriction	KE5901 OPERATED BY AF FLT
Conj.Ticket No.	-
Fare Calculation	G*SEL KE PAR Q185.00 1545.66AF ROM1207.19 NUC2937.85END ROE1025.900000
Fare Amount	KRW 3014000

[그림 10] 대한항공 국제선 탑승수속 서비스

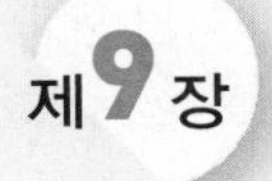

제9장 기내업무와 경유 및 환승 시 업무

1. 기내업무

기내업무를 TC의 입장을 중심으로 탑승고객의 확인, 좌석의 재배치, 객실승무원과의 협의, 기내서비스 보조, 출입국신고서 및 세관신고서 등의 서류 작성, 일행상태 확인 및 단체여행객과의 의사소통, 착륙준비 등이 있다.

항공기 출입구에는 승무원들이 있어 탑승권의 좌석번호를 확인이 편리하다. 좌석이 확인되면 기내에 가지고 온 휴대 수하물을 좌석 위에 선반이나 의자 아래에 넣고 무겁거나 위험한 물건은 반드시 의자 아래 놓는다. 장거리 노선의 경우에는 선반에 베개와 담요 등이 비치되어 있어 좀 더 승객이 편리하게 이용할 수 있다. 휴대수하물을 넣을 때 뒤에 기다리고 있는 사람들이 많을 경우 일단 의자에 잠깐 앉고 나서 지나간 후 놓는다. 다 놓고 난 후에 착석하면 좌석벨트를 매고 이륙 후에 사인이 꺼지면 그때 좌석 등받이를 뒤로 젖힐 수 있으니 섣불리 행동해서는 안 된다.

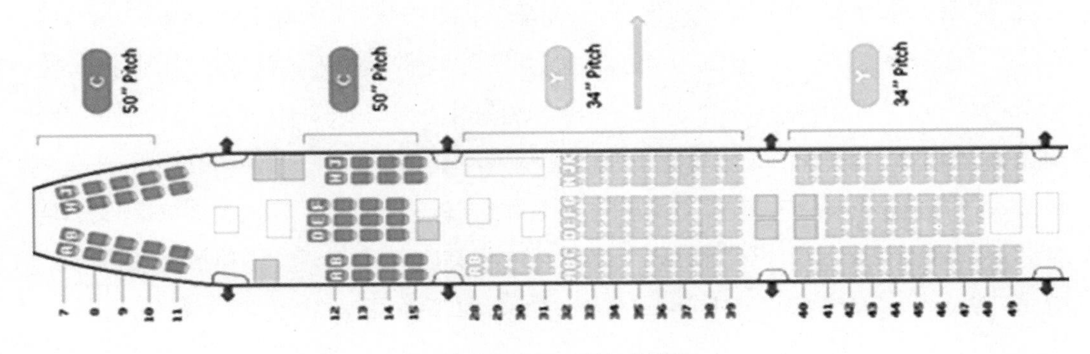

보잉 747-400 좌석 배치도

가. 탑승고객의 확인과 좌석 재배치

승객들의 탑승이 이루어 진 후 좌석을 확인하는 것은 기내 승무원의 일이고, TC가 나서면 오히려 더 혼란스러울 수 있기 때문에 필요한 경우를 제외하고는 가급적으로 나서지 않는 것이 좋다. 그렇지만 아직까지 좌석에 앉지 못하고 있는 일행이 많을 경우 좌석을 정리해 주는 것이 좋은 데 보통 단체 승객들의 좌석은 비슷한 구역 내에 있기 때문에 한 일행 내에서 노인들이나 어린이에게 창가를 양보해주는 것이 일반적이다. 또한 단체여행에서 같은 일행, 부부, 친구, 연인끼리 옆 좌석에 앉혀 주도록 한다. 그러나 이는 가급적 승무원의 통제와 협조를 통해 이루어지는 것이 무난하다.

나. 객실서비스에 대한 보조

자신이 단체의 인솔자임을 밝히고 단체의 구역을 미리 말해두어 여행객들에 대한 협조와 관심을 부탁하고 단체여행객들을 대상으로 기내에서 어떤 문제가 발생하면 자신에게 가장 먼저 협의해달라는 요청을 한다. 또한 해당 국가의 출입국신고서와 세관신고서 등의 입국 서류를 단체 인원수만큼 미리 준비해 달라고 요청하며 식사시간에는 영어를 전혀 못하는 일행을 도와준다. 일행 중에 건강이 좋지 않거나 특별한 사람이 있을 경우에 간혹 편한 좌석이 비어 있을 경우 승무원에게 양해를 구해 이동시키는 등의 세심한 배려가 필요하다.

(1) 문의에 대한 지원

항공여행 경험이 많지 않거나 의사소통문제 등을 고려하여 기내서비스에 대한 단체승객에 대한 협력이 필요하다. 기내서비스는 좌석 앞에 비치되어 있는 기내잡지 뒤쪽을 참조하면 되는데, 이 잡지를 통해 기내식, 면세품 판매, 영화상영 등 어떤 서비스가 제공되는지를 일단 파악한 후 문의하는 일행이 있을 경우는 객실승무원의 업무와 여타 고객의 지장이 되지 않는 방법으로 성실하게 답해준다. 장거리 노선의 기내에서는 헤드셋 지급, 물수건, 간단한 간식 및 음료 서비스, 식사서비스, 면세품 판매, 영화상영의 순으로 서비스가 이루어진다. 또한 서비스 중간중간에 비행속도, 고도, 현재위치, 목적지까지의 거리, 남은 시간, 현지 시간 및 외부 온도 등 각종 운항정보를 최신 컴퓨터 그래픽으로 제공하는 에어쇼를 기내 스크린으로 확인할 수 있다. 음료서비스와 식사서비스, 기내서비스 보조에 대해 살펴본다.

(2) 음료서비스(Beverage Service)

단거리 노선을 제외한 국제선에서 식사서비스 전에 식욕을 돋우기 위한 식전음료로 각종 음료를 제공하는 서비스로, 식사 중에는 와인이나 기타 음료를 제공하고 식후에는 커피나 홍차를 제공하는 것이 일반적이다. 종류로는 크게 비알코올 음료와 알코올음료로 나눌 수 있는데 비알콜 음료에는 생수, 주스류, 청량음료 등이 있으며 알코올음료로는 와인류, 샴페인, 위스키류, 브랜디류, 리큐르류, 캠퍼리, 럼, 진, 보드카, 맥주 등이 있다.

(3) 식사서비스(Meal Service)

음료서비스가 끝난 후 기내식이 제공되는 서비스로 주로 서양식이 주종을 이루지만 양식 외에도 항공사에 따라 운항 노선의 특성에 맞게 기내식으로 개발한 한식, 일식 및 기타 현지 메뉴도 제공되기도 한다. 주된 메뉴로는 보통 소고기, 닭고기, 돼지고기, 생선 등이 있다. 기내식의 횟수로는 거리별로 다른데, 장거리 노선의 경우는 2번, 중거리 노선의 경우는 1번, 단거리 노선의 경우에는 식사대신 간단한 스낵류를 제공한다. 또한 당뇨식이나 채식, 유아용 식사 등 특별식은 일반 식사보다 먼저 서비스되고, 식사서비스가 끝난 후 커피나 홍차 등의 음료서비스가 제공된다.

(4) 기타 기내 서비스 보조

음료서비스와 식사서비스 외에 TC가 해야 할 일은 기내 서비스 보조 역할이다. 국적 항공기일 경우에는 이 역할이 필요 없으며, 또한 외국 항공기라도 한국 출발이거나 한국 도착 노선일 경우는 승무원이 대개 한국인이기 때문에 기내를 돌아다니며 일행을 돌볼 필요가 없다. 하지만 외국 항공기의 국제간 노선은 한국인 승무원이 탑승하지 않으므로 필요시에는 일행을 도와야 한다. 특히 의사소통이 안 되는 경우가 많기 때문에 식사 시에 음료나 메뉴 주문을 도와준다. TC가 메뉴 내용을 알아보고 승객들에게 설명하는 것이 바람직하며 주로 소고기, 닭고기, 돼지고기, 생선 중에 두 가지가 탑재되기 때문에 이 둘 중에서 하나를 선택하면 된다.

① 입국서류작성 협력

항공기가 목적지에 근접하기 전에 승무원은 승객들에게 출입국 신고서와 세관신고서 등 입국서류를 배포한다. 보통 이러한 서류는 TC가 전체 일행을 대신해서 작성하므로 TC는 사전에 준비한 일행의 명단을 참조하여 기재한다. 출입국신고서 기재에 요구되는 사항은 전 세계적으로 유사하기 때문에 쓰는 요령을 미리 알아두고 한글로 기재할 수 있는 대한민국 출입국 신고서를 제외하고는 모두 영문 대문자로 기재하면 된다.

대부분 국가의 출입국 신고서에는 성, 이름, 성별, 생년월일, 국적, 여권번호, 여행목적, 이용항공기 편명 등을 기입할 것이 요구되며 여권만료기한, 여권 발급 장소, 출생지, 거주국, 주소, 비자번호, 비자 유효기간, 체류장소와 체재기간, 직업, 동반자녀의 수 등의 사항을 기입해야 하는 국가도 있다. 출입국 신고서는 24개월 미만의 유아라 할지라도 반드시 1인당 1매씩 작성하는 것이 원칙이나 일부 유럽국가에서는 출입국 신고서 자체가 없는 곳도 많다.

대형 단체일 경우에는 출입국 신고서를 작성하는 시간이 많이 소요되므로 비행시간이 길지 않을 경우에는 미리 받아서 작성한다. 이때 서명란에는 반드시 본인이 하도록 비워 놓아야 한다.

출입국 신고서만으로 입국을 허용하는 국가가 있는 반면에 일부 국가에서는 세관신고서도 함께 작성해야 허용되는 국가도 있다. 세관신고서는 출입국 신고서와 달리 한 가족일 경우에는 하나의 세관신고서만 작성하면 된다.

이러한 세관신고서에는 반입이 금지된 품목의 소지 여부, 외환 소지액의 한도 초과 여부, 세금이 부과되는 품목의 반입 여부를 알아보기 위한 것으로 국가마다 양식은 다르지만 내용은 대개 비슷하다. 내용에는 성과 이름, 이용항공기 편명, 동반하는 가족 수 등을 기재하게 되어 있으며 반입이 금지된 품목과 소지 여부, 반입 초과 물품 신고에 관한 사항이 전부이다. 이것도 TC가 기입해도 상관없으나 출입국 신고서와 마찬가지로 반드시 마지막 서명은 본인이 하도록 비워 놓으면 된다.

ESTA
전자여행허가제 신청절차

신청서 작성 → 신청서 제출 → 수수료 납부 → 결과 확인

Application 신청접수

- 신청정보는 여권에 기재된 대로 정확하게 작성하기 바랍니다.
- 여권정보를 수정하기 위해서는 ESTA를 재 신청해야 합니다. 또한 비용을 추가로 지불해야 하니 정확히 작성해주기 바랍니다.(영문이름, 생년월일, 여권번호, 여권발급일, 여권만료일 등)
- 모든 정보는 빠짐없이 입력하셔야 합니다.
- 비자면제프로그램 승인 후 미국입국을 보장하지 않으며, 입국장에서 미국세관 및 국경보호국(CBP) 직원이 최종결정을 내릴 것입니다. 그러므로 보다 적극적인 정보를 입력해주셔야 합니다.

신청서 정보 입력

:::신청서정보:::

성명(한글성명)	
핸드폰 번호	- -
성(여권상영문)	
이 름(여권상영문)	* 여권상 띄어쓰기와 동일하게 입력
성 별	남자 여자
기타 이름,별칭	기타 이름,별칭을 갖고 있습니까? 예 아니오
생년월일	일 월 년
태어난 도시	모름
태어난 국가	Korea

:::여권정보:::

여권번호	전자여권번호입력(기존여권소지자는신청불가)
여권발행국가	SOUTH KOREA (KOR)
여권발행일	일 월 년
여권만료일	일 월 년
국 적	SOUTH KOREA (KOR)
주민번호뒷자리	*암호화되어 접수되며, 승인 직후 자동삭제 됩니다.
기타 다른 국가의 시민권	기타 다른 국가의 시민권을 갖고 있습니까? 예 아니오
부모님	성(영문-필수입력) 이름(영문) 모름

[그림 11] 미국입국사전신고제-ESTA(계속)

:::연락정보::: (집주소는 영문으로 입력. 모르시면 한글로 도로명주소를 정확하게 끝까지 입력.)

집주소(도로명전체 주소)	
시	
주/도/지역	
국가	SOUTH KOREA (KOR)
전화번호	Korea (South) (+82) *
이메일주소	ESTA 진행결과가 메일로 전송됩니다.

:::고용정보::: ('예'를 선택한 경우, 주소는 영문으로 입력. 모르시면 한글 도로명주소로 입력.)

고용정보	당신은 현재 혹 이전에 고용된 적이 있습니까? ● 예 ● 아니오

:::여행정보:::

	미국 여행이 기타 국가로의 환승(이동,경유)중에 발생하는 것입니까? ● 예 ● 아니오

:::미국 내 혹은 해외 비상 연락처 정보:::

비상연락처	성(영문)	이름(영문)	□ 모름
전화번호(미국,해외)	국가코드	번호	□ 모름
전자메일 주소			□ 모름

[그림 11] 미국입국사전신고제-ESTA(계속)

기타 정보 입력

다음 중 귀하에게 적용되는 사항이 있다면 체크하십시오.

질문	예	아니오
1) 당신은 신체적 혹은 정신적 장애가 있거나 약물 남용자 또는 중독자입니까? 또는 최근에 아래의 질병에 걸린 적 있습니까?	● 예	● 아니오

- 연성하감
- 임질
- 서혜부 육아종
- 나병 전염병
- 서혜부 림프 육아종
- 매독 전염병
- 활동성 폐결핵

질문	예	아니오
2) 심각한 재물 손상 혹은 타인 또는 정부 권리에 대한 심각한 피해와 관련된 범죄로 인하여 체포되거나 유죄판결을 받은 적이 있습니까?	● 예	● 아니오
3) 불법 약물에 대한 소지, 사용 혹은 배포와 관련된 법률을 위반한 적이 있습니까?	● 예	● 아니오
4) 테러 활동, 간첩 동, 사보타주, 대량 학살을 숭배하거나 종사한 것이 있습니까?	● 예	● 아니오
5) 사기나 허위로 자신 혹은 타인의 비자 획득 또는 미국에 입국하거나 타인을 도와준 범죄를 범한 적이 있습니까?	● 예	● 아니오
6) 현재 미국 정부의 사전 허가가 없이 미국에서 취업을 시도하거나 이전에 취업한 적이 있습니까?	● 예	● 아니오
7) 현재 혹은 이전 여권으로 미국 비자를 신청하여서 거부당하거나 미국 입국이 거부당한 적 또는 미국 입국항에서의 입국 심사에서 거부당한 적이 있습니까?	● 예	● 아니오

(있는경우 언제[ ] 어디서[ ])

질문	예	아니오
8) 미국 체류기간이 미국 정부에서 허가한 체류 기간보다 더 오랜 적이 있습니까?	● 예	● 아니오

[그림 11] 미국입국사전신고제-ESTA(계속)

결과 확인 방법

● 이메일 ● 팩스

신청 후 24 시간 이내 홈페이지에서 결과확인이 가능하며 결과를 메일 또는 팩스로 보내드리니 정확한 메일주소/팩스 번호를 입력해주세요.

* 이메일주소 [ ] * 팩스 [ ] - [ ] - [ ]

여행 허가 전자 시스템 웹사이트에서 게시하는 아래 권리포기와 증명에 대해 숙지하고 동의합니까? ● 예 ● 아니오

본인은 ESTA를 통해 얻은 본인의 여행 허가 기간, 입국 여부에 관한 미국 세관 및 국경 보호국 직원의 결정, 또는 망명 신청에 기초한 것 외의 비자 면제 프로그램에 따른 입국 신청으로 인해 발생한 이송 행위를 검토하거나 탄원하기 위한 권리를 포기한다는 사실을 읽고 이해하였습니다.

위 포기사항과 더불어, 비자 면제 프로그램에 따른 미국 입국 조건으로, 본인은 미국 도착 시 생체 인식 확인 (지문 및 사진 포함)에 따르는 것으로 입국 여부에 관한 미국 세관 및 국경 보호국 직원의 결정, 또는 망명 신청에 기초한 것 외의 비자 면제 프로그램에 따른 입국 신청으로 인해 발생한 이송 행위를 검토하거나 탄원하기 위한 권리를 포기한다는 것을 다시 한 번 확인해야 한다는 것에 동의합니다.

* 증명: 신청인인 본인은 본 신청서의 질문과 진술 모두를 읽었거나 읽게 되었음을, 그리고 본 신청서의 질문과 진술 모두를 이해하고 있음을 증명합니다. 본 신청서의 답변 및 정보는 본인이 아는 바 모두 진실이며 사실입니다.

신청인을 대신하여 신청서를 제출하는 제 3자의 경우, 본인은 신청서에 표시된 이름의 개인에게 모든 신청서 상의 모든 질문과 진술을 읽어주었음을 증명합니다. 또한 신청인이 신청서 상의 모든 질문과 진술을 읽었음을 증명하고, 신청서 상의 모든 질문과 진술을 이해하며, 입국 여부에 관한 미국 세관 및 국경 보호국 직원의 결정, 또는 망명 신청에 기초한 것 외의 비자 면제 프로그램에 따른 입국 신청으로 인해 발생한 이송 행위를 검토하거나 탄원하기 위한 권리를 포기한다는 것을 본인이 증명합니다. 본 신청서의 답변 및 정보는 신청인이 아는 바 모두 진실이며 사실입니다.

[그림 11] 미국입국사전신고제-ESTA

이 공간은 공용란임

세관 신고서

19 미국연방규정집 122.27, 148.12, 148.13, 148.110,148.111, 1498; 31 미국연방규정집 5316

서식 승인됨
관리예산처 번호 1651-0009

입국하는 각 여행자나 가족의 책임자는 다음의 정보를 제공해야 합니다 (가족당 한 부의 신고서만 작성하면 됩니다). "가족"이란 "같은 가정에서 함께 살고있으며 혈연, 결혼, 동거, 또는 입양관계인 구성원들"을 말합니다.

1 성
(성이 아닌) 이름　　　중간 이름

2 생년월일　월　일　년

3 함께 여행 중인 가족 구성원의 수

4 (ㄱ) 미국 내 주소 (호텔 이름/목적지)
(ㄴ) 도시　　　(ㄷ) 주

5 여권 발행국

6 여권번호

7 거주국가

8 이번 여행중 미국에 입국하기 전에 방문했던 국가

9 항공사/항공편 번호 또는 선박명칭

10 이번 여행의 주 목적은 사업임:　예　아니오

11 본인(우리)의 반입 물품:
(ㄱ) 과일, 채소, 식물, 씨앗, 음식, 곤충:　예　아니오
(ㄴ) 육류, 동물, 동물/야생생물 제품:　예　아니오
(ㄷ) 병원체, 세포 배양물, 달팽이류:　예　아니오
(ㄹ) 흙 또는 농장/목장/목초지를 방문함:　예　아니오

12 본인(우리)은 가축에 근접한 적이 있음:　예　아니오
(예를 들어 만지거나 다룸)

13 본인(우리)은 미화 1만 달러 이상 또는 그에 상당하는 외국의 통화 또는 지급수단을 소지하고 있음:　예　아니오
(뒷면의 지급수단의 정의를 참조)

14 본인(우리)은 상업용 물품을 가지고 있음:　예　아니오
(판매용 물품, 주문을 유도하기 위한 견본, 또는 개인용품으로 간주되지 않는 제품들)

15 거주자—본인(우리)이 해외에서 구입 또는 취득하여 미국으로 가지고 오는 상업용 물품을 포함한 모든 재화(다른 사람에게 줄 선물을 포함하지만, 미국으로 우송한 물건은 제외)의 총가액:　$
방문자—상업용 물품을 포함하여 미국에 남아 있을 모든 물품의 총가액:　$

이 서식의 뒷면에 적힌 지시사항을 읽어보십시오. 귀하가 신고해야 하는 모든 품목들을 기재할 지면이 제공되어 있습니다.

본인은 이 서식의 반대면에 적혀 있는 중요정보를 읽었으며 사실 그대로 신고하였습니다.

16 X 서명　　　17 날짜 (월/일/년)　　　CBP Form 6059B (04/14) Korean

[그림 12] 미국 세관신고서

(5) 단체여행객에 대한 관심

항공기가 목적지에 가까워지면 TC는 기내 승무원의 서비스 시간을 피해서 일행의 상태를 확인해야 한다. 이때 미리 작성한 입국 관련 서류를 배부하여 여행객에 대한 관심과 배려의 기회로 활용하면 좋다. 항공기 탑승경험이 적은 사람들은 멀미를 하기도 하며, 무료라 하여 술을 과음해 만취한 상태인 경우도 발생한다. 항공기의 이착륙 시에 귀의 통증을 호소하는 사람, 비행 시 기류 관계로 항공기가 흔들릴 때 공포에 질리는 사람들도 있다. 장시간 동안에 움직이지 않고 기내식을 계속 먹어 소화가 잘 안되기도 한다.

기내식은 가볍게 식사하는 것이 바람직하고 과식이나 탄산음료, 맥주 등은 위장에 부담을 줄 수 있기 때문에 적게 먹는 것이 좋다. 장시간 비행하는 경우 혈액 순환이 되지 않기 때문에 일정한 시간 간격을 두고 움직이는 것이 좋다. 귀의 통증을 호소하는 사람들에게는 껌이나 사탕을 먹는다든지, 하품을 하거나 코를 막고 숨을 내쉰다든지, 보호용 귀마개 등을 착용할 것을 조언해 주며, 항공기 공포증이 있는 사람들에게는 항공기의 안전성과 낮은 사고 확률에 대한 설명을 해준다. 멀미를 하거나 상태가 좋지 않은 환자들에게는 승무원에게 도움을 구해 응급약이나 적절한 조치를 취하도록 하는 등 일행의 상태를 꼼꼼히 확인해야 한다.

일행의 상태를 확인하면서 단체여행객과의 의사소통을 하는 것도 좋다. 장시간 비행하는 동안 TC가 자기 좌석에 앉아 있지만 말고 기내에서 자신이 인솔하는 여행객들과 접촉하여 대화를 갖는 것이 좋다. 성공적인 여행이 되기 위한 가장 중요한 것은 인솔자가 단체여행객 개개인에게 인간적으로 가까워지는 것이기 때문이다.

(6) 착륙 및 도착준비

필요한 서류와 정보들을 확인해야 한다. 전체 명단과 출입국 신고서, 세관신고서 등의 이름을 확인하고 현지와의 시차도 확인하며 필요서류를 본인들이 잘 관리하도록 해야 한다. 본인의 여권과 여행서류도 다시 한번 확인하여 필요할 경우 바로 꺼낼 수 있는 곳에 두도록 한다. 날씨와 입국수속, 원화와 현지화와의 환율, 현지화와 미 달러화와의 환율도 확인해주며 최종 목적지가 아닌 경유지일 경우 경유절차에 대해서도 미리 알아 두어야 한다. 그날의 일정표를 확인하여 입국 후의 일정에 대해 미리 대비하도록 한다.

(7) 기내예절

기내에서의 휴대폰 또는 기타의 통신기기 등을 사용해서는 안 된다는 것과, 비행기의 이륙과 착륙 시에 기내 화장실을 이용해서는 안 된다는 점, 또한 항공기 내는 금연구역이므로 절대 담배를 피워서는 안 된다는 점 등이 있는데 이를 여행객들에게 숙지시켜야 한다. 기내는 공공의 장소이므로 타인에게 부담이 되거나 결례가 되는 행동을 하지 않는 것이 쾌적한 여행문화가 된다.

① 좌석 바꾸기는 문제

일단 체크인 카운터에서 배정 받은 좌석은 바꾸지 않는 것이 원칙이다. 그러나 우리나라 관광객들은 아무 생각 없이 옆 좌석의 외국인에 좌석을 바꾸어 달라고 하는 경우가 많은데 대부분의 많은 외국인들이 이를 거절한다. 한국 관광객들 사이에서는 문제없이 좌석을 바꿀 수도 있겠지만, 외국인들에게는 되도록 좌석을 바꿀 것을 요청하지 않는 것이 좋다.

② 착석과 이석 시 예절

일반석은 팔걸이 부분이 좁고 또한 이를 옆 사람과 같이 써야 한다. 만약 내가 팔걸이에 팔을 걸치면서 사용한다면 옆 사람은 팔걸이를 이용할 수 없기 때문에 되도록 팔걸이에 팔을 걸치지 않는 것이 좋다. 또한 좌석에서 일어나 통로로 나갈 때에는 좌석 팔걸이를 의지하고 일어서야지 앞좌석을 잡고 일어선다면 해당 고객의 좌석이 뒤로 눌려 불편하다. 또, 좌석의 등받이를 뒤로 지나치게 젖힌다면 뒷사람이 불편하니 알아서 잘해야 한다.

통로 측 좌석일 경우에도 몸을 너무 통로 쪽으로 굽히면 다른 승객들이 통행하는 데 불편하기 때문에 팔걸이 바깥쪽으로 되도록 몸을 내밀지 않도록 한다. 중간 자리에 탑승할 경우에는 옆 사람에게 양해를 구하고 이 사람이 일어나 자리를 비킨 후에 일어나서 나간다. 다리만 옆쪽으로 치우는 것은 지나가는 데 매우 불편하기 때문이다.

③ 승무원을 호출 시 예절

승무원을 부를 때에는 좌석 옆에 있는 승무원 호출 버튼을 이용하거나 승무원이 통로를 지나갈 때 가볍게 손짓 또는 눈이 마주칠 때 살짝 부른다. 큰소리로 외친다든지 예의 없게 부르지 않도록 하며 승무원을 부르기 위해 지나가는 승무원의 옷을 잡거나 신체의 부위를 건드리지 않도록 한다. 민감한 승무원의 경우에는 화를 내는 경우도 있고, 또한 승객보다 어리다고 할지라도 승무원에게 반말을 해서는 안 된다.

④ 화장실 예절

항공기의 화장실은 Lavatory라고 쓰여 있다. 좌석에서 기내 앞 부분의 위쪽을 살펴보면 이 표시가 있는데 빨간색 또는 occupied라고 표시되어 있을 경우는 사용 중임을 나타내는 것이고 녹색 또는 vacant라고 표시되어 있으면 내부가 비었다는 의미이다. 또한 이 표시들은 화장실 문에서도 알 수 있다. 화장실 안에 들어가서는 반드시 문에 부착된 자물쇠의 레버를 밀어 잠가야 하며, 화장실 문의 표시를 보면 사용 중인지 아닌지를 알 수 있기 때문에 문 앞에 서서 문을 두드리지 않도록 하고 기다릴 경우에는 바로 문 앞이 아닌 통로 쪽에서 줄을 서서 차례대로 이용할 수 있도록 기다린다. 변기 사용 후에는 반드시 세척이라 표시된 버튼을 누르고 그래도 더러운 경우에는 화장지로 닦아준다. 세면대는 가능한 한 짧게 사용하고 사용 후에는 다음 사람을 위해 비치되어 있는 종이 타월로 닦아 놓는 것이 예의이다. 또한 세면대에 비치된 스킨토닉이나 애프터세이브를 사용한 후에는 가지런히 정돈해 준다. 화장실은 좌석벨트 착용 사인이 꺼진 후에 사용할 수 있기 때문에 착용 사인이 켜져 있는 동안에 사용한다면 될수록 빨리 나와 제자리로 돌아가서 좌석벨트를 매야만 한다. 최근에는 기내 화재 위험 방지와 쾌적한 비행을 위해 대부분 항공기 내 전체 좌석에서 흡연을 금지하고 있다. 그러나 종종 화장실에서 몰래 담배를 피우다가 적발되기도 한다. 화장실에는 연기탐지기가 설치되어 있으므로 큰 망신을 당할 수도 있으니 반드시 금연해야 한다.

⑤ 기내식 예절

식사서비스가 시작되면 젖혀 놓은 등받이를 원위치로 하고 좌석 간이 테이블을 펴놓고 기다린다. 식사가 끝난 후에는 테이블을 원위치로 돌려놓는다. 식사 중에 창가 쪽에 있는 사람과 가운데 있는 사람은 옆 사람의 식사가 끝나기 전에 일어나면 곤란하며 커피나 차를 마시고 싶을 때는 승무원에게 손을 들어 신호를 하고 찻잔을 승무원의 쟁반에 올려놓으면 된다.

주류는 대부분 장거리 국제선 노선일 경우 주류가 무료이고 유럽 내 노선과 일부 미주 노선일 경우에는 일등석 승객에게만 주류가 무료이다. 기내에서는 기압이 낮아 지상에서보다 훨씬 빨리 취하게 되므로 도착 시에 만취한 상태로 내리지 않게 과음해서는 안 된다.

⑥ 기내 행동

기내에서 신발을 벗고 있는 사람이 많은데, 정 불편할 경우는 따로 슬리퍼를 준비하여 신고 있는 것이 좋은 예절이다. 특히, 신발이나 양말을 벗고 통로를 다니는 행위는 예의에 어긋나며, 발이 피곤하다면 신발을 벗는 것은 가능하겠지만 이 상태가 타인에게 보이게 된다면 실례가 되는 일이므로 조심하도록 한다. 이착륙 시에는 반드시 좌석 벨트를 매고 좌석 등받이를 바로 세우도록 해야 한다. 항공기가 완전히 착륙 한 후에도 좌석벨트 사인이 꺼지지 않았다면 좌석벨트를 풀고 일어서지 않도록 한다.

⑦ 기내 면세품 이용 예절

보통 한국을 출발하는 경우에 면세품 이용은 혼잡하지 않지만 한국으로 돌아오는 항공기일 경우는 선물을 다 사지 못한 탑승객들이 면세품 이용에 너도나도 몰리는 바람에 원하는 물건을 살 수 없는 경우도 많이 발생하게 된다. 꼭 살 물건이 있다면 기내지에서 봐두었다가 많은 항공사가 실시하고 있는 귀국편 면세품 예약 등을 이용하도록 하는 것도 좋은 방법이다.

2. 경유와 환승 시 업무

경유와 환승은 항공기를 일정지점에서 내려서 쉬었다가 그 항공기를 다시 타는지(경유), 바꿔타는지(환승)에 따라 구별할 수 있다. 개념상 경유(transit), 환승(connecting), 중간기착과 도중체류의 경유가 있다. 경유란 항공기를 이용한 이동의 최종목적지까지 여정 중 어느 한 지점을 일시적으로 착륙하여 통과하는 것으로서 기내 및 공항 내의 경유 지역에 대기 후 동일 항공편으로 계속 여행하는 것을 의미한다. 경유 지역에서 승객의 하기 및 탑승, 항공기 주유, 기내 청소 등을 실시한다. 환승이란 항공여행 중 어느 한 지점에서 동일항공편이 아닌 타 항공편으로 연결하여 갈아타고 계속 여행하는 것을 의미한다.

가. 경유(transit) 시 업무

경유 시 인솔자가 취해야 할 사항은 경유지 도착 전 대기 장소 및 출발예정시간을 파악하며, 동일 항공편으로 경유하는 경우에는 휴대수하물은 기내에 두어도 되는지 등을 안내하며 혹여 기내 밖에서 대기할 경우 인솔자는 먼저 입구에 나와 경유표시 카드를 받도록 안내하고, 집합한 후 탑승구번호와 재탑승 시간을 정확히 설명하도록 한다. 또한 탑승시간이 되면 출발지에서 처음 기내에 탑승할 때와 마찬가지로 단체여행객 모두가 탑승한 것을 확인한 후 탑승한다.

대기를 기내에서 하는지 대기실에서 하는지, 경유 소요 시간 및 항공기의 출발 예정시간 등을 확인하고 단체여행객들에게 알려주어야 한다.

수하물을 기내에 두고 내려도 상관없지만 귀중품과 여권 등은 반드시 지참해서 내리도록 한다. 경유구역에서 대기하기 위해 비행기 바깥으로 나갈 경우에 출구 바로 앞에서 해당 항공사 담당직원이 나누어주는 경유 카드를 받고, 인솔자는 입국장으로 가지 말고 경유 통로를 이용해 대기실로 이동한다. 수령한 경유카드의 분실에 대한 주의와 다시 탑승할 탑승 게이트의 번호 및 시간에 대해 승객들이 숙지하도록 한다.

나. 환승(connecting) 시 업무

(1) 일반적인 환승의 경우

환승이란 항공여행 중 어느 한 지점을 일시적으로 통과할 때 동일항공편이 아닌 타 항공편으로 연결해서 계속 여행하는 것을 의미한다. 이때는 경유지에서 접속편에 대한 탑승수속을 한 후 탑승해야 하며, 환승 시 인솔자가 취해야 할 사항은 휴대수하물을 모두 갖고 기내를 나와 한 곳에 집합한 후 접속편 카운터로 함께 이동하여 탑승수속을 진행한다. 탑승권을 교부받고 위탁수하물의 완결수속을 확인하며 탑승권을 배부하고 해당 탑승구로 함께 이동하며, 탑승시간 및 주의사항을 다시 한번 일러주고 시간적 여유가 있으면 자유 시간을 준다. 마지막은 경유 업무 때와 마찬가지로 탑승시간이 되면 고객의 탑승완료를 확인한 후 맨 나중에 탑승한다. 이때 인솔자는 사전에 목적지의 공항 안내도 등을 미리 준비해서 참조하여 탑승시간에 늦지 않도록 하는 것이 바람직하다.

(2) 항공기 지연운항에 의한 접속 항공편 탑승불가의 경우

현재 탑승 중인 항공기가 지연 운항되어 계획된 연결항공편을 탑승하지 못하는 경우가 발생한다. 이러한 경우에는 선도 지연항공사와 후속 연결편을 운항하는 항공사의 양쪽에서 협력을 받을 수 있다. 우선적으로 지연항공사가 동 단체의 연결문제가 해결될 수 있도록 해야 하는 책무가 발생한다. 출발항공기가 연착해서 연결하는 지점에 늦게 도착하게 되는 경우에 인솔자가 취해야 할 사항은, 항공기 출발 전에는 출발항공사의 카운터 근무자를 통하여, 항공기 출발 후에는 탑승한 항공기의 객실승무원을 통하여 현지에 신속히 연락하여 적절한 조치를 취하도록 미리 요청한다. 단체승객에 있어서는 현지의 연결 항공편 측에서 어느 정도까지 기다려주는 경우가 많으므로, 미리 포기하지 말고 신속하게 대처하여 이동하도록 노력한다. 만일 연결 항공편을 놓쳤을 경우에는 해당 항공사의 카운터 근무자에게 사정을 이야기하고, 다음에 바로 연결되는 항공편의 좌석을 확보하도록 한다. 항공사의 사정으로 연착 등이 발생한 경우 그로 인한 비용은 일체 항공사에 의해서 지급되는 제도가 있는데, 이에는 크게 의무서비스(obligatory service)와 우대서비스(complimentary service)가 있다. 의무서비스가 제공되는 상황은 항공기의 지연운항, 항공기의 운항취소, 반란이나 전쟁상태, 사회적 소요상태, 정부의 법령이나 규정에 의한 상황 등이다. 단, 기상관계로 인한 상황을 때에는 24시간 한도 내에서 서비스를 제공할 수 있다. 이러한 의무서비스의 제공내용 및 한도는 지연시간 1~3시간의 경우 음료수 혹은 간이음식, 지연시간 3~6시간은 음료수, 식사 혹은 간이음식, 시내관광, 지상교통이고, 6시간 이상의 경우는 음료수, 식사, 지상교통, 시내관광에 더불어 호텔 주간사용 혹은 숙박이 제공되고 있다. 이렇게 의무서비스 이외에도 우대서비스가 있다. 우대서비스 제도는 전문용어로 STPC라고 부르며, 타 항공사와의 연결편이 있는 승객들의 도중체류지에서의 숙박, 식사 등을 항공사 경비로 지불케 되는 제도이다.

(3) 동일도시 내 공항과 터미널이 원격지인 경우

동일도시에 두 개 이상의 공항이 있거나 동일 국제선 또는 동일 국내선이라도 항공편에 따라 다른 공항에서 출발하는 경우가 있다. 이는 항공 관제상 필요에 따라 동일도시에 있는 공항이 멀리 떨어져 있게 되어 환승하는 데는 많은 시간이 소요된다. 이러한 공항의 예를 살펴보면, 뉴욕(JFK, LGA, EWR), 워싱턴(IAD, DCA), 파리(CDG, ORY), 런던(LHR, LGW), 도쿄(NRT, HND), 오사카(KIX, ITM) 공항 등이 있다. 이 외에도 공항 및 터미널 빌딩이 다른 경우도 종종 있다. 이렇게 공항 및 터미널 빌딩이 다른 경우 사전에 그런 상황을 알고 있어야 한다. 그러므로 사전에 항공 스케줄을 숙지하여 최소 연결시간에 대비하여 여유를 두어야 한다. 마지막으로 동일 공항에서도 항공사나 목적지에 따라 터미널 빌딩이 다른 경우에는 연결버스를 이용하여 여러 곳에 쉽게 이동할 수 있다. 그러므로 사전에 항공 스케줄을 숙지하여 최소 연결시간에 대비하여 여유를 두어야 한다.

다. 도중체류(stopover) 시 업무

도중체류(stopover)는 일반적으로 최종목적지까지 당일 연결되지 않았을 항공사에서 다음 날 연결되는 항공편에 탑승할 때까지 중간기착지에서 숙식과 교통편을 무상으로 제공할 경우에는 해당하는 STPC(stopover on company's account)이거나, 일정기간 내에 그 지역을 떠날 경우 두 가지로 구분할 수 있다. 두 가지 모두 일단 중간기착지에서 입출국절차를 밟아야 하지만, 사증(VISA)을 요구하는 국가일지라도 중간기착지임을 증명하면 비자 없이 입국이 가능하다. 중간기착의 경우 공항이 있는 도시에서 시내관광을 할 수 있는 장점이 있으며, STPC의 경우에는 여행출발 전에 해당 항공사에 미리 신청하여 항공사로부터 승인(authorization)을 받아야만 하며, 반드시 해당 항공사에서 발행한 지불전표를 받아야 한다.

그리고 입국하고자 하는 국가가 규정한 시간 내에 그 지역을 떠날 경우 이 사실을 증명할 수 있는 항공권을 제시해야만 하며, 이 경우 일행이 입국 심사 시 각자의 항공권을 제시해야 하므로 미리 e-티켓확인증을 각자에게 배부한다.

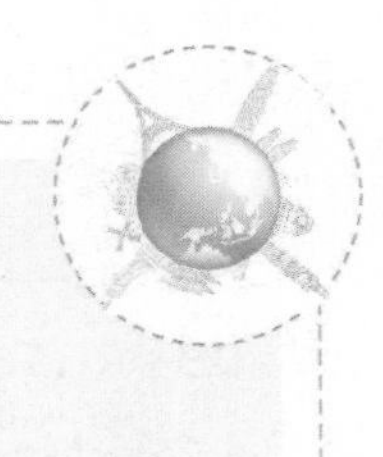

제10장 입국업무

입국하기 위해 진행하는 절차를 입국수속이라 한다. 그 과정에 있어서 TC의 업무를 포괄적으로 목적지 도착 전(前), 후(後)로 나눌 수 있고, 진행과정은 여러 단계를 거치지만 대표적으로 CIQ업무로 입국수속업무를 간결하게 표현할 수 있다.

1. 목적지 도착 전 준비 업무

통상적으로 항공기 내에서 승무원이 도착국의 입국카드와 세관신고서를 나누어준다. 비행기 탑승 전에 미리 확보하여 준비하는 경우도 있다. 보통 여행자 자신의 여권과 목적지의 입국카드, 세관신고서를 챙기도록 하며, 이것이 쉽지 않을 때 TC가 기내에서 단체명단과 인적사항을 토대로 작성하도록 한다.

〈기내 작성 서류 안내〉

기내에서 승무원이 나눠주는 신고서를 비행기 안에서 미리 작성하면 입국수속을 편리하고 신속하게 받을 수 있다. 기내작성 서류로는 입국카드와 검역질문서, 여행자 휴대품 신고서가 있다. 입국카드는 성명, 직업 등 입국자의 기록을 남겨두기 위한 공식문서라고 말할 수 있으며 검역질문서에는 콜레라, 황열, 페스트 오염지역(동남아시아, 중동, 아프리카, 남아메리카 등)에 입국하는 승객, 승무원이 포함되어 있다. 여행자 휴대품 신고서에서는 개인당 1장, 가족인 경우 가족당 1장, 신고물품이 없는 경우에도 반드시 작성해야 한다. 모든 여행자는 세관에 여행자 휴대품 신고서를 제출해야 한다. 휴대품 신고서 작성요령으로는 세관신고 대상물품을 기재하고 여행자의 이름, 생년월일 등 인적사항을 기재한다. 현지 국가의 법에 따라 면세가 되는 품목과 관세 대상이 되는 품목이 따로 있으니 미리 확인하여 두어야 한다.

다음은 주요 국가의 출입국 및 세관신고서 양식이다. 이 양식들은 대한항공 및 모두투어의 안내양식을 활용하였음을 밝혀둔다.

출입국신고서 용어

1. ARRIVAL (DISEMBARKATION) CARD : 입국신고서
2. DEPARTURE (EMBARKATION) CARD : 출국신고서
3. Family Name(Last Name) : 여권에 기재된 성(姓)
4. Given Name(First Name) : 여권에 기재된 이름
5. Nationality(Citizenship) : ROK 또는 KOREA(국적)
6. Date of Birth : 생년월일(예: 1990 05 10),
   DDMMYYYY 또는 DDMMYY 방식으로 표기함. 일(Day), 월(Month), 년(Year).
   (예: 1990년 05월 10일생 경우 ->DDMMYYYY는 10051990 / DDMMYY는 100590
7. Country of Birth : 출생국가(예: ROK 또는 KOREA)
   - Place of Birth : 출생지(예: SEOUL)
   - Place of Birth(Town of Birth) : 출생지(예: SEOUL)
8. Country of Residence : 현재 거주 국가(예: ROK 또는 KOREA)
9. Sex(Gender) : 성별구분
   - 남성은 MALE 또는 M / 여성은 FEMALE 또는 F로 체크 또는 기재
10. Profession(Occupation) : 직업 기재
    - Student(학생) / Officer(회사원) / Business man(사업가) / House wife(주부)
11. Passport Number : 여권번호
12. Date of Issue : 여권 발급일(DDMMYY 등 형식 기재)
13. Place of Issue : 여권 발급 지역으로 국내 경우 서울 기재(예: SEOUL)
14. Date of Arrival : 해당국가의 도착일
15. Date of Departure : 해당국가 출국예정일
16. Flight Number : 탑승 항공편명. 탑승권 확인(예: KE903, OZ767)
    - 선박(Ship's Name) 경우에는 선박의 편명
17. Port of Boarding : 항공기 탑승 공항명. 인천공항 경우(예: INCHEON)
18. VISA Number : 비자 번호
19. Date of Issue : 비자 발급일

20. Place of Issue(City of Issue) : 비자 발급 지역(예: SEOUL)
21. Date of Expiry : 비자기간 만료일
22. Purpose of Visit(Object of Journey) : 방문목적. 학업 및 사업 방문 이외의 경우는 단순 여행으로 기재(여행 목적의 방문 : Leisure / Holiday / Tourism / Travel)
23. Home Address(Permanent Address) : 한국 내 주소
24. Countries Visited in Last 6 Days : 최근 6일 이내 방문한 국가가 있는 경우 기재
25. Address in 방문국가 (Temporary Address in~) : 호텔명과 도시명 기재. 필요시 호텔의 주소 기재
26. Period of Stay in 방문국가 : 해당 국가의 체류기간 기재
    유사표현으로
    - Intended length of stay : 체류예정 기간 (예: 7 Days)
27. Accommodation : 해당국가 체류 시 머무르는 숙소 기재(호텔명 기재)
28. From : 출발도시. 인천공항 출발 경우 서울(SEOUL)로 기재
29. Port of destination : 출국 또는 입국 시 도착 목적지 도시명 기재
30. Particulars of Previous Visit, If Any : 해당 국가 방문 경험 여부
    - How many time : 첫 방문일 경우 공백, 두 번째 방문일 경우 1로 기재
    - Year and month of last visit : 첫 방문일 경우 공백, 이전 방문일을 월/년으로 기재
    - Stay period of last visit : 이전 방문 시 체류 기간
31. Customs : 세관
    - Nothing to Declare : 신고 물품 없음
    - Customs Declaration Form : 세관 신고서

주요 국가 출입국 및 세관신고서 양식

미국 세관 + 입국 신고서 작성 가이드

◎ 미국으로 입국하실 경우 미국 세관 신고서, 미국 입국 신고서, 여권 및 비자를 제출해야 합니다.
◎ 모두 영문 대문자로 작성하여 주십시오.

1. 미국 세관 신고서

▷ 미국에 입국하는 모든 사람들이 제출해야 하는 서류(한국인, 외국인, 현지인 등)
▷ 일반적으로 한글로 되어있으며, 해당 칸에 푸른색이나 검정 펜으로 완전히 채우시면 됩니다.
▷ 가족 당 1장만 쓰시면 됩니다. 개인일 경우 개개인 모두 써주셔야 합니다.

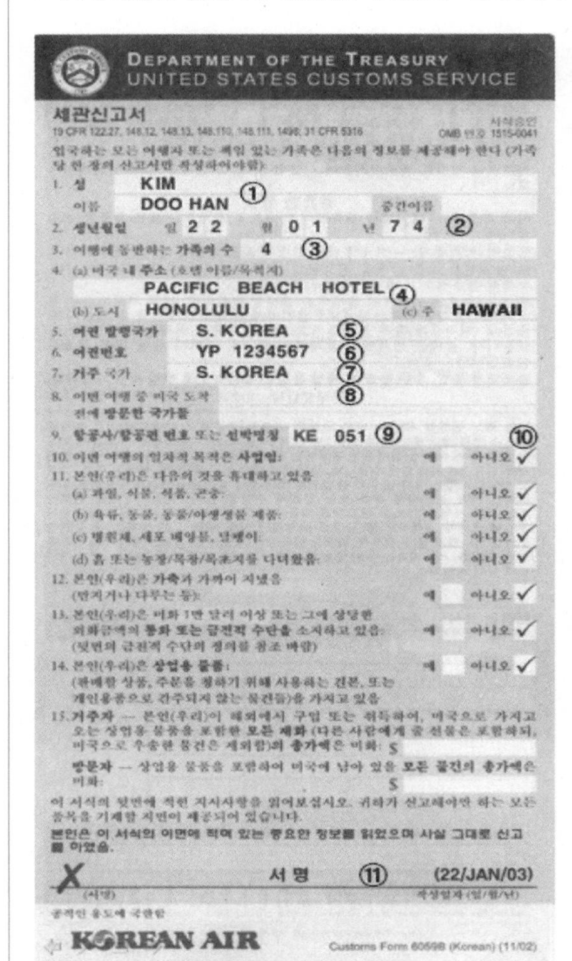

DEPARTMENT OF THE TREASURY
UNITED STATES CUSTOMS SERVICE

세관신고서

19 CFR 122.27, 148.12, 148.13, 148.110, 148.111, 1498; 31 CFR 5316

OMB 번호 1515-0041

입국하는 모든 여행자 또는 책임 있는 가족은 다음의 정보를 제공해야 한다 (가족당 한 장의 신고서만 작성하여야함):

1. 성 KIM ①
   이름 DOO HAN 중간이름
2. 생년월일 일 2 2 월 0 1 년 7 4 ②
3. 여행에 동반하는 가족의 수 4 ③
4. (a) 미국 내 주소 (호텔 이름/목적지) PACIFIC BEACH HOTEL ④
   (b) 도시 HONOLULU (c) 주 HAWAII
5. 여권 발행국가 S. KOREA ⑤
6. 여권번호 YP 1234567 ⑥
7. 거주 국가 S. KOREA ⑦
8. 이번 여행 중 미국 도착 전에 방문한 국가들 ⑧
9. 항공사/항공편 번호 또는 선박명칭 KE 051 ⑨ ⑩
10. 이번 여행의 일차적 목적은 사업임: 예 아니오 ✓
11. 본인(우리)은 다음의 것을 휴대하고 있음
    (a) 과일, 식물, 식품, 곤충: 예 아니오 ✓
    (b) 육류, 동물, 동물/야생생물 제품: 예 아니오 ✓
    (c) 병원체, 세포 배양물, 달팽이: 예 아니오 ✓
    (d) 흙 또는 농장/목장/목초지를 다녀왔음: 예 아니오 ✓
12. 본인(우리)은 가축과 가까이 지냈음 (만지거나 다루는 등): 예 아니오 ✓
13. 본인(우리)은 미화 1만 달러 이상 또는 그에 상당한 외화금액의 통화 또는 금전적 수단을 소지하고 있음: (뒷면의 금전적 수단의 정의를 참조 바람) 예 아니오 ✓
14. 본인(우리)은 상업용 물품: (판매할 상품, 주문을 청하기 위해 사용하는 견본, 또는 개인용품으로 간주되지 않는 물건들)을 가지고 있음 예 아니오 ✓
15. 거주자 — 본인(우리)이 해외에서 구입 또는 취득하여, 미국으로 가지고 오는 상업용 물품을 포함한 모든 재화 (다른 사람에게 줄 선물은 포함하되, 미국으로 우송한 물건은 제외함)의 총가액은 미화: $
    방문자 — 상업용 물품을 포함하여 미국에 남아 있을 모든 물건의 총가액은 미화: $

이 서식의 뒷면에 적힌 지시사항을 읽어보십시오. 귀하가 신고해야만 하는 모든 품목을 기재할 지면이 제공되어 있습니다.

본인은 이 서식의 이면에 적혀 있는 중요한 정보를 읽었으며 사실 그대로 신고를 하였음.

X 서 명 ⑪ (22/JAN/03)
(서명) 작성일자(일/월/년)

공적인 용도에 국한함

KOREAN AIR

Customs Form 6059B (Korean) (11/02)

① 성: 본인의 성, 이름: 본인의 이름을 영문으로 위에서 부터 칸에 맞춰 차례로 기입하시면 됩니다.

② 생년월일을 왼쪽부터 일, 월, 년도 순으로 적어주세요.

③ 본인을 제외한 가족동반인원을 적으시면 됩니다.
예) 5인 가족일 경우 4

④ 일정표에 기재되어 있는 첫날 묵는 호텔을 쓰시고 도시, 주 순서로 기재합니다.

⑤ 여권 발행국가를 쓰십시오.
한국에서 발행하셨으면 "S.KOREA"
일본 : "JAPAN", 미국 : "US"

⑥ 본인의 여권번호를 적어주세요.

⑦ 현재 거주 국가입니다.

⑧ 미국도착 전 방문했던 국가
※ 한국직항, 경유 시에는 공란으로 두십시오.

⑨ 미국도착 전 탑승하셨던 항공 편
대한항공: KE, 아시아나: OZ
아메리칸에어라인: AA, 일본항공: JL

⑩ "아니오" 에 모두 체크하시면 됩니다.(읽어 본 후 본인에게 해당하는 사항이 있다면 "예" 라고 체크하시면 됩니다.)

⑪ 서명과 함께 현재 날짜 기입해주세요.

[그림 13] 미국 입국 신고서 작성 가이드

2. 미국 비자를 가지고 입국심사를 받으시는 고객님

◎ 미국비자를 가지고 입국심사를 받으시는 분들은 가족에 상관없이 개인 각 1장씩 기재하셔야 합니다. 모두 영문 대문자로 작성하여

◎ 2008년 11월 17일 무비자 입국이 가능해 짐으로써 전자여권+ESTA로 입국하시는 분은 작성하지 않으셔도 됩니다.

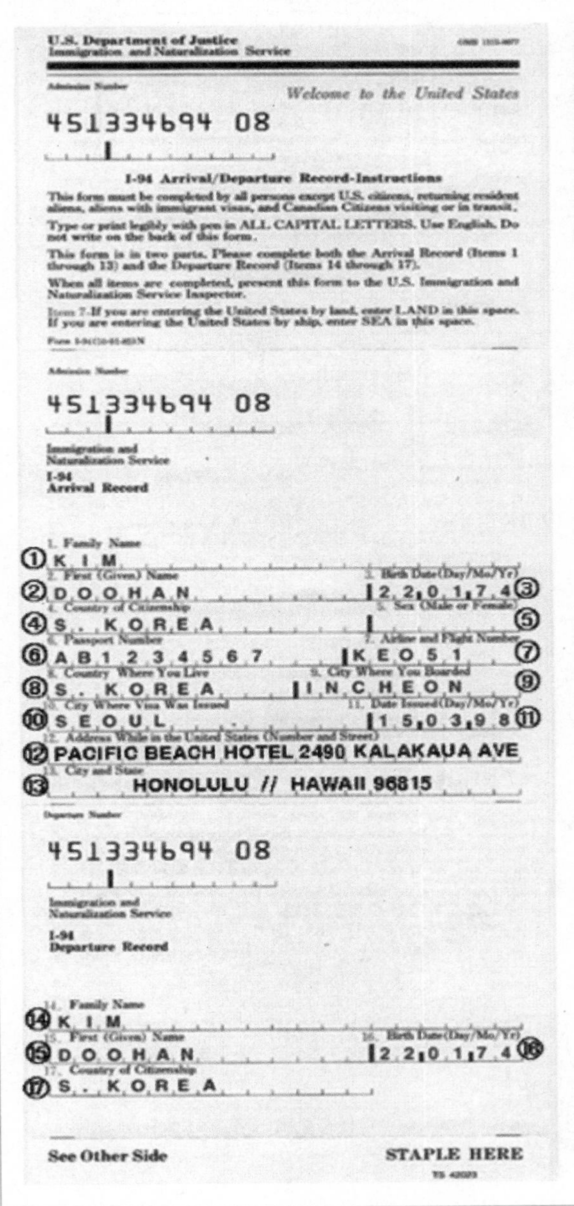
U.S. Department of Justice
Immigration and Naturalization Service

Admission Number
Welcome to the United States

451334694 08

I-94 Arrival/Departure Record-Instructions

This form must be completed by all persons except U.S. citizens, returning resident aliens, aliens with immigrant visas, and Canadian Citizens visiting or in transit.

Type or print legibly with pen in ALL CAPITAL LETTERS. Use English. Do not write on the back of this form.

This form is in two parts. Please complete both the Arrival Record (Items 1 through 13) and the Departure Record (Items 14 through 17).

When all items are completed, present this form to the U.S. Immigration and Naturalization Service Inspector.

Item 7-If you are entering the United States by land, enter LAND in this space. If you are entering the United States by ship, enter SEA in this space.

Admission Number

451334694 08

Immigration and Naturalization Service
I-94
Arrival Record

1. Family Name ① KIM
2. First (Given) Name ② DOOHAN
3. Birth Date (Day/Mo/Yr) 220174 ③
4. Country of Citizenship ④ S. KOREA
5. Sex (Male or Female) ⑤
6. Passport Number ⑥ AB1234567
7. Airline and Flight Number KE051 ⑦
8. Country Where You Live ⑧ S. KOREA
9. City Where You Boarded INCHEON ⑨
10. City Where Visa Was Issued ⑩ SEOUL
11. Date Issued (Day/Mo/Yr) 150398 ⑪
12. Address While in the United States (Number and Street) ⑫ PACIFIC BEACH HOTEL 2490 KALAKAUA AVE
13. City and State ⑬ HONOLULU // HAWAII 96815

Departure Number

451334694 08

Immigration and Naturalization Service
I-94
Departure Record

14. Family Name ⑭ KIM
15. First (Given) Name ⑮ DOOHAN
16. Birth Date (Day/Mo/Yr) 220174 ⑯
17. Country of Citizenship ⑰ S. KOREA

See Other Side
STAPLE HERE

① 성을 적으시는 칸입니다.

② 이름을 적으시는 칸입니다.

③ 생일을 일/월/년도 순으로 적어주세요.

④ 국적을 적어주세요.
한국인이시면 S.KOREA, 미국 US, 영국 UK,
호주 AUS, 일본 JPN

⑤ 남자면 MALE, 여자면 FEMALE을 쓰세요.

⑥ 소지하신 여권번호를 적어주세요.

⑦ 미국 입국 전 탑승한 항공편수를 적으세요.
예) KE061, OZ204, AA168

⑧ 현재 거주 국가 : S. KOREA 라고 기재해 주세요.

⑨ 출발지가 대한민국 직항일 경우
인천: INCHEON, 부산: PUSAN
항공경유 시 입국 전 경유도시를 써주세요.
예) NARITA, OSAKA, TAIPEI

⑩ 비자발급도시 : SEOUL 이라고 기재해 주세요.
⇒ (무비자용 양식에는 작성란 없음)

⑪ 본인의 비자 발행일자를 기재해 주세요.
⇒ (무비자용 양식에는 작성란 없음)

⑫ 미국 도착 후 첫날 묵는 호텔과 주소를 기재해주세요.
(일정표 참고)

⑬ 시 및 주를 적어주세요. (일정표 참고)

⑭ ①번과 같이 기재해 주세요.

⑮ ②번과 같이 기재해 주세요.

⑯ ③번과 같이 기재해 주세요.

⑰ ④번과 같이 기재해 주세요.
★여권발급/만료일, 연락처, 이메일 넣는 곳이 새롭게 추가되어 개인정보에 맞게 기입하시기 바랍니다.

미국 입국절차

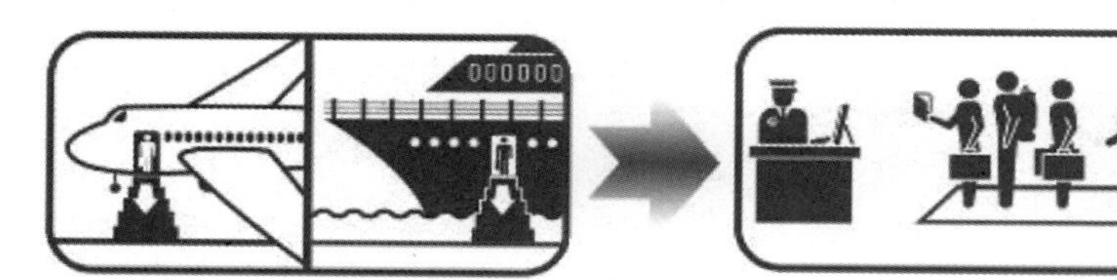

1. 비행기 및 선박에서 내리시면 "IMMIGRATION" 이라는 표시를 따라서 이동하십시오.

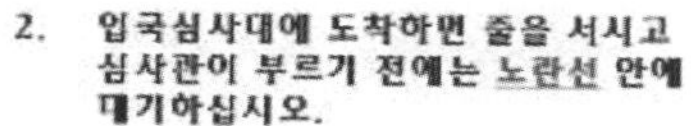

2. 입국심사대에 도착하면 줄을 서시고 심사관이 부르기 전에는 노란선 안에 대기하십시오.

3. 입국 심사관이 손으로 신호하면 가시기 바랍니다. 입국 심사관에게 여권, 비자(소지자만 해당), 출입국신고서(흰색) 세관신고서, 항공티켓, 전자여행허가서(전자 여권소지자만 해당)를 제시하십시오.

4. ①오른손과 ②왼손의 열 손가락 지문을 스캔 합니다. 검사대의 ③소형카메라로 사진 촬영을 합니다.

   1) 오른손 엄지 손가락
   2) 오른손 검지,중지,약지,소지 손가락
   3) 왼손 엄지 손가락
   4) 왼손 검지,중지,약지,소지 손가락

5. 간단한 인터뷰와 모든 입국심사를 마치고 "BAGGAGE CLAIM"에서 짐을 찾으세요. 짐을 찾으시고 세관검사를 마친 후 나가시면 됩니다. 세관검사 시 세관신고서(파란색 용지)를 제출하세요.

DEPARTMENT OF HOMELAND SECURITY
U.S. Customs and Border Protection
OMB No. 1651-0111

미국에 오신 것을 환영합니다
I-94 입국/출국 기록
작성 지침

미국 국민, 미국 영주권자, 이민비자를 소지한 외국인, 미국을 방문 또는 통과하는 캐나다 국민을 제외한 모든 입국자는 본 양식을 작성해야 합니다.

영어 대문자로 정확히 읽을 수 있도록 작성하십시오. 영어만 쓰시고 양식의 뒷면에는 기입하지 마십시오.

이 양식은 두 부분으로 구성되었습니다. 입국 기록(항목 1에서 17까지)과 출국 기록(항목 18에서 21까지)을 모두 작성하십시오.

모든 항목을 작성한 후 이 양식을 CBP 직원에게 제출하십시오.

항목 9 - 육로를 통해서 미국에 입국하는 경우, 여기에 LAND를 기입하십시오.
선박을 이용해서 미국에 입국하는 경우, 여기에 SEA를 기입하십시오.

[illegible]

CBP Form I-94 (05/08)
OMB No. 1651-0111

입국 기록
접수 번호
561460635 22

1. 성: HONG
2. 이름: KILDONG
3. 생년월일(일/월/년): 100882
4. 국적: KOREA
5. 성별(남성/여성): MALE
6. 여권 발급일(일/월/년): 241110
7. 여권 만료기간(일/월/년): 251111
8. 여권 번호: BS123456
9. 항공회사 및 항공편 번호: KE017
10. 거주 국가: KOREA
11. 항공편 탑승 국가: ROK
12. 비자를 발급한 도시: SEOUL
13. 비자 발급일(일/월/년): 241210
14. 미국 거주 기간 동안의 주소(번호 및 거리 이름): 1813 WILSHIRE BOULEVARD
15. 도시 및 주: LOSANGELED BOULEVARDRE BOULEVARD
16. 미국 거주 기간 동안의 전화번호: 123-456-7890
17. 이메일 주소: WEBMASTER@KOREANAIR.COM

CBP Form I-94 (05/08)
OMB No. 1651-0111

DEPARTMENT OF HOMELAND SECURITY
U.S. Customs and Border Protection

출국 기록
접수 번호
561460635 22

18. 성: HONG
19. 이름: KILDONG
20. 생년월일(일/월/년): 200960
21. 국적: KOREA

CBP Form I-94 Korean (05/08)

뒷면을 보십시오　KOREAN AIR　STAPLE HERE

미국 출입국신고서

세관신고서

1 성
2 생년월일
3 함께 여행 중인 가족 구성원 수
4 미국 내 체류주소
5 여권발행 국가
6 여권번호
7 거주국가
8 이번 여행 중 미국 도착 전 방문국가
9 항공사/ 항공편명
10 여행의 목적 비즈니스 여부
11 물품 소지 여부
12 가축과 가까이 한 적 있는지 여부
13 $10,000 이상 혹은 그와 동등한 가치의 외화 소지 여부
14 시판용 상품 소지 여부
15 거주자 – 미국으로 가지고 오는 모든 물품의 총가치
방문객 – 시판용 상품 포함 미국에 남겨둘 모든 물품의 총가치
16 서명
17 날짜

이 공간은 공용란임

세관 신고서

19 미국연방규정집 122.27, 148.12, 148.13, 148.110,148.111, 1498; 31 미국연방규정집 5316

서식 승인됨
관리예산처 번호 1651-0009

입국하는 각 여행자나 가족의 책임자는 다음의 정보를 제공해야 합니다 (가족당 한 부의 신고서만 작성하면 됩니다). "가족"이란 "같은 가정에서 함께 살고있으며 혈연, 결혼, 동거; 또는 입양관계인 구성원들"을 말합니다.

1 성
(성이 아닌) 이름 중간 이름

2 생년월일 월 일 년

3 함께 여행 중인 가족 구성원의 수

4 (ㄱ) 미국 내 주소 (호텔 이름/목적지)
(ㄴ) 도시 (ㄷ) 주

5 여권 발행국

6 여권번호

7 거주국가

8 이번 여행중 미국에 입국하기 전에 방문했던 국가

9 항공사/항공편 번호 또는 선박명칭

10 이번 여행의 주 목적은 사업임: 예 아니오

11 본인(우리)의 반입 물품:
(ㄱ) 과일, 채소, 식물, 씨앗, 음식, 곤충: 예 아니오
(ㄴ) 육류, 동물, 동물/야생생물 제품: 예 아니오
(ㄷ) 병원체, 세포 배양물, 달팽이류: 예 아니오
(ㄹ) 흙 또는 농장/목장/목초지를 방문함: 예 아니오

12 본인(우리)은 가축에 근접한 적이 있음: 예 아니오
(예를 들어 만지거나 다룸)

13 본인(우리)은 미화 1만 달러 이상 또는 그에 상당하는 외국의 통화 또는 지급수단을 소지하고 있음: 예 아니오
(뒷면의 지급수단의 정의를 참조)

14 본인(우리)은 상업용 물품을 가지고 있음: 예 아니오
(판매용 물품, 주문을 유도하기 위한 견본, 또는 개인용품으로 간주되지 않는 제품들)

15 거주자—본인(우리)이 해외에서 구입 또는 취득하여 미국으로 가지고 오는 상업용 물품을 포함한 모든 재화(다른 사람에게 줄 선물을 포함하지만, 미국으로 우송한 물건은 제외)의 총가액: $
방문자—상업용 물품을 포함하여 미국에 남아 있을 모든 물품의 총가액: $

이 서식의 뒷면에 적힌 지시사항을 읽어보십시오. 귀하가 신고해야 하는 모든 품목들을 기재할 지면이 제공되어 있습니다.

본인은 이 서식의 반대면에 적혀 있는 중요정보를 읽었으며 사실 그대로 신고하였습니다.

16 X 서명 17 날짜 (월/일/년)

CBP Form 6059B (04/14) Korean

미국 세관신고서

Canada Border Services Agency / Agence des services frontaliers du Canada

Declaration Card

– For Agency Use Only –

PAX R U.S. V OV Cr O

Part A All travellers (living at the same address) – Please print in capital letters. ①

1 Last name, first name and initials: HONG GIL DONG
Date of birth: 880808 Citizenship: SOUTH KOREA

2 Last name, first name and initials:
Date of birth: Y Y M M D D Citizenship:

3 Last name, first name and initials:
Date of birth: Y Y M M D D Citizenship:

4 Last name, first name and initials:
Date of birth: Y Y M M D D Citizenship:

HOME ADDRESS – Number, street, apartment No. ② 1370 GONG HANG-DONG GANGSEO-GU
City/Town: SEOUL
Prov./State:
Country: KOREA
Postal/Zip code: 157-712

Arriving by: ③ Air ✓ Rail Marine Highway
Airline/flight No., train No. or vessel name: KE073

④ Purpose of trip: Study / Personal ✓ / Business

⑤ Arriving from: U.S. only / Other country direct ✓ / Other country via U.S.

– For Agency Use Only –

⑥ I am/we are bringing into Canada: (Yes / No)

- Firearms or other weapons (e.g. switchblades, Mace or pepper spray). No ✓
- Commercial goods, whether or not for resale (e.g. samples, tools, equipment). No ✓
- Meat/meat products; dairy products; fruits; vegetables; seeds; nuts; plants and animals or their parts/products; cut flowers; soil; wood/wood products; birds; insects. No ✓
- Currency and/or monetary instruments of a value totalling CAN$10,000 or more per person. No ✓

I/we have shipped goods that are not accompanying me/us. No ✓

I/we have visited a farm and will be going to a farm in Canada. No ✓

Part B Visitors to Canada ⑦

Duration of stay in Canada: 7 days

Do you or any person listed above exceed the duty-free allowances per person? (See instructions on the left.) Yes / No ✓

Part C Residents of Canada ⑧

Do you or any person listed above exceed the exemptions per person? (See instructions on the left.) Yes / No

Complete in the same order as Part A

	Date left Canada YY-MM-DD	Value of goods – CAN$ purchased or received abroad (including gifts, alcohol & tobacco)		Date left Canada YY-MM-DD	Value of goods – CAN$ purchased or received abroad (including gifts, alcohol & tobacco)
1	Y Y M M D D		3	Y Y M M D D	
2	Y Y M M D D		4	Y Y M M D D	

Part D ⑨ Signatures (age 16 and older): I certify that my declaration is true and complete.

1 홍길동 Date ▶ 080729
2
3
4

E311 (08) Draft #59 Protected A when completed BSF311 Canada

캐나다 세관신고서

ESTADOS UNIDOS MEXICANOS

Estados Unidos Mexicanos

INM

01 39702910

FORMA MIGRATORIA PARA TURISTA, TRANSMIGRANTE, VISITANTE PERSONA DE NEGOCIOS O VISITANTE CONSEJERO
MIGRATORY FORM FOR FOREIGN TOURIST, TRANSMIGRANT, BUSINESS VISITOR OR COUNCILOR VISITOR
INTERNACION AEREA / ENTRANCE BY AIR

I. PARA EL LLENADO DE ESTA FORMA UTILICE LETRA DE MOLDE / FILLOUT THIS FORM. PLEASE PRINT OR TYPE

1 NOMBRE (S) Y APELLIDOS / FIRST NAME (S) AND FAMILY NAME (S) (TAL COMO APARECE EN SU PASAPORTE) / (EXACTLY AS IN PASSPORT)
HONG KIL DOGN

2 PAIS DE NACIMIENTO / COUNTRY OF BIRTH
K O R E A

3 NACIONALIDAD ACTUAL / CURRENT NATIONALITY
S / K O R E A N

4 FECHA DE NACIMIENTO / DATE OF BIRTH (dia / mes / año) / (day / month / year)
1 0 0 0 0 0 0 0 0

5 SEXO / SEX

6 ESTADO CIVIL / CIVIL STATUS
SOLTERO SINGLE
CASADO MARRIED ✓

7 DOMICILIO PERMANENTE / PERMANENT ADDRESS Calle y Número / Street and Number
0 0 0 - 0 0 0 B A N P O
Ciudad / City: S E O U L
Estado / State:
Pais / Country: K O R E A

8 DESTINO PRINCIPAL EN MEXICO / MAIN DESTINATION IN MEXICO Domicilio o Nombre del Hotel / Address or Hotel in Mexico
S H E R A T O N H O T E L
Ciudad / City: M E X I C O - C I T Y
Estado / State:

9 NUMERO DE PASAPORTE / PASSPORT NUMBER
N W 0 0 0 0 0 0 0

10 VIGENCIA / EXPIRATION DATE (dia / mes / año) / (day / month / year)
1 1 1 1 1 1 1 1

11 LUGAR DE EXPEDICION PLACE OF ISSUE
SEOUL

12 OCUPACION / OCCUPATION
E M P L O Y E E

13 LINEA AEREA Y NUMERO DE VUELO / AIRLINE AND FLIGHT NUMBER
M X 1 2 3 4

UNICAMENTE VISITANTE PERSONA DE NEGOCIOS / ONLY BUSINESS VISITOR
FORMA MIGRATORIA VISITANTE PERSONA DE NEGOCIOS O VISITANTE CONSEJERO
MIGRATORY FORM FOR BUSINESS VISITOR OR COUNCILOR VISITOR

14 EMPRESA EXTRANJERA DE LA QUE FORMA PARTE / OVERSEAS EMPLOYER COMPANY OR FIRM Calle y Número / Street and Number
Ciudad / City Estado / State Pais / Country

15 EMPRESA EN MEXICO CON LA QUE REALIZARA ACTIVIDADES / COMPANY IN MEXICO TO CONDUCT BUSINESS WITH Calle y Número / Street and Number
Ciudad / City Estado / State Número Telefónico / Telephone Number

16 ACTIVIDAD EN MEXICO / ACTIVITY IN MEXICO
PROFESIONAL PROFESSIONAL
COMERCIANTE O INVERSIONISTA TRADER OR INVESTOR
VISITANTE PERSONA DE NEGOCIOS BUSINESS VISITOR (Consejero, Técnico o Administrador) (Councilor, Technician or Manager)
TRANSFERENCIA DE PERSONAL DENTRO DE UNA EMPRESA TRANSFER OF PERSONNEL WITHIN A COMPANY

II. PARA USO OFICIAL / FOR OFFICIAL USE ONLY
TURISTA TOURIST
TRANSMIGRANTE TRANSMIGRANT
VISITANTE PERSONA DE NEGOCIOS VISITANTE CONSEJERO BUSINESS VISITOR COUNCILOR VISITOR
A PARTIR DE LA FECHA DE ENTRADA STARTING FROM DATE OF ENTRANCE
DIAS DAYS

SELLO DE ENTRADA Y FIRMA DEL FUNCIONARIO QUE AUTORIZA / ENTRANCE SEAL AND SIGNATURE OF THE AUTHORIZING OFFICER

FORMA DE ENTRADA / ENTRANCE FORM

멕시코 출입국신고서

세관신고서

1 성명(성)
2 생년월일
3 여권번호
4 직업
5 여행기간
6 여행목적
7 항공편명
8 동반 가족수
9 대한민국 입국 전 방문 국가
10 국내주소
11 전화번호(휴대폰)
12 세관 신고사항
13 날짜/서명

여행자 휴대품 신고서

- 모든 입국자는 관세법에 따라 신고서를 작성 · 제출하여야 하며, 세관공무원이 지정하는 경우에는 휴대품 검사를 받아야 합니다.
- 가족여행인 경우에는 1명이 대표로 신고할 수 있습니다.
- 신고서 작성 전에 반드시 뒷면의 유의사항을 읽어보시기 바랍니다.

1	성 명			
2	생년월일		3 여 권 번 호	
4	직 업		5 여 행 기 간	일
6	여행목적	□ 여행 □ 사업 □ 친지방문 □ 공무 □ 기타		
7	항공편명		8 동반가족수	명
9	대한민국에 입국하기 전에 방문했던 국가 (총 개국) 1. 2. 3.			
10	국내 주소			
11	전화번호 (휴대폰)	☎ ( )		

세 관 신 고 사 항

– 아래 질문의 해당 □에 ✔표시 하시기 바랍니다 –

		있음	없음
12	1. 해외(국내외 면세점 포함)에서 취득(구입, 기증, 선물 포함)한 면세범위 초과 물품(뒷면 1 참조) [총금액 : 약] * 면세범위 초과물품을 자진신고하시면 관세의 30%(15만원 한도)가 감면됩니다.	□	□
	2. FTA 협정국가의 원산지 물품으로 특혜관세를 적용받으려는 물품	□	□
	3. 미화로 환산하여 $10,000을 초과하는 지급수단(원화 · 달러화 등 법정통화, 자기앞수표, 여행자수표 및 그 밖의 유가증권) [총금액 : 약]	□	□
	4. 총포류, 도검류, 마약류 및 헌법질서 · 공공의 안녕질서 · 풍속을 해치는 물품 등 반입이 금지되거나 제한되는 물품(뒷면 2 참조)	□	□
	5. 동물, 식물, 육가공품 등 검역대상물품 또는 가축전염병발생국의 축산농가 방문 ※축산농가 방문자는 검역본부에 신고하시기 바랍니다.	□	□
	6. 판매용 물품, 업무용 물품(샘플 등), 다른 사람의 부탁으로 반입한 물품, 예치 또는 일시수출입 물품	□	□

13 본인은 이 신고서를 사실대로 성실하게 작성하였습니다.
년 월 일
신고인 : (서명)

85mm×210mm (백상지 120g/m²)

한국 세관신고서

입국신고서

1 성명(성) 2 성명(이름) 3 성별 4 국적 5 생년월일 6 여권번호 7 집 주소
8 직업 9 한국 내 체류주소 10 방문 목적

ARRIVAL CARD
入國申告書 (外國人用)
漢字姓名

1 Family Name / 姓
2 Given Name / 名
3 □Male/男 □Female/女
4 Nationality / 國籍
5 Date of Birth / 生年月日(YYYY-MM--DD)
6 Passport No. / 旅券番號
7 Home Address / 本國住所
8 Occupation / 職業
9 Address in Korea / 韓國內 滯留豫定地 (Tel :)
10 Purpose of visit / 入國目的
□ Tour 觀光 □ Business 商用 □ Conference
□ Visit 訪問 □ Employment 就業 □ Official 公務
□ Study 留學 □ Others 其他 (
11 Flight(Vessel) No. / 便名 · 船名 KE
12 Port of Boarding / 出發地
13 Signature / 署名
Official Only 公用欄 체류자격 B1 B2 체류기간 015 030 090 03M

※ 내국인 작성 불요

한국 입국신고서

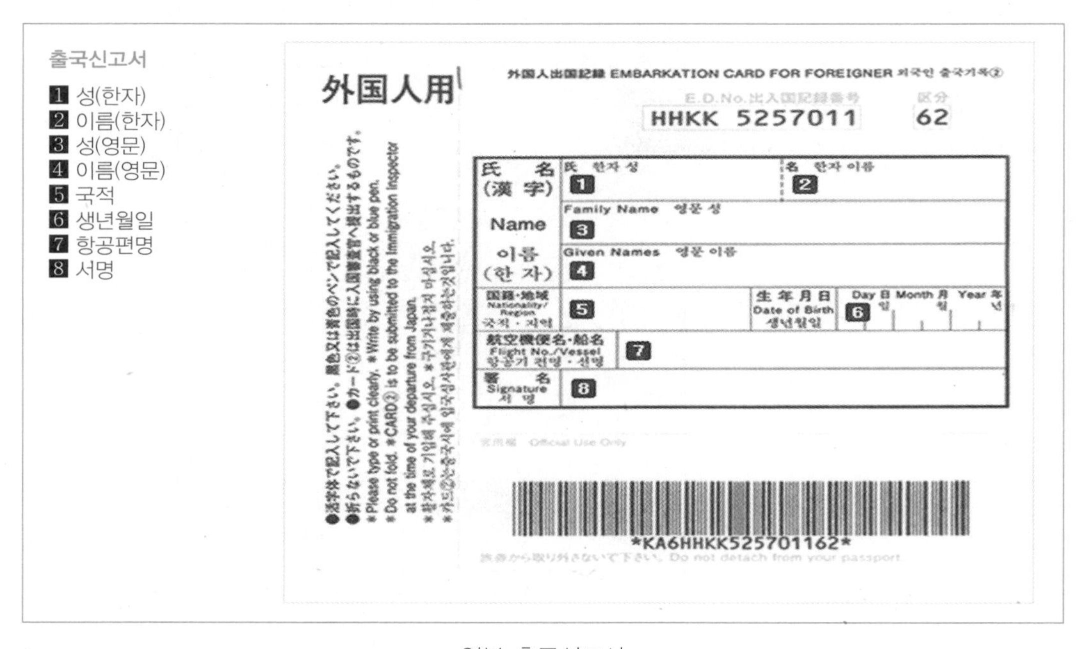

출국신고서

1 성(한자)
2 이름(한자)
3 성(영문)
4 이름(영문)
5 국적
6 생년월일
7 항공편명
8 서명

外国人用

●活字体で記入して下さい。黒色又は青色のペンで記入してください。
●折らないで下さい。●カード②は出国時に入国審査官へ提出するものです。
* Please type or print clearly. * Write by using black or blue pen.
* Do not fold. * CARD② is to be submitted to the Immigration inspector at the time of your departure from Japan.
* 한자체로 기입해 주십시오. * 구기거나 접지 마십시오.
* 카드②는 출국시에 입국심사관에게 제출하는 것입니다.

外国人出国記録 EMBARKATION CARD FOR FOREIGNER 외국인 출국기록②

E.D.No.出入国記録番号 HHKK 5257011
区分 62

氏 名 (漢 字)	氏 한자 성 1	名 한자 이름 2
Name 이름 (한 자)	Family Name 영문 성 3	
	Given Names 영문 이름 4	
国籍·地域 Nationality/Region 국적 · 지역	5	生年月日 Date of Birth 생년월일 6 Day 日 일 Month 月 월 Year 年 년
航空機便名·船名 Flight No./Vessel 항공기 편명 · 선명	7	
署 名 Signature 서 명	8	

公用欄 Official Use Only

KA6HHKK525701162

旅券から取り外さないで下さい。Do not detach from your passport

일본 출국신고서

입국신고서

1 성(한자)
2 이름(한자)
3 성(영문)
4 이름(영문)
5 국적
6 생년월일
7 성별
8 현주소
9 직업
10 여권번호
11 항공기편명
12 도항목적
13 일본 체재 예정 기간
14 일본의 연락처
15 서명

外国人入国記録 DISEMBARKATION CARD FOR FOREIGNER 외국인 입국기록①

英語又は日本語で記載して下さい。 영어 또는 일본어로 기재해 주십시오.

E.D.No.出入国記録番号 区分

HHKK 5257011 61

氏名 (漢字) Name 이름 (한자)	氏 한자성 1	名 한자이름 2			
	Family Name 영문성 3	Given Names 영문이름 4			
国籍・地域 Nationality/Region 국적・지역	5	生年月日 Date of Birth 생년월일	6 Day 日 일 / Month 月 월 / Year 年 년	7 男 Male 남 1	女 Female 여 2
現住所 Home Address 현주소	国名 Country name 나라명 8	都市名 City name 도시명		職業 Occupation 직업	9
旅券番号 Passport number 여권번호	10	航空機便名・船名 Last flight No./Vessel 항공기 편명・선명	11		
渡航目的 Purpose of visit 도항 목적	□ 観光 Tourism 관광 □ 商用 Business 상용 □ 親族訪問 Visiting relatives 친척 방문 □ トランジット Transit 환승 □ その他 Others(12) 기타		13 日本滞在予定期間 Intended Length of stay in Japan 일본 체재 예정 기간	Years 年 년 / Months 月 월	Days 日 일
日本の連絡先 Intended address in Japan 일본의 연락처	14	TEL 전화번호			

裏面を見てください。 See the back 뒷면을 봐 주십시오. →

CL/証

KA6HHKK525701161

以下の質問について、該当するものに☑を記入してください。 Please check the applicable items. 이하의 질문에 대해서, 해당하는 것에 ☑를 기입해 주십시오.

1 あなたは、日本から退去強制されたこと、出国命令により出国したこと、又は、日本への上陸を拒否されたことがありますか?
Have you ever been deported from Japan, have you ever departed from Japan under a departure order, or have you ever been denied entry to Japan?
귀하는, 일본에서 강제 퇴거 당한 일, 출국 명령에 의하여 출국한 일, 또는, 일본에 상륙을 거부 당한 일이 있습니까?
□ はい Yes 예 □ いいえ No 아니오

2 あなたは、日本国又は日本国以外の国において、刑事事件で有罪判決を受けたことがありますか?
Have you ever been found guilty in a criminal case in Japan or in another country?
귀하는, 일본국 또는 일본국 이외의 나라에서 형사사건으로 유죄판결을 받은 일이 있습니까?
□ はい Yes 예 □ いいえ No 아니오

3 あなたは、現在、麻薬、大麻、あへん若しくは覚せい剤等の規制薬物又は銃砲、刀剣類若しくは火薬類を所持していますか?
Do you presently have in your possession narcotics, marijuana, opium, stimulants, or other drugs, swords, explosives or other such items?
귀하는 현재, 마약, 대마, 아편 혹은 각성제 등의 규제약물 또는 총포, 도검류 혹은 화약류를 소지하고 있습니까?
□ はい Yes 예 □ いいえ No 아니오

4 あなたは、現在、現金をいくら所持していますか?
How much money in cash do you presently have in your possession? (円, $, 元, W, その他 Others ( ))
귀하는 현재, 현금을 얼마 소지하고 있습니까? ______ 엔, 달러, 인민원, 원, 기타( )

以上の記載内容は事実と相違ありません。 I hereby declare that the statement given above is true and accurate. 이상의 기재 내용은 사실과 틀림 없습니다.

署名 Signature 서명 15

일본 입국신고서

세관신고서

- 1 탑승기편명(선박명)
- 2 출발지
- 3 입국일자
- 4 성명(영문)
- 5 현주소(일본 국내 체류지)
- 6 국적
- 7 직업
- 8 생년월일
- 9 여권번호
- 10 동반가족
- 11 반입 금지 또는 제한 물품 소지 여부
- 12 면세 범위 초과 물품 소지 여부
- 13 상업성 화물 · 상품 견본품 소지 여부
- 14 대리 운반 물품 소지 여부
- 15 1000만 엔 초과 현금 또는 유가 증권 소지 여부
- 16 별송품 여부
- 17 서명

(A면)

일본국세관
세관 양식 C 제 5360-C호

휴대품·별송품 신고서

하기 및 뒷면의 사항을 기입하여 세관직원에게 제출하여 주시기 바랍니다.
가족이 동시에 검사를 받을 경우에는 대표자가 1장 제출하여 주시기 바랍니다.

탑승기편명(선박명)	1		출발지	2
입 국 일 자	3 년		월	일
성 명 (영문)	성 (Surname) 4		이름 (Given Name)	
현 주 소 (일본국내 체류지)	5			
	전화번호 ( )			
국 적	6		직 업	7
생년월일	8 년		월	일
여권번호	9			
동반가족	20 세 이상 10 명	6 세 ~ 20 세 미만 명	6 세 미만 명	

※아래 질문에 대하여 해당하는 □ 에 "✓"표시를 하여 주시기 바랍니다.

1.다음 물품을 가지고 있습니까?	있음	없음
11 ① 일본으로 반입이 금지되어 있는 물품 또는 제한되어 있는 물품 (B면을 참조).	□	□
12 ② 면세 범위 (B면을 참조)를 초과하는 물품 등.	□	□
13 ③ 상업성 화물 · 상품 견본품.	□	□
14 ④ 다른사람의 부탁으로 대리 운반하는 물품.	□	□

* 상기 항목에서 「있음」을 선택한 분은 B면에 입국시에 휴대반입할 물품을 기입하여 주시기 바랍니다.

15 100만엔 상당액을 초과하는 현금 또는 유가증권 등을 가지고 있습니까?	있음	없음
	□	□

* 「있음」을 선택한 분은 별도로 「지불수단 등의 휴대 수출 · 수입신고서」를 제출하여 주시기 바랍니다.

16 별송품 입국할 때 휴대하지 않고 택배 등의 방법을 이용하여 별도로 보낸 짐 (이삿짐을 포함)등이 있습니까?

□ 있음 (개) □ 없음

* 「있음」을 선택한 분은 입국시에 휴대반입할 물품을 B면에 기입한 후 이 신고서를 2장 세관에 제출하여 세관직원의 확인을 받아 주시기 바랍니다. (입국후 6개월이내에 수입할 물품에 한함)
세관에서 확인을 받은 신고서는 별송품을 통관시킬 때 필요합니다.

《주의사항》

해외에서 구입한 물품, 다른사람의 부탁으로 운반하는 물품 등 일본으로 반입하려고 하는 휴대품 · 별송품에 대해서는 법률에 의거하여 세관에 신고하여 필요한 검사를 받아야 합니다.

또한 신고 누락, 허위 신고 등 부정한 행위가 있으면 일본 관세법에 따라 처벌을 받을 수 있습니다.

이 신고서 기재내용은 사실과 같습니다.

서 명 17

일본 세관신고서

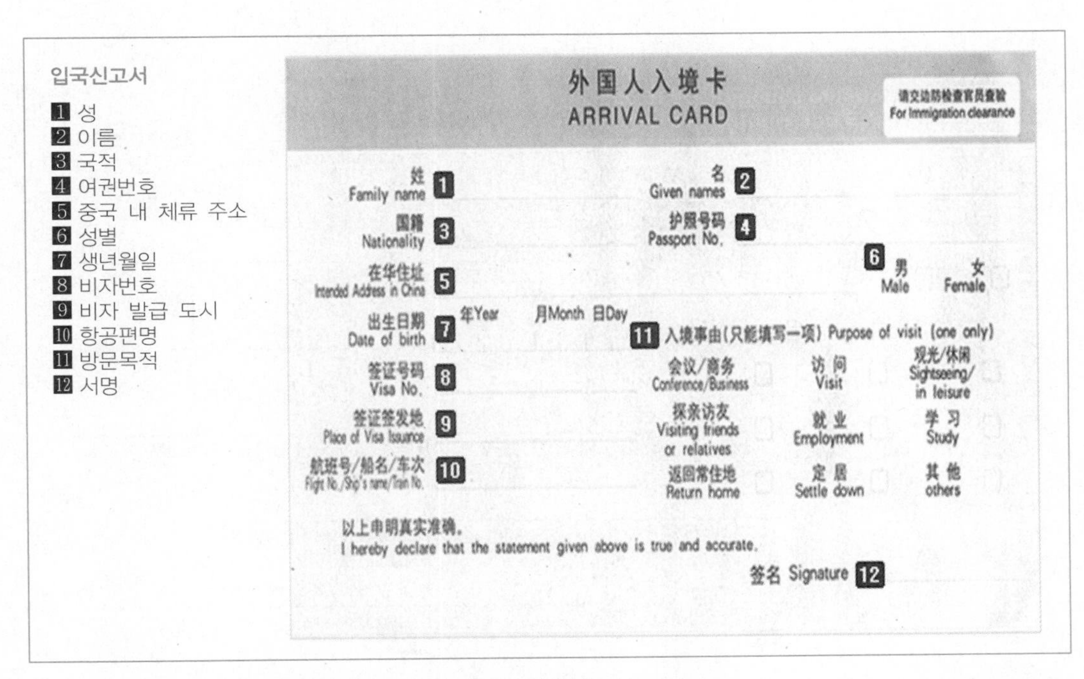

입국신고서

1 성
2 이름
3 국적
4 여권번호
5 중국 내 체류 주소
6 성별
7 생년월일
8 비자번호
9 비자 발급 도시
10 항공편명
11 방문목적
12 서명

外国人入境卡
ARRIVAL CARD

请交边防检查官员查验
For Immigration clearance

姓 Family name 1
名 Given names 2
国籍 Nationality 3
护照号码 Passport No. 4
在华住址 Intended Address in China 5
6 男 Male 女 Female
出生日期 Date of birth 7 年Year 月Month 日Day
11 入境事由(只能填写一项) Purpose of visit (one only)
会议/商务 Conference/Business
访问 Visit
观光/休闲 Sightseeing/in leisure
签证号码 Visa No. 8
签证签发地 Place of Visa Issuance 9
探亲访友 Visiting friends or relatives
就业 Employment
学习 Study
航班号/船名/车次 Flight No./Ship's name/Train No. 10
返回常住地 Return home
定居 Settle down
其他 others

以上申明真实准确。
I hereby declare that the statement given above is true and accurate.

签名 Signature 12

중국 입국신고서

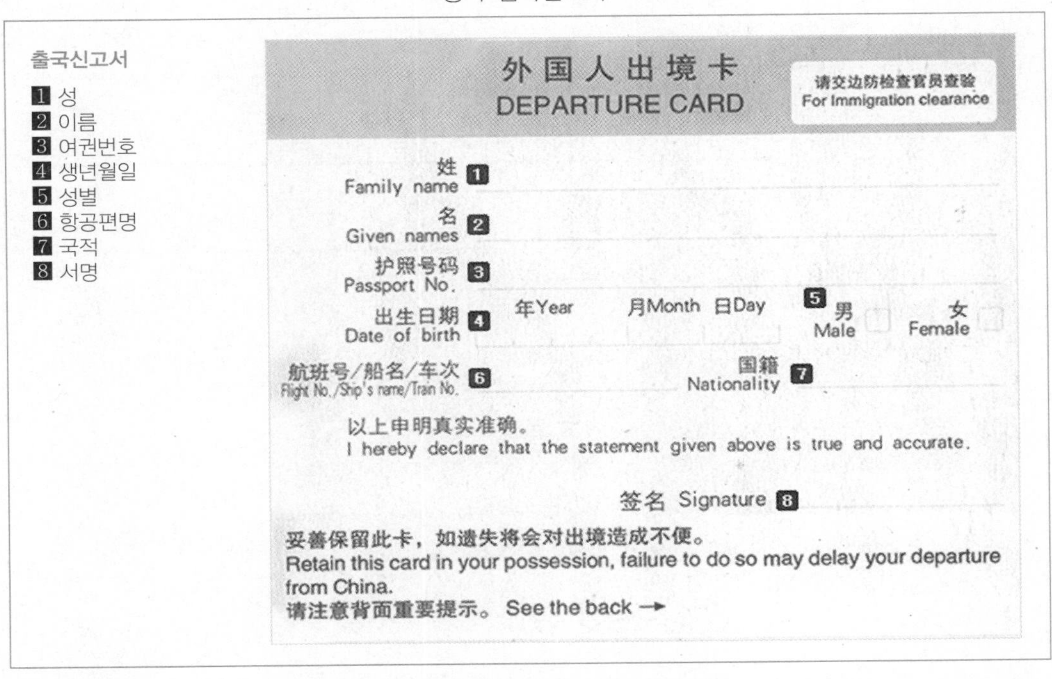

출국신고서

1 성
2 이름
3 여권번호
4 생년월일
5 성별
6 항공편명
7 국적
8 서명

外国人出境卡
DEPARTURE CARD

请交边防检查官员查验
For Immigration clearance

姓 Family name 1
名 Given names 2
护照号码 Passport No. 3
出生日期 Date of birth 4 年Year 月Month 日Day
5 男 Male 女 Female
航班号/船名/车次 Flight No./Ship's name/Train No. 6
国籍 Nationality 7

以上申明真实准确。
I hereby declare that the statement given above is true and accurate.

签名 Signature 8

妥善保留此卡，如遗失将会对出境造成不便。
Retain this card in your possession, failure to do so may delay your departure from China.
请注意背面重要提示。 See the back →

중국 출국신고서

입국신고서

1 성
2 성별
3 이름
4 여권번호
5 발급처 및 발급일
6 국적
7 생년월일
8 출생지
9 홍콩 내 체류 주소
10 주소
11 항공편명
12 출발지
13 서명

IMMIGRATION DEPARTMENT HONG KONG
香港入境事務處
ID 93 (1/2006)
IMMIGRATION ORDINANCE (Cap. 115)
入境條例 [第 115 章]
Section 5(4) and (5)
第 5(4) 及 (5) 條

ARRIVAL CARD 旅客抵港申報表

All travellers should complete this card except Hong Kong Identity Card holders
除香港身份證持有人外，所有旅客均須填寫此申報表

Family name (*in capitals*) 姓 (請用正楷填寫) 1	Sex 性別 2
Given names (*in capitals*) 名 (請用正楷填寫) 3	
Travel document No. 旅行證件號碼 4	Place and date of issue 發出地點及日期 5
Nationality 國籍 6	Date of birth 出生日期 7 / / day 日 month 月 year 年
Place of birth 出生地點 8	Address in Hong Kong 香港地址 9
Home address 住址 10	
Flight No./Ship's name 班機編號／船名 11	From 來自 12
Signature of traveller 旅客簽署 13	

Please write clearly
請用端正字體填寫
Do not fold
切勿摺疊

FA918712

홍콩 입국신고서

ARRIVAL RECORD

NOTE:
This form must be completed in English /this page/ or Mongolian /opposite/ and presented to the Border officer.

1. Given name: GILDONG	2. Surname: HONG
3. Date of birth: Year 1960 Month 09 Day 20	4. Sex: Male ✓ Female: ☐
5. Number of children on your passport travelling with you:	
6. Citizenship: KOREA	7. Country of residence: KOREA
8. Passport number: B S 1 2 3 4 5 6	
9. Visa Number: /for visitor/ 1 2 3 4 5	Registration number /for Mongolian/
10. Validity of visa: /for visitor only/ up to 30 days ✓ a; up to 90 days ☐ b; more than 90 days ☐ c	
11. Purpose of Travel: Returning resident /Mongolians only/ ☐ a; Leisure /Recreation/ Holiday ✓ b; Viziting friends and relatives ☐ c; Business/Conference ☐ d	Diplomatic ☐ e; Transit/Stopover ☐ f; Other purpose /study, sport, health, religious/ ☐ g
12. Address in Mongolia: TUNSHIN HOTEL, PRIME-MINISTER AMAR'S STR.2, ULAANBAATAR 210646	
15. Date of entry: Year 2005 Month 01 Day 01	Signature

몽골 도착신고서

U.S. Department of Justice
Immigration and Naturalization Service
OMB 1115-007

Admission Number

미국방문을 환영합니다.

018955018 10

I-94 본 서식 작성 요령

미국시민권자, 영주권 소유 외국인, 이민비자 소지자, 캐나다 시민권자를 제외한 모든 방문객은 이 양식을 기입해 주십시오.
타자 또는 정자로 읽기좋게 전부 대문자로 쓰십시오. 영어를 사용 하십시오. 이 양식의 뒷면은 쓰지 마십시오.
이 양식은 이부로 나누어져 있습니다. 도착기록(항목 1부터 13까지)과 출발기록(항목 14부터 17까지)항목을 전부 기입해 주십시오.
이 항목을 다 기입하신후 이 양식을 미국 이민국 검사관에게 제출 하십시오.
항목-7 육로로 미국에 입국하면, LAND라고 이 공란에 기입하십시오. 선박편으로 미국에 입항할 때는 SEA라고 이 공란에 기입하십시오.
Form I-94 (05-09-90)N

Admission Number

영문 대문자로 기재하십시오
(WRITE IN ENGLISH ONLY)

018955018 10

Immigration and Naturalization Service
I-94
Arrival Record (도착기록)

1. 성(姓): HONG
2. 이름: KIL DONG
3. 생일(일/월/년): 20,09,60
4. 국적: KOREA
5. 성별(남, 여): MALE
6. 여권번호: BS123456
7. 항공사 및 항공편명: KE017
8. 현재 주재국: KOREA
9. 탑승한 장소(도시명): SEOUL
10. 비자를 발행한 장소(도시명): SEOUL
11. 발행날자(일/월/년): 24,11,01
12. 미국에 체류기간 중 주소(번지·거리): 1813 WILSHIRE BOULEVARD
13. 시 및 주: LOS ANGELES, CA90057

Departure Number

018955018 10

Immigration and Naturalization Service
I-94
Departure Record (출발기록)

14. 성(姓): HONG
15. 이름: KIL DONG
16. 생일(일/월/년): 20,09,60
17. 국적: KOREA

뒷쪽을 보시오.
KOREAN

KOREAN AIR

STAPLE HERE

괌 출입국신고서

U.S. Department of Justice
Immigration and Naturalization Service

괌 비자 면제 설명

설명: 미연방규칙 제 8 장 212조 제1항(c)에 기재되 있는 대상국(대한민국)의 국민이고, 여행자용 비자를 소지하고 있지 않은 일시 입국자로서 괌에 입국, 최고 15일까지의 체류를 신청하고자 하는 승객은 본 양식을 기입하여야 합니다. 본 규정은 괌에 입국시에만 적용되는 것으로 미국의 다른 장소에의 입국은 불가합니다. 펜을 사용하여 영어대문자로 기입해 주십시오. 제1항부터 제9항까지의 각 항목을 기입하시고, 모든 설명사항을 읽어보신 후 본 양식 하단에 작성일자를 기록, 서명해 주십시오. 14세 이하의 경우는 부모 또는 보호자가 서명하여 주십시오. 전 항목을 기입후 본 양식과는 별도로 작성한 I-94 도착/출발 기록 양식을 첨부하여 괌공항의 법무심사관에게 제출하여 주십시오.

(영어대문자로 기입해 주십시오)

1. 성(여권에 기재돼 있는 것)
HONG

2. 이름
GIL DONG

3. 이명

4. 생년월일(일/월/년)
01 / 01 / 1960

5. 출생지(도시 및 국가명)
SEOUL,KOREA

6. 여권번호
JR 123456

7. 여권발행일(일/월/년)
01 / 01 / 2005

8. 과거에 미국에 이민 또는 비이민비자(일시체류)를 신청한 적이 있습니까?
☐아니오 ☐예(예의 경우는 다음 사항을 기입)

신청장소

신청일자(일/월/년)

신청한 비자 종류

비자는 발행이 되었습니까?
☐아니오 ☐예

취득한 이후 비자가 취소된 적이 있습니까?
☐아니오 ☐예

9. 모든 승객께서는 하기 항목을 읽고 작성하여 주십시오.

법령에 의거 규정된 특정 항목의 저촉으로 입국 불가한 승객은 비자면제를 받을 수 없습니다. (단 사전에 비자를 취득한 경우는 관계없음) 본 특정항목에 대한 자료 및 이것중 어느 것인가 승객에 적용여부의 자료는 미국법무성에서 입수 가능하며 일반적으로 아래 항목에 해당되는 자가 대상이 됩니다.

- 전염병(예를 들면 결핵)이나 중증의 정신병자
- 특사, 사면 또는 이에 준한 법적조치를 받았더라도 범죄에 의해 체포 또는 유죄선고를 받은 자
- 마약상습자 또는 밀매업자
- 과거 5년간 미국으로부터 강제 퇴거된 자
- 부정수단 또는 고의에 의한 허위신고로 미국비자 또는 기타 문서의 취득 또는 미국에 입국을 시도했던 자
- 공산당이나 그 관계조직의 일원이었던 자
- 독일 나치정부 또는 독일|나치정부에 의해서 점령되었거나 또는 이들과 동맹관계에 있던 지역의 정부의 지배하에 인종·종교·출신국 또는 정치적 의견 등을 이유로 박해를 가하도록 명령, 선동, 협조 등 기타의 방법으로 참여한 자

상기항목 가운데 하나라도 본인에게 해당하는 사항이 있습니까?
(어느 항목이라도 해당될 경우는 괌 입국이 거부될 수 있습니다.)

☐아니오 ☐예

중요사항:승객의 괌 입국 허가와 체류는 최대 15일간이며 다음 각 항목의 신청은 불가합니다.
1) 비이민자격의 변경 2) 일시거주자 또는 영주거주자로의 자격 변경 3) 체류기간 연장

경고사항:승객이 입국 허가조건을 위반한 경우는 괌으로부터 강제 퇴거되며 무허가 고용에 해당되는 자는 강제퇴거의 대상이 됨

권리포기:본인은 입국허가의 가부에 대한 입국심사관의 결정에 대해 보호수용의 신청사유를 제외하고 재심의 권리 또는 강제퇴거 수속에 대해 항의하는 어떠한 권리도 포기합니다.

선서:본인은 본 양식의 모든 질문 및 모든 기술사항을 숙독, 이해하였음을 서명합니다.
본인의 진술은 본인이 아는 한 전부 사실임을 선서합니다.

서명 일자

KOREAN AIR ☆U.S.G.P.O.:1988-220-922/89301

괌 비자면제협정서

(앞면)

입국기록카드 ng passenger card • Australia

PLEASE COMPLETE IN ENGLISH WITH A BLUE OR BLACK PEN

▶ Family/surname 성(영문)

▶ Given names 이름(영문)

▶ Passport number 여권번호

◆ Flight number or name of ship 입국편 명

▶ Intended address in Australia 호주에서 머물 곳의 주소(호텔명을 영문으로)

State

▶ Do you intend to live in Australia for the next 12 months? Yes No ✓

▶ If you are **NOT an Australian citizen:**

Do you have tuberculosis? Yes No ✓

Do you have any criminal conviction/s? Yes No ✓

YOU MUST ANSWER EVERY QUESTION – IF UNSURE, Yes ✕

▶ Are you bringing into Australia:

1.	Goods that may be prohibited or subject to restrictions, such as medicines, steroids, illegal pornography, firearms, weapons or illicit drugs?	Yes	No ✓
2.	More than 2250mL of alcohol or 50 cigarettes or 50g of tobacco products?	Yes	No ✓
3.	Goods obtained overseas or purchased duty and/or tax free in Australia with a combined total price of more than AUD$900, including gifts?	Yes	No ✓
4.	Goods/samples for business/commercial use?	Yes	No ✓
5.	AUD$10,000 or more in Australian or foreign currency equivalent? Note: If a customs or police officer asks, you must report travellers cheques, cheques, money orders or other bearer negotiable instruments of any amount.	Yes	No ✓
6.	Meat, poultry, fish, seafood, eggs, dairy, fruit, vegetables?	Yes	No ✓
7.	Grains, seeds, bulbs, straw, nuts, plants, parts of plants, traditional medicines or herbs, wooden articles?	Yes	No ✓
8.	Animals, parts of animals, animal products including equipment, pet food, eggs, biologicals, specimens, birds, fish, insects, shells, bee products?	Yes	No ✓
9.	Soil, items with soil attached or used in freshwater areas e.g. sports/recreational equipment, shoes?	Yes	No ✓
▶10.	Have you been in contact with farms, farm animals, wilderness areas or freshwater streams/lakes etc in the past 30 days?	Yes	No ✓
▶11.	Were you in Africa, South/Central America or the Caribbean in the last 6 days?	Yes	No ✓

DECLARATION
The information I have given is true, correct and complete. I understand failure to answer any questions may have serious consequences.

YOUR SIGNATURE 본인 서명

입국일 Day 일 Month 월 Year 년

TURN OVER THE CARD ▶
English

(뒷면)

입국기록카드 TACT DETAILS IN AUSTRALIA

Phone ( )

E-mail OR Address

State

EMERGENCY CONTACT DETAILS (FAMILY OR FRIEND)

Name

E-mail, Phone OR Mail address

PLEASE COMPLETE IN ENGLISH

▶ In which country did you board this flight or ship? 출발국가(예:KOREA)

◆ What is your usual occupation? 직업(영문)

▶ Nationality as shown on passport 여권에 기재한 국적(KOREA)

▶ Date of birth 생일 Day 일 Month 월 Year 년

▶ PLEASE ✕ AND ANSWER A OR B OR C

A Migrating permanently to Australia

B Visitor or temporary entrant

Years Months Days

▶ 호주에서(머물)날의수(예:5days) stay in Australia OR

▶ Your country of residence 거주국가(KOREA)

▶ Your main reason for coming to Australia (✕ one only)

Convention/conference	1	Employment	4	Holiday ✓	7
Business	2	Education	5	Other	8
Visiting friends or relatives	3	Exhibition	6		

C Resident returning to Australia

▶ Country where you spent most time abroad

MAKE SURE YOU HAVE COMPLETED BOTH SIDES OF THIS CARD. PRESENT THIS CARD ON ARRIVAL WITH YOUR PASSPORT.

발급국가는 발급받은 국가의 영문명을 적어주세요. (예 KOREA)

Information sought on this form is required to administer quarantine, statistical, health, wildlife and currency laws authorised by legislation. It will be disclosed only to agencies administering these areas and those entitled to receive it under Australian law. The leaflet *Safeguarding your personal information* is available at Australian ports and airports.

11121502

© Commonwealth of Australia 2012
15 (Design date 11/12)

(앞면)

출국기록카드 assenger card • Australia

PLEASE COMPLETE IN ENGLISH WITH A BLUE OR BLACK PEN

▶ Family/surname 성(영문)

▶ Given names 이름(영문)

▶ Passport number 여권번호

▶ Flight number or name of ship 출국편 명

▶ Country where you will get off this flight 목적지(KOREA)

▶ What is your usual occupation? 직업(영문)

◆ Nationality as shown on passport 여권에 기재한 국적(KOREA)

발급국가는 발급받은 국가의 영문명을 적어주세요. (예 KOREA)

▶ Date of birth 생일 Day 일 Month 월 Year 년

▶ PLEASE ✕ AND ANSWER D OR E OR F

D Visitor or temporary entrant departing ✕

▶ State where you spent most time 머무른 도시

NSW Vic Qld SA WA Tas NT ACT Other

▶ Country of Residence 거주 국가(KOREA)

E Australian resident departing temporarily

▶ In which State do you live? NSW Vic Qld SA WA Tas NT ACT Other

▶ Intended length of stay overseas Years Months OR Days

▶ Country where you will spend most time abroad

▶ Main reason for overseas travel (✕ one only)

Convention/conference	1	Employment	5
Business	2	Education	6
Visiting friends or relatives	3	Exhibition	7
Holiday	4	Other	8

F Australian resident departing permanently

▶ In which State did you live? NSW Vic Qld SA WA Tas NT ACT Other

▶ What is your country of future residence?

DECLARATION *The information I have given is true, correct and complete.*

YOUR SIGNATURE 본인 서명

출국일 Day 일 Month 월 Year 년

TURN OVER THE CARD ▶
English

호주 출입국신고서

New Zealand Passenger Arrival Card

1 flight number/name of ship: KE821
passport number: BS123456
nationality as shown on passport: KOREA
family name: HONG
given or first names: GIL DONG
date of birth: day 20 month 09 year 1960
occupation or job: BUSINESSMAN
full contact or residential address in New Zealand: CARTON HOTEL
country you were born in: KOREA
overseas port where you boarded THIS aircraft/ship: INCHEON

2a Answer this section if you live in New Zealand. Otherwise go to '2b'.
- How long have you been away from New Zealand? years months days
- Which country did you spend most time in while overseas?
- What was the MAIN reason for your trip? business / education/medical / other
- Which country will you mostly live in for the next 12 months? NZ / other

2b Answer this section if you DO NOT live in New Zealand.
- How long do you intend to stay in New Zealand? permanently or years months days 05
- If you are not staying permanently what is your MAIN reason for coming to New Zealand? visiting friends or relatives / business / X holiday/vacation / conference/convention / education/medical / other
- Where did you last live for 12 months or more? country KOREA; state, province, or prefecture; zip or postal code

PLEASE TURN OVER FOR MORE QUESTIONS AND TO SIGN

3 See the Biosecurity Notes (yes / no)
- Did you pack your own bags? X yes
- Are you bringing into New Zealand:
  - food of any kind? X no
  - animals or animal products* including: meat, honey, feathers, skins, eggs, dairy products, wool, bone, or cultures/biologicals? X no
  - plants or plant products* including: fruit, vegetables, flowers or foliage, seeds, bulbs, wood, bamboo, cane, or straw? X no
  - other risk items* including: used tents, tramping and hiking footwear, spiked/studded sporting shoes, equipment/medication used with animals, soil, water and fishing equipment? X no
- In the past 30 days, while outside of New Zealand, have you been:
  - in contact with any animals? (except domestic cats and dogs) X no
  - to a farm, abattoir or meat packing house? X no
  - in a forest or hiking, camping, hunting in rural areas or parkland? X no
- List below all countries you have been in, in the past 30 days.

WARNING: Failure to make a correct declaration may result in an instant fine of $200 or prosecution resulting in a fine of up to $100,000 or imprisonment for up to five years.

4 See the Customs Notes (yes / no)
- Are you bringing into New Zealand:
  - goods that may be prohibited or restricted? X no
  - goods over the personal concession for alcohol and tobacco products? X no
  - goods over the NZ$700 personal concession, or for business or commercial use, or carried on behalf of other persons? X no
  - NZ$10,000 or more, or the equivalent in foreign currency? X no

5
- Do you hold a New Zealand passport or a New Zealand Returning Resident's Visa? Go to 8
- Are you a New Zealand citizen using a foreign passport? Go to 8
- Do you hold an Australian passport or an Australian Returning Resident's visa? Go to 7

6 See the Immigration Notes
All others apply for one of these:
I apply for X visitor's permit / residence permit / work permit / exemption from holding a permit / student permit / limited purpose permit
You must leave New Zealand before expiry of your permit, or face removal.

7 All others please answer this: Have you ever been sentenced to 12 months or more in prison, or been deported or removed from any country? X no

8 I declare that the information I have given is true, correct and complete.
signature X [signature] date 04/05/04

뉴질랜드 출입국신고서

• Immigration

Please complete in capital letters and tick ✔ where appropriate.

IV5 I 921163

A separate arrival card must be completed for each passenger including children.

1 Surname/family name

Given names

2 Permanent address No./street

Town State/province

Post/zip code Country

3 Country of citizenship

4 Passport No.

5 Date of birth day month year 6 Sex Male Female

7 Occupation

8 Address while in the Fiji Islands (if different from 2 above)

9 Reason for visit (If returning resident, reason for trip). Tick ✔ one only.

1 Business 2 Convention/conference

3 Holiday (hotel/resort/dormitory) 4 Visiting friends/relatives

5 Education/training 6 Transit

7 Other (specify)

10 Race (Residents of the Fiji Islands only). Tick ✔ one only.

1 Fijian 2 Indian 3 European 4 Chinese 5 Rotuman

6 Other Pacific Islander 7 Part European

8 Other (specify)

11 Flight No./ship 12 Where did you board

13 Expected date of leaving the Fiji Islands (visitors only)

14 Have you visited any of the following countries in the last 10 days? (Central Africa/Central America/South East Asia) Yes No

I declare that the above particulars are true and correct

Signature Date

Do not detach

Surname/family name and initials

IV5 I 921163 Flight No./ship

Warning: It is an offence to furnish false information.
This portion must not be removed from your passport.

• Customs

Do you have in your possession or in the baggage accompanying you and your family

1. Goods which may be prohibited e.g. drugs, weapons including firearms and ammunition, spring bladed knives or swordsticks or indecent or obscene articles or printed matter — Yes No
2. More than 500 gms of tobacco products per adult (17 years and over) (500 cigarettes equals 500 grams) — Yes No
3. More than 2 litres of alcoholic beverages per adult (17 years and over) — Yes No
4. Goods for commercial purposes (such as samples or any goods intended for sale, lease, hire or exchange) — Yes No
5. Any professional or technical equipment — Yes No
6. Any other personal goods the total value of which exceeds F$400 [illegible] — Yes No

• A■culture/Quara■ine

Do you have in your possession or in the baggage accompanying you and your family:

1. Food of any kind — Yes No
2. Plants, fruits, vegetables, seeds, bulbs, nuts, fresh or dried flowers, foliage, mushrooms, straw, bamboo, wood, handicrafts and other plant products — Yes No
3. Animals, reptiles, fish [illegible] — Yes No
4. Biological specimens including vaccines, cultures, blood, [illegible] — Yes No
5. Equipment used with animals, [illegible] — Yes No
6. Soil, rock, earth, [illegible] — Yes No
7. Do you have [illegible] — Yes No
8. While overseas, did you in the last 30 days visit a farm, [illegible] — Yes No

N.B Please [illegible]

피지 출입국신고서

입국신고서

1. 성
2. 이름
3. 항공편명
4. 국적
5. 성별
6. 여권번호
7. 생년월일
8. 비자번호
9. 태국 내 체류주소
10. 서명
11. 항공형태(전세기, 정규편)
12. 태국 첫 방문 여부
13. 그룹여행 여부
14. 숙소
15. 방문목적
16. 연봉
17. 직업
18. 거주국가
19. 도시/주
20. 국가명
21. 출발한 도시
22. 다음 목적지

ตม.6 บัตรขาเข้า
TM.6 ARRIVAL CARD

Thai Immigration Bureau

โปรดเขียนตัวบรรจง และทำเครื่องหมาย ☒
PLEASE WRITE CLEARLY IN BLOCK LETTERS AND MARK ☒

WU72777

ชื่อสกุล Family Name [1]

ชื่อตัวและชื่อรอง First Name and Middle Name [2]

เที่ยวบินหรือพาหนะอื่น Flight or Other Vehicle No. [3]

สัญชาติ Nationality [4]

[5] ☐ ชาย Male ☐ หญิง Female

สำหรับเจ้าหน้าที่/For official use

เลขที่หนังสือเดินทาง Passport No. [6]

วัน-เดือน-ปีเกิด Date of Birth [7] dd mm yyyy

ตรวจลงตราเลขที่ Visa No. [8]

ที่อยู่ในประเทศไทย Address in Thailand [9]

ลายมือชื่อ Signature [10]

เฉพาะชาวต่างชาติกรุณากรอกข้อมูลบนบัตรทั้ง 2 ด้าน
For non-Thai resident, please complete on both sides of this card

เฉพาะชาวต่างชาติ/For non-Thai resident only

PLEASE MARK ☒

PLEASE COMPLETE IN ENGLISH

[11] Type of flight
☐ Charter ☐ Schedule

[12] First trip to Thailand
☐ Yes ☐ No

[13] Traveling on group tour
☐ Yes ☐ No

[14] Accommodation
☐ Hotel ☐ Friend's Home
☐ Youth Hostel ☐ Apartment
☐ Guest House ☐ Others

[15] Purpose of visit
☐ Holiday ☐ Meeting
☐ Business ☐ Incentive
☐ Education ☐ Conventions
☐ Employment ☐ Exhibitions
☐ Transit ☐ Others

[16] Yearly income
☐ Under 20,000 US$
☐ 20,000-40,000 US$
☐ 40,001-60,000 US$
☐ 60,001-80,000 US$
☐ 80,001 and over
☐ No income

Occupation [17]

[18] Country of residence
City/State [19]
Country [20]

From/Port of embarkation [21]

Next city/Port of disembarkation [22]

โรงพิมพ์ตำรวจ 2.6.15

태국 입국신고서

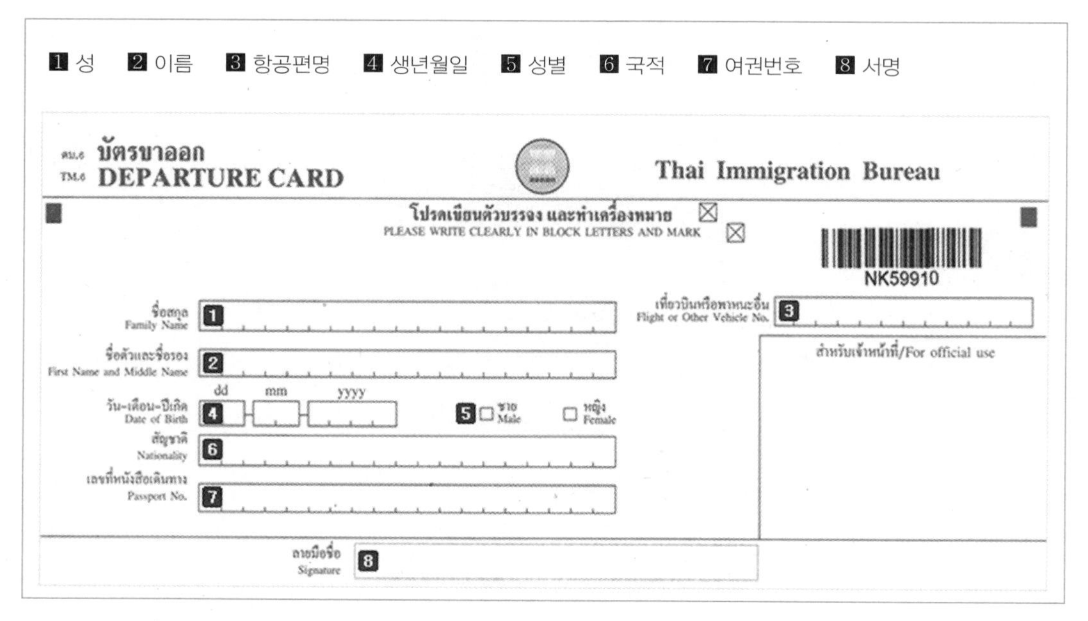

1 성 2 이름 3 항공편명 4 생년월일 5 성별 6 국적 7 여권번호 8 서명

ตม.6 บัตรขาออก
TM.6 DEPARTURE CARD

Thai Immigration Bureau

โปรดเขียนตัวบรรจง และทำเครื่องหมาย ☒
PLEASE WRITE CLEARLY IN BLOCK LETTERS AND MARK ☒

NK59910

ชื่อสกุล Family Name 1

ชื่อตัวและชื่อรอง First Name and Middle Name 2

วัน-เดือน-ปีเกิด Date of Birth 4 dd mm yyyy

5 ☐ ชาย Male ☐ หญิง Female

สัญชาติ Nationality 6

เลขที่หนังสือเดินทาง Passport No. 7

เที่ยวบินหรือพาหนะอื่น Flight or Other Vehicle No. 3

สำหรับเจ้าหน้าที่/For official use

ลายมือชื่อ Signature 8

태국 출국신고서

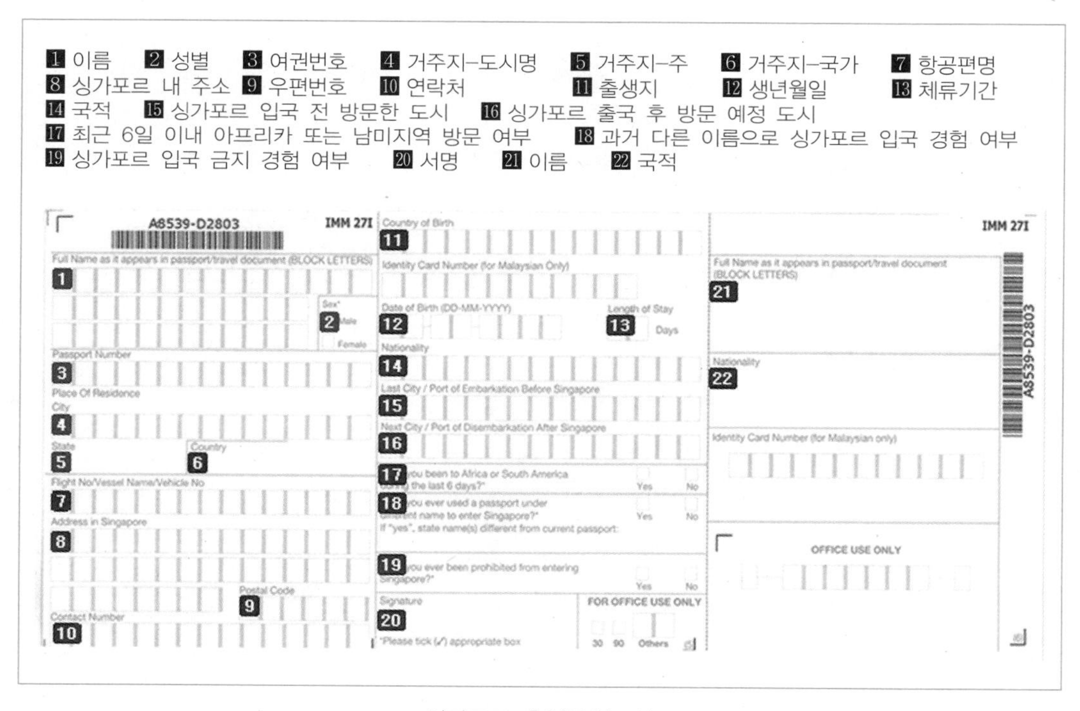

1 이름 2 성별 3 여권번호 4 거주지-도시명 5 거주지-주 6 거주지-국가 7 항공편명
8 싱가포르 내 주소 9 우편번호 10 연락처 11 출생지 12 생년월일 13 체류기간
14 국적 15 싱가포르 입국 전 방문한 도시 16 싱가포르 출국 후 방문 예정 도시
17 최근 6일 이내 아프리카 또는 남미지역 방문 여부 18 과거 다른 이름으로 싱가포르 입국 경험 여부
19 싱가포르 입국 금지 경험 여부 20 서명 21 이름 22 국적

A8539-D2803 IMM 27I

Full Name as it appears in passport/travel document (BLOCK LETTERS) 1

Sex* 2 Male Female

Passport Number 3

Place Of Residence City 4

State 5 Country 6

Flight No/Vessel Name/Vehicle No 7

Address in Singapore 8

Postal Code 9

Contact Number 10

Country of Birth 11

Identity Card Number (for Malaysian Only)

Date of Birth (DD-MM-YYYY) 12 Length of Stay 13 Days

Nationality 14

Last City / Port of Embarkation Before Singapore 15

Next City / Port of Disembarkation After Singapore 16

17 Have you been to Africa or South America during the last 6 days?* Yes No

18 Have you ever used a passport under different name to enter Singapore?* Yes No
If "yes", state name(s) different from current passport:

19 Have you ever been prohibited from entering Singapore?* Yes No

Signature 20

*Please tick (✓) appropriate box

FOR OFFICE USE ONLY 30 90 Others

IMM 27I

Full Name as it appears in passport/travel document (BLOCK LETTERS) 21

Nationality 22

Identity Card Number (for Malaysian only)

OFFICE USE ONLY

A8539-D2803

싱가포르 출입국신고서

EMBARKATION

Full Name in BLOCK LETTERS
1 HONG GIL DONG

Date of Birth 2 1970 10 20 | 3 Sex [V] Male [ ] Female

Nationality 4 KOREA

Country of Residence 5 KOREA

Passport No. 6 BS123456

To be filled at the Time of Departure
Mode of Exit
By air 7 KE696 Flight No. ....
8 By Land Exit Point ....

Places Visited in Nepal 9 Himalaya

Length of Stay 10 7

Next Port of call 11

Departure Date 12 2007. 6. 30........
Signature 13 Hong........

For Official Use Only
(to be Filled in by Customers)
Goods Declared [ ] Yes [ ] No
Foreign Exchange Declared [ ] Yes [ ] No

....
Signature

DISEMBARKATION

Full Name in BLOCK LETTERS
HONG GIL DONG

Date of Birth 1970 10 20 | Sex [V] Male [ ] Female

Nationality KOREA

Country of Residence KOREA

Passport No. BS123456 | 14 Place and Date of Issue SEOUL, 2007, 6, 05

Visa No. 15 123456 | Visa Issued | Visa Expiry

Mode of Entry
By air Flight No. KE696.........
By Land Entry Point ....

Last Port of Call

16 Purpose of Visit
1 [ ] Official
2 [ ] Business
3 [ ] Pilgrimage
4 [V] Holiday/Pleasure
5 [ ] Convention/Conference
6 [ ] Others ....

Intended Length of Stay ....7............ Days

Address in Nepal

17 Have you ever been to Nepal before ? [ ] Yes [V] No
18 If Yes, How many times ....

19 Travelling on Group [V] Yes [ ] No

Date of Arrival 20 .2007. 6. 24......
Hong
Signature

네팔 출입국신고서

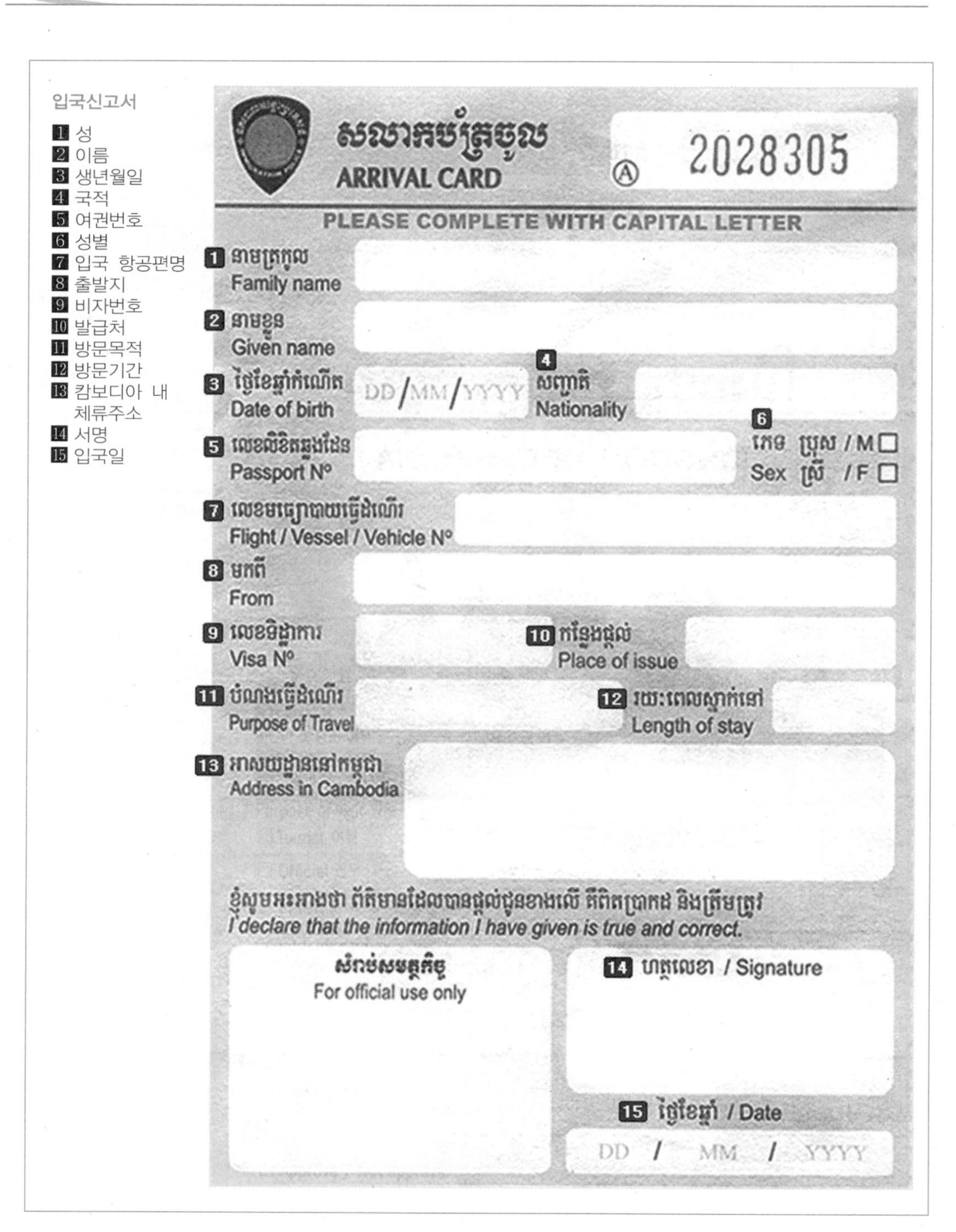

입국신고서

1 성
2 이름
3 생년월일
4 국적
5 여권번호
6 성별
7 입국 항공편명
8 출발지
9 비자번호
10 발급처
11 방문목적
12 방문기간
13 캄보디아 내 체류주소
14 서명
15 입국일

ARRIVAL CARD

Ⓐ 2028305

PLEASE COMPLETE WITH CAPITAL LETTER

1 Family name

2 Given name

3 Date of birth DD/MM/YYYY

4 Nationality

5 Passport Nº

6 Sex / M ☐ / F ☐

7 Flight / Vessel / Vehicle Nº

8 From

9 Visa Nº

10 Place of issue

11 Purpose of Travel

12 Length of stay

13 Address in Cambodia

I declare that the information I have given is true and correct.

For official use only

14 / Signature

15 / Date

DD / MM / YYYY

캄보디아 입국신고서

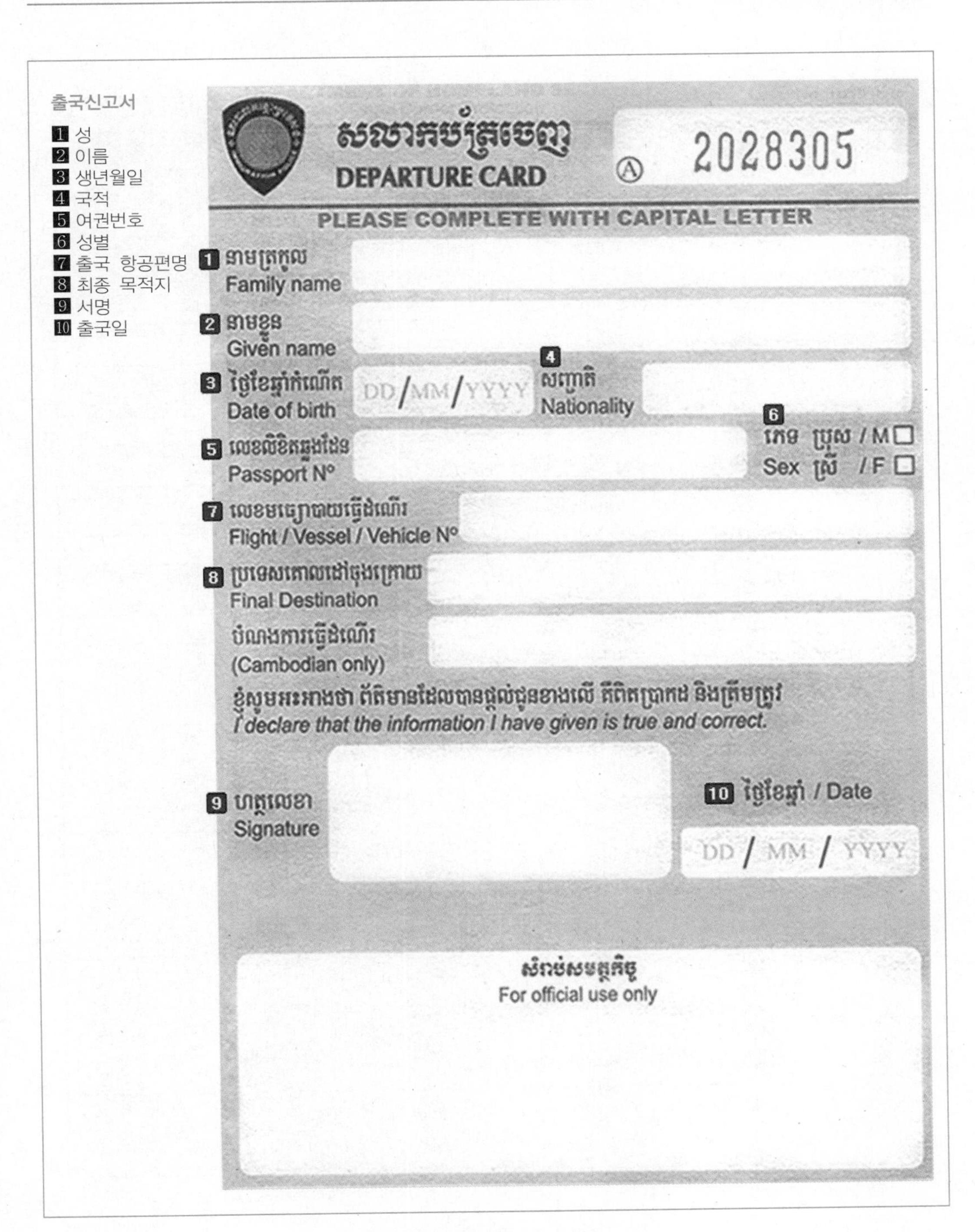

출국신고서

1 성
2 이름
3 생년월일
4 국적
5 여권번호
6 성별
7 출국 항공편명
8 최종 목적지
9 서명
10 출국일

DEPARTURE CARD

Ⓐ 2028305

PLEASE COMPLETE WITH CAPITAL LETTER

1 Family name

2 Given name

3 Date of birth DD/MM/YYYY

4 Nationality

5 Passport N°

6 Sex / M ☐ / F ☐

7 Flight / Vessel / Vehicle N°

8 Final Destination

(Cambodian only)

I declare that the information I have given is true and correct.

9 Signature

10 / Date DD / MM / YYYY

For official use only

캄보디아 출국신고서

세관신고서

1. 성
2. 이름
3. 성별
4. 생년월일
5. 여권번호
6. 국적
7. 직업
8. 항공편명
9. 출발지/목적지
10. 세관신고 여부
11. 한도액 초과 소지 여부 (USD 10,000)
12. 서명
13. 날짜

អគ្គនាយកដ្ឋានគយ និងរដ្ឋាករកម្ពុជា

GENERAL DEPARTMENT OF CUSTOMS AND EXCISE

លិខិតរាយការណ៍របស់អ្នកដំណើរ **Passenger's Declaration**

1 នាមត្រកូល Family Name

2 នាមខ្លួន Given Names

3 ភេទ Sex ☐ ប្រុស Male ☐ ស្រី Female

4 ថ្ងៃ ខែ ឆ្នាំកំណើត Date of Birth

5 លិខិតឆ្លងដែនលេខ Passport No.

6 សញ្ជាតិ Nationality

7 មុខរបរ Occupation

8 យន្តហោះលេខ Flight No.

9 មកពី / ចេញ From / To

សូមគូសបញ្ជាក់ Please Check

10 ☐ មានឥវ៉ាន់រាយការណ៍ Goods to declare ☐ គ្មានឥវ៉ាន់រាយការណ៍ Nothing to declare

បើមានឥវ៉ាន់សូមរាយការណ៍នៅផ្នែកខាងខ្នង

If you have goods to declare please list them on the reverse side.

អ្នកមានរូបិយប័ណ្ណបរទេស រូបិយវត្ថុ យកតាមខ្លួនលើសពី $10.000U.S. ឬទេ?

11 You are carrying foreign currency or monetary instruments over $10.000U.S. or its equivalent. ☐ មាន Yes ☐ គ្មាន No

ខ្ញុំសូមបញ្ជាក់ថា ការរាយការណ៍លើលិខិតនេះពិតជាត្រឹមត្រូវមែន ។

I certify that all statements on this declaration are true and correct.

12 ហត្ថលេខា Signature..

13 កាលបរិច្ឆេទ Date ថ្ងៃ Day ....ខែ Month .... ឆ្នាំ Year................

បើសិនអ្នកមានចម្ងល់ សូមសាកសួរមន្ត្រីគយ

If you have any question, please ask a customs officer.

캄보디아 세관신고서

비자신청서

1 성
2 성별
3 이름
4 출생지
5 생년월일
6 국적
7 여권번호
8 직업
9 여권발행날짜
10 여권만료날짜
11 입국공항(PNH, REP)
12 출발지
13 항공편명
14 영구 거주 주소
15 이메일 주소
16 캄보디아 내 체류주소
17 방문목적
18 체류기간
19 비자 종류
20 날짜
21 서명

ព្រះរាជាណាចក្រកម្ពុជា
KINGDOM OF CAMBODIA
ពាក្យសុំទិដ្ឋាការ
APPLICATION FORM
VISA ON ARRIVAL

* PLEASE COMPLETE WITH CAPITAL LETTER

Photograph
Please attach a recent passport photograph
4 X 6

1 នាមត្រកូល Surname: .... 2 ប្រុស Male ☐ ស្រី Female ☐
3 នាមខ្លួន Given name: ....
4 ទីកន្លែងកំណើត Place of birth: ....
5 ថ្ងៃខែឆ្នាំកំណើត Date of birth: DD / MM / YYYY 6 សញ្ជាតិ Nationality: ....
7 លិខិតឆ្លងដែនលេខ Passport N°: .... 8 មុខរបរ Profession: ....
9 លិខិតឆ្លងដែនផ្ដល់នៅថ្ងៃទី Date passport issued: DD / MM / YYYY 10 លិខិតឆ្លងដែនផុតកំណត់នៅថ្ងៃទី Date passport expires: DD / MM / YYYY
11 ចូលតាមច្រក Port of entry: .... 12 មកពី From: .... 13 លេខយន្តហោះ/កប៉ាល់/ឡាន Flight/Ship/Car N°: ....
14 អាសយដ្ឋានអចិន្ត្រៃយ៍ Permanent address: ....
.... 15 E-mail: ....
16 អាសយដ្ឋាននៅកម្ពុជា Address in Cambodia: ....

Details of children under 12 years old included in your passport who are travelling with you

Name:	Date of birth: DD / MM / YYYY
Name:	Date of birth: DD / MM / YYYY
Name:	Date of birth: DD / MM / YYYY

17 Purpose of visit: .... 18 Length of stay: ....

19 Visa type (Choose one only)

ទិដ្ឋាការទេសចរណ៍/Tourist visa (T) ☐ ទិដ្ឋាការធម្មតា/Ordinary visa (E) ☐ ទិដ្ឋាការផ្លូវការ/Official visa (B) ☐
ទិដ្ឋាការពិសេស/Special visa (K) ☐ ទិដ្ឋាការការទូត/Diplomatic visa (A) ☐ ទិដ្ឋាការសេវាកម្ម/Courtesy visa(C) ☐
ផ្សេងៗ/Other ....

I declare that the information given on this form is correct to the best of my knowledge and belief.

20 Date DD / MM / YYYY
21 Signature

For official use only

Department of Immigration
N° 322, Russian Blvd., Phnom Penh
Website: www.immigration.gov.kh
Email: visa.info@immigration.gov.kh

캄보디아 비자신청서

입국신고서

1 성명
2 생년월일
3 여권번호
4 항공편명
5 도착날짜
6 최근 6일 동안 방문한 국가
7 인도 내 체류주소
8 전화번호
9 서명

For Foreigners Only

A

14 02562293

BUREAU OF IMMIGRATION INDIA

ARRIVAL CARD FOR PASSENGERS
Please write in CAPITAL. One character in one box as shown below
Do not Write across the lines. leaves one box blank for space.

A	B	C	D	E	1	2	3	4	5

1 Name (as in passport) leave one box blank after every part of the name/initial

2 Date of Birth (DD/MM/YYYY)

3 Passport Number

4 Flight Number

5 Date of Arrival (DD/MM/YYYY)

6 Countries visited in last six days

7 Address in India

8 Telephone Number

9 Signature of Passenger

Immigration Stamp

인도 입국신고서

세관신고서

1 성명
2 여권번호
3 국적
4 도착날짜
5 항공편명
6 수하물 개수 (기내반입 포함)
7 출발 국가
8 최근 6일 동안 방문한 국가
9 반입하는 과세대상 물품의 총가치
10 금지된 물건
11 금 장신구
12 금괴
13 육류 및 육류 가공품/유제품/어류/가금류
14 씨앗/식물/과일/화초/기타 식물류
15 위성 전화
16 Rs10,000을 초과하는 인도 통화
17 US$5,000 상당을 초과하는 외환
18 총합계 US$10,000 상당을 초과하는 외환
19 서명

Form -1

INDIAN CUSTOMS DECLARATION FORM

(Please see important information given overleaf before filling this Form)

1. 1 Name of the Passenger ....
2. 2 Passport Number ....
3. 3 Nationality ....
4. 4 Date of Arrival ....(DD/MM/YYYY)
5. 5 Flight No..........
6. 6 Number of Baggage (including hand baggage)..........
7. 7 Country from where coming ....
8. 8 Countries visited in last six days ....
....
9. 9 Total value of dutiable goods being imported (Rs.) ....
10. Are you bringing the following items into India?

(please tick Yes or No)

10 (i)	Prohibited Articles	Yes / No
11 (ii)	Gold jewellery (over Free Allowance)	Yes / No
12 (iii)	Gold Bullion	Yes / No
13 (iv)	Meat and meat products/dairy products/fish/ poultry products	Yes / No
14 (v)	Seeds/plants/seeds/fruits/flowers/other planting material	Yes / No
15 (vi)	Satellite phone	Yes / No
16 (vii)	Indian currency exceeding Rs. 10,000/-	Yes / No
17 (viii)	Foreign currency notes exceeding US$ 5,000 or equivalent	Yes / No
18 (ix)	Aggregate value of foreign exchange including currency exceeds US$ 10,000 or equivalent.	Yes / No

Please report to Customs Officer at the Red Channel counter in case answer to any of the above questions is 'Yes'.

Signature of Passenger 19

인도 세관신고서

입국신고서

1 성
2 이름
3 여권번호
4 생년월일
5 국적
6 성별
7 항공편명
8 직업
9 비자 종류
10 비자 번호
11 주소
12 대만 내 체류 주소
13 방문 목적
14 서명

9 8 8 0 4 7 5 9 0 1

入國登記表 ARRIVAL CARD

1 Family Name

3 照號碼 Passport No.

2 Given Name

4 生日期 Date of Birth
年 Year 月 Month 日 Day

5 籍 Nationality

6 別 Sex
男 Male 女 Female

7 班.船名 Flight / Vessel No.
OZ-

8 業 Occupation

9 證種類 Visa Type
外交 Diplomatic 禮遇 Courtesy 居留 Resident 停留 Visitor
免簽證 Visa-Exempt 落地 Landing 其他 Others

10 出境證/簽證號碼 Entry Permit / Visa No.

11 住地 Home Address

12 住址或飯店名稱 Residential Address or Hotel Name in Taiwan

13 行目的 Purpose of Visit

1.商務 Business
2.求學 Study
3.觀光 Sightseeing
4.展覽 Exhibition
5.探親 Visit Relative
6.醫療 Medical Care
7.會議 Conference
8.就業 Employment
9.宗教 Religion
10.其他 Others

公務用欄 Official Use Only

14 客簽名 Signature

歡迎光臨台灣 WELCOME TO ROC (TAIWAN)

대만 입국신고서

입국신고서

1 성
2 이름
3 성별
4 생년월일
5 출생 국가, 도시
6 국적
7 직업, 직장명
8 영국 내 상세 주소
9 여권번호
10 여권 발행 국가
11 영국 내 체류 기간
12 최종 출발지
13 입국 비행기 편명/기차 편명/선박명
14 서명

Home Office
UK Border Agency
LANDING CARD
Immigration Act 1971

Please complete clearly in English and BLOCK CAPITALS
영문 대문자로 정확히 작성해 주세요.

1 Family name 성

2 First name(s) 이름

3 Sex 성별
☐ M ☐ F

4 Date of birth 생년월일
D D M M Y Y Y Y

5 Town and country of birth 출생 국가, 도시

6 Nationality 국적

7 Occupation 직업,직장명

8 Contact address in the UK (in full) 영국내 상세 주소

9 Passport no. 여권 번호

10 Place of issue 여권 발행 국가

11 Length of stay in the UK 영국내 체류 기간

12 Port of last departure 최종 출발지

13 Arrival flight/train number/ship name 입국 비행기 편명/기차 편명/선 명

14 Signature 서명

IF YOU BREAK UK LAWS YOU COULD FACE IMPRISONMENT AND REMOVAL
만약 영국법을 어길시 구속되거나 추방 될 수 있습니다.

CAT	-16	CODE	NAT	POL

For official use

작성안내

유럽국가의 경우 출입국 신고서 작성방법이 매우 간단하고, 별도의 출입국 신고서 작성을 요구하지 않는 경우도 많습니다.

여권을 참조하여, 해당란에 기재하여 주시면 됩니다.

영국 입국신고서

CARTE DE DÉBARQUEMENT
DISEMBARKATION CARD

ne concerne pas les voyageurs de nationalité française
ni les ressortissants des autres pays membres de la C.E.E.

not required for nationals of France nor for other
nationals of the E.E.C. Countries.

1 **Nom :** GIL DONG
NAME (en caractère d'imprimerie – please print)

Nom de jeune fille :
Maiden name

Prénoms : HONG
Given names

2 **Date de naissance :** 20 09 60
Date of birth (quantième) (mois) (année) (day) (month) (year)

3 **Lieu de naissance :** SEOUL
Place of birth

4 **Nationalité :** KOREA
Nationality

5 **Profession :** STUDENT
Occupation

6 **Domicile :** 11 AV. MADELEINE 75001 PARIS
Address

7 **Aéroport ou port d'embarquement :** INCHEON
Airport or port of embarkation

La loi numéro 78-17 du 6 Janvier 1978 relative à l'informatique, aux fichiers et aux libertés s'applique aux réponses faites à ce document. Elle garantit un droit d'accés et de rectification pour les données vous concernant auprès du Fichier National Transfrontière - 75, rue Denis Papin - 93500 PANTIN. Les réponses ont pour objet de permettre un contrôle par les services de police des flux de circulation avec certains pays étrangers. Elles présentent un caractère obligatoire au sens de l'article 27 de la loi précitée.

MOD. 00 30 00 03 00 I.C.P.N. Roubaix 2002

프랑스 입국신고서

CARTA INTERNACIONAL DE EMBARQUE · DESEMBARQUE
INTERNATIONAL EMBARKATION · DISEMBARKATION CARD

ESPAÑA

MINISTERIO DEL INTERIOR · DIRECCIÓN GENERAL DE LA POLICÍA

ENTRADA / ARRIVAL / ARRIVÉE / بطاقة دخول   BD – 478801

En letras mayúsculas/In capital letters/En lettres capitales/

*Apellidos / Surname / Nom /
HONG

*Nombre / Given names / Prenom /
GIL DONG

*Fecha de nacimiento / Date of birth / Date de naissance /
1970 10 20

*Lugar de nacimiento / Place of birth / Lieu de naissance /
SEOUL

*Nacionalidad / Nationality / Nacionalité /
KOREA

*Dirección en España / Address in Spain / Adress en Espagne /
(Calle y nº) / (No. and street) / (No, et rue) /
PLAZA DE ESPANA

*Ciudad / City / Ville /
MDRID

*Pasaporte nº / Passport No. / Passeport no. /
BS1 23456

*Ciudad de embarco / Embarkation City / Ville d'embarquement /
SEOUL

*Vuelo nº / Flight No. / Vol No. / Barco / Ship / Bateau /
kE913

*Fecha / Date / Date /
2007 6 27

D.G.P. D 159

VEHÍCULO / VEHICLE / VÉHICULE / السيارات

*Marca / Mark / Marque /

*Modelo / Model / Modèle /

*Matrícula / Number Plate / Plaque /

*Nº Bastidor / Frame No. / Châssis No. /

*RESERVADO A LA ADMINISTRACIÓN / FOR OFFICIAL USE /
RESERVÉ POUR L'ADMINISTRATION /
Estancia válida hasta:

SALIDA / DEPARTURE / SORTIE / بطاقة خروج   BD – 478801

*Apellidos / Surname / Nom /
HONG

*Nombre / Given names / Prenom /
GIL DONG

*Fecha de nacimiento / Date of birth / Date de naissance /
1970 10 20

*Nacionalidad / Nationality / Nacionalité /
KOREA

*Pasaporte nº / Passport No. / Passeport no. /
BS1 23456

*Vuelo nº / Flight No. / Vol No. / Barco / Ship / Bateau /
kE913

*Fecha / Date / Date /
2007 7 3

Conserve esta tarjeta. Deberá presentarla a la salida de España. / Please keep this card in your possession. It must be surrendered on departure from Spain. / Conservez cette carte. Elle devera être presentée à la sortie d'Espagne. /

스페인 입국신고서

جمهورية مصر العربية
وصول غير المصريين

A.R.E
NON EGYPTIAN
ARRIVAL

KOREAN AIR

ختم الوصول

رقم الرحلة
TRIP NO :
KE951
قادم من
ARRIVING FROM
INCHEON

FAMILY NAME (CAPITAL LETTER)
H O N G

FORE NAME　　　　/ الاسم
G I L D O N G

DATE & PLACE OF BIRTH　　　　تاريخ ومكان الميلاد
2 0 / 0 9 / 6 0

NATIONALITY　KOREA　　　　الجنسية

PASSPORT NUMBER & KIND　BS123456　　　　رقم الجواز ونوعه

ADDRESS IN EGYPT　CAIRO NELE HILTON　　　　العنوان في مصر

الغرض من الوصول (ضع علامة ✓)
ثقافي ☐　مؤتمرات ☐　دراسة ☐　سياحة ☐
أخرى ☐　تدريب ☐　أعمال ☐　علاج ☐

PURPOSE OF ARRIVAL : (✓)
☐ TOURISM ☐ STUDY ☐ CONVENTION ☐ CULTURE
☐ MIDICAL TREATMENT ☐ BUSINESS ☐ TRAINING ☐ OTHER

ACCOMPANIED ON THE PASSPORT & DATE OF BIRTH　　　　أسماء المرافقين وتاريخ الميلاد

1 -　　　　١-

← Head of Nefertiti Queen　　　　رأس نفرتيتي

이집트 입국신고서

입국신고서

1 성
2 이름
3 생년월일
4 성별
5 국적
6 여권번호
7 비자번호
8 초대인 혹은 초대 기업, 지역
9 체류기간
10 서명

"A" (Въезд/Arrival)

Российская Федерация/ Russian Federation — Республика Беларусь/ Republic of Belarus

Миграционная карта Migration Card — Серия/ Serial: 64 12 — №: 0016438

Фамилия/Surname (Family name) 1

Имя/Given name(s) 2

Отчество/Patronymic

Дата рождения/Date of birth: День/ Day, Месяц/ Month, Год/ Year 3

4 Пол/Sex: Муж./Male ☐ Жен./Female ☐

5 Гражданство/Nationality

Документ, удостоверяющий личность/ Passport or other ID 6

Номер визы/Visa number: 7

Цель визита (нужное подчеркнуть)/ Purpose of travel (to be underlined): Служебный/Official, Туризм/Tourism, Коммерческий/Business, Учёба/Education, Работа/Employment, Частный/Private, Транзит/Transit

Сведения о приглашающей стороне (наименование юридического лица, фамилия, имя, (отчество) физического лица), населенный пункт/Name of host person or company, locality: 8

Срок пребывания/Duration of stay: 9 С/From: До/To:

Подпись/Signature: 10

Служебные отметки/For official use only

Въезд в Российскую Федерацию/ Республику Беларусь/ Date of arrival in the Russian Federation/Republic of Belarus

Выезд из Российской Федерации/ Республики Беларусь/ Date of departure from the Russian Federation/Republic of Belarus

러시아 입국신고서

출국신고서

1 성
2 이름
3 생년월일
4 성별
5 국적
6 여권번호
7 비자번호
8 초대인 혹은 초대 기업, 지역
9 체류기간
10 서명

"Б" (Выезд/Departure)

Российская Федерация/ Russian Federation — Республика Беларусь/ Republic of Belarus

Миграционная карта Migration Card | Серия/ Serial 64 12 | № 0016438

Фамилия/Surname (Family name) 1

Имя/Given name(s) 2

Отчество/Patronymic

3 Дата рождения/Date of birth: День/ Day | Месяц/ Month | Год/ Year

4 Пол/Sex: Муж./Male ☐ Жен./Female ☐

5 Гражданство/Nationality

Документ, удостоверяющий личность/ Passport or other ID 6

Номер визы/Visa number: 7

Цель визита (нужное подчеркнуть)/ Purpose of travel (to be underlined): Служебный/Official, Туризм/Tourism, Коммерческий/Business, Учёба/Education, Работа/Employment, Частный/Private, Транзит/Transit

Сведения о приглашающей стороне (наименование юридического лица, фамилия, имя, (отчество) физического лица), населенный пункт/Name of host person or company, locality: 8

Срок пребывания/Duration of stay: 9
С/From: До/To:

Подпись/Signature: 10

Служебные отметки/For official use only

Въезд в Российскую Федерацию/ Республику Беларусь/ Date of arrival in the Russian Federation/Republic of Belarus

Выезд из Российской Федерации/ Республики Беларусь/ Date of departure from the Russian Federation/Republic of Belarus

러시아 출국신고서

KINGDOM OF SAUDI ARABIA
MINISTRY OF INTERIOR
PASSPORT AGENCY

المملكة العربية السعودية
وزارة الداخلية
المديرية العامة للجوازات

ENTRY CARD بطاقة دخول

WARNING
DEATH
FOR
DRUG TRAFFICKER

تحذير :
القتل عقوبة مهرب المخدرات

ALIEN REG. NO./ENTRY NO. رقم سجل الأجنبي/رقم دخول الحدود

☐ - ☐☐☐☐ - ☐☐☐☐ - ☐ - ☐

PLEASE PRINT NAME اكتب الإسم بخط واضح

First Name ________ الإسم الأول

Second Name ________ إسم الأب

Third Name ________ إسم الجد

Family Name ________ إسم العائلة

SEX الجنس 1 MALE ذكر ١ 2 FEMALE أنثى ٢	NATIONALITY الجنسية
DATE OF BIRTH DAY MONTH YEAR	تاريخ الميلاد سنة شهر يوم
COMING FROM جهة القدوم	PLACE OF BIRTH مكان الميلاد

SINGLE ☐ أعزب MARRIED ☐ متزوج	RELIGION الديانة	OCCUPATION المهنة

PLACE OF ISSUE مكان الإصدار	PASSPORT NO. رقم جواز السفر
EXPIRY DATE إنتهاء الصلاحية	DATE OF ISSUE تاريخ الإصدار

PLEASE DON'T TEAR : يرجى عدم قطع هذا الجزء

ALIEN REG. NO./ENTRY NO. رقم سجل الأجنبي/رقم دخول الحدود

☐ - ☐☐☐☐ - ☐☐☐☐ - ☐ - ☐

FULL NAME : ________ : الإسم الكامل

SEX ١ ٢ الجنس Passport No.: ________ : رقم الجواز

NATIONALITY : الجنسية

PLEASE TURN OVER أنظر الخلف

'사우디아라비아 입국신고서

입국신고서

1 성, 이름
2 성별
3 생년월일
4 출생지
5 국적
6 직업
7 여권번호
8 발급처(여권)
9 발급일(여권)
10 비자번호
11 발급처(비자)
12 발급일(비자)
13 교통수단
14 항공편명
15 방문기간
16 방문목적
17 거주지
18 미얀마 내 체류주소
19 서명

ARRIVAL CARD
입국신고서

A STAR ALLIANCE MEMBER | ASIANA AIRLINES

DETAILS OF PERSON ENTERING OR LEAVING THE UNION OF MYANMAR

No.

Name Family name 성	First name 이름	Middle name	☐ Male 남
1			2 ☐ Female 여

Date of birth 생년월일	Place of birth 출생지
3	4
Nationality 국적	Occupation 직업
5	6

Passport No. 여권번호	Place of issue 발급지	Date of issue 발급일
7	8	9
Visa No. 비자번호	Place of issue 발급지	Date of issue 발급일
10	11	12
From INCHEON	☐ By rail ☐ By road ☐ By ship 13	☐ By air Flight No. 편명 OZ 14
First trip to Myanmar 미얀마 첫 방문 여부 ☐ Yes ☐ No	Traveling on group tour 단체 관광 여부 ☐ Yes ☐ No 15	Length of stay 체류기간 ______ Day(s)

16 Purpose of visit 방문 목적
☐ Tourist 여행 ☐ Convention 컨벤션 ☐ Business 사업
☐ Official 공무 ☐ Others (Please specify) 기타 ______
☐ Transit to 목적지 (환승할 경우) ______

Country of residence 거주지	Address in Myanmar 미얀마 내 주소
17 City / State 시/도 Country 국가	18

Signature 서명
19
Person entering Myanmar

FOR OFFICIAL USE
☐ Approve / Not approve

미얀마 입국신고서

출국신고서

1 성, 이름
2 성별
3 여권번호
4 여권 발급처
5 발급일
6 국적
7 직업
8 비자번호
9 비자 발급일
10 서명
11 입국 일자

DEPARTURE CARD
출국신고서
A STAR ALLIANCE MEMBER | ASIANA AIRLINES

No.

Name Family name 성 First name 이름 Middle name 1		2 ☐ Male 남 ☐ Female 여
Passport No. 여권번호 3	Place of issue 발급지 4	Date of issue 발급일 5
Nationality 국적 6	Occupation 직업 7	
Visa No. 비자번호 8	Date of issue 발급일 9	
Signature 서명 10		Person Leaving Myanmar

NOTICE

1. PLEASE WRITE IN BLOCK LETTERS AND UNDERLINE FAMILY NAME.
   영문 정자체로 작성하여 주십시오.
2. ONE ARRIVAL CARD / DEPARTURE CARD MUST BE COMPLETED BY EVERY PASSENGER.
   1인당 1장씩 작성하여야 합니다.
3. PLEASE KEEP THIS PORTION OF THE FORM IN YOUR PASSPORT / TRAVELING DOCUMENT AND PRESENT IT TO THE IMMIGRATION OFFICER ON YOUR DEPARTUR.
   이 쪽 부분(출국신고서)은 보관하였다가 출국 시 제출하여 주시기 바랍니다.
4. IN CASE OF CHANGE OF ADDRESS FROM WHAT IS STATED IN THIS FORM, PLEASE NOTIFY THE IMMIGRATION AND MANPOWER DEPARTMENT HEAD OFFICE WITHIN TWENTY-FOUR HOURS.
   기재한 주소가 변경되었을 경우에는 24시간 이내에 이민국으로 연락하여 주시기 바랍니다.

Date of last arrival 입국 일자
11

FOR OFFICIAL USE

미얀마 출국신고서

세관신고서

1 이름
2 여권번호
3 국적
4 출생지
5 생년월일
6 직업
7 항공편명
8 출발지
9 도착날짜
10 금지물품 신고 여부
11 한도액 초과 소지 여부
12 서명

CUSDEC-CR(819)

Welcome to

UNION OF MYANMAR

Customs Department

Passenger Declaration Form

Please fill in Block Letters

1 Name ....

2 Passport No. ....

3 Nationality ....

4 Date of birth(D/M/Y) ....

5 Occupation ....

6 Flight No./Vessel .... 7 From ....

8 Date of arrival ....

Please answer and tick ✓ in the appropriate diagram.- ☐ or ⬡

9 1. Do you have dutiable, prohibited, restricted goods to declare?

I have **GOODS TO DECLARE** Red channel ☐

NOTHING TO DECLARE Green channel ⬡

If you are in doubt, please proceed through the Red Channel,.

10 2. Are you bringing foreign currency over US$10,000 or equivalent?

If yes, declare to Customs and take back FED(Foreign Exchange Declaration) form.

No. ☐ Yes. ☐ Amount ....

11 3. Do you have any valuable articles including gold, jewellery etc. for temporary admission?

No. ☐ Yes. ☐ If yes. Please declare on the reverse side.

I have read the NOTICE and certify that this declaration is true and correct.

12 Signature ....

미얀마 세관신고서

MJ - DEPARTAMENTO DE POLICIA FEDERAL - DPMAF

CARTÃO DE ENTRADA/SAÍDA

ENTRY/EXIT CARD

① SEQUENCIAL - SEQUENTIAL

② NOME COMPLETO
FULL NAME
이름(영문)

③ MOTIVO DA VIAGEM - PURPOSE OF TRIP
1 V TURISMO PLEASURE
2 NEGÓCIO BUSINESS
3 CONGRESSO CONVENÇÕES CONGRESS
4 OUTROS OTHERS

④ NUMERO DO DOCUMENTO DE VIAGEM
TRAVEL DOCUMENT NUMBER
여권번호

⑤ NUMERO DO VOO/TIPO TRANSPORTE TERRESTRE
FLIGHT NUMBER/LAND TRANSPORT USED
항공편명

USO OFICIAL
OFFICIAL USE

⑥ AO CHEGAR PAÍS DE EMBARQUE OU AO SAIR PAÍS DE DESTINO
ON ARRIVAL COUNTRY OF ORIGIN - ON DEPARTURE COUNTRY OF DESTINATION
출발지/도착지(예:SOUTH KOREA/BRAZIL)

SÓ PARA RESIDENTES NO BRASIL / ONLY RESIDENTS OF BRAZIL

⑦ Nº DO RNE

PREENCHIMENTO OBRIGATÓRIO POR TODOS / EVERYONE REQUIRED TO COMPLETE

USO OFICIAL
OFFICIAL USE

⑧ PAÍS DE NACIONALIDADE
COUNTRY OF NATIONALITY 국적(예:KOREA)

USO OFICIAL
OFFICIAL USE

⑨ PAÍS DE RESIDÊNCIA
COUNTRY OF RESIDENCE 현 거주 국가(예:KOREA)

⑩ SEXO SEX 성별
남자 1 MASCULINO MALE 여자 2 FEMININO FEMALE

⑪ DATA DE NASCIMENTO
DATE OF BIRTH
DIA DAY 일 MÊS MONTH 월 ANO YEAR 생 년

USO OFICIAL - OFFICIAL USE

브라질 출입국신고서

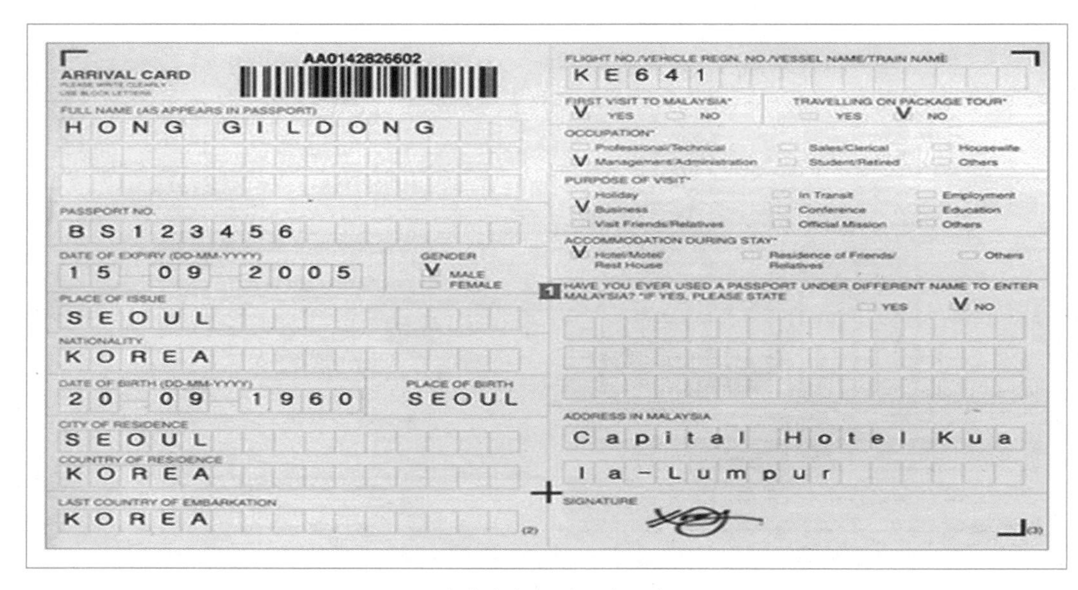

ARRIVAL CARD
PLEASE WRITE CLEARLY - USE BLOCK LETTERS
AA0142826602

FULL NAME (AS APPEARS IN PASSPORT): HONG GILDONG
PASSPORT NO.: BS123456
DATE OF EXPIRY (DD-MM-YYYY): 15 09 2005
GENDER: V MALE / FEMALE
PLACE OF ISSUE: SEOUL
NATIONALITY: KOREA
DATE OF BIRTH (DD-MM-YYYY): 20 09 1960
PLACE OF BIRTH: SEOUL
CITY OF RESIDENCE: SEOUL
COUNTRY OF RESIDENCE: KOREA
LAST COUNTRY OF EMBARKATION: KOREA

FLIGHT NO./VEHICLE REGN. NO./VESSEL NAME/TRAIN NAME: KE641
FIRST VISIT TO MALAYSIA*: V YES / NO
TRAVELLING ON PACKAGE TOUR*: YES / V NO
OCCUPATION*: Professional/Technical / V Management/Administration / Sales/Clerical / Student/Retired / Housewife / Others
PURPOSE OF VISIT*: Holiday / V Business / Visit Friends/Relatives / In Transit / Conference / Official Mission / Employment / Education / Others
ACCOMMODATION DURING STAY*: V Hotel/Motel/Rest House / Residence of Friends/Relatives / Others
HAVE YOU EVER USED A PASSPORT UNDER DIFFERENT NAME TO ENTER MALAYSIA? *IF YES, PLEASE STATE: YES / V NO
ADDRESS IN MALAYSIA: Capital Hotel Kuala-Lumpur
SIGNATURE

말레이시아 입국신고서

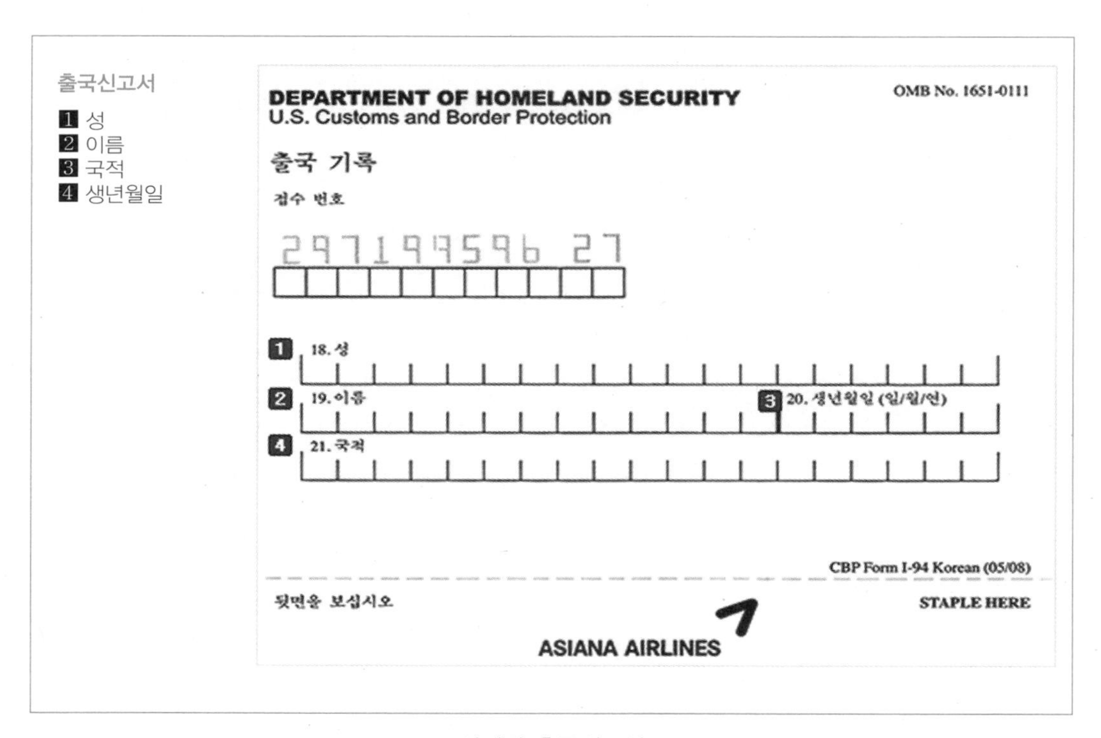

출국신고서
1 성
2 이름
3 국적
4 생년월일

DEPARTMENT OF HOMELAND SECURITY
U.S. Customs and Border Protection

OMB No. 1651-0111

출국 기록

접수 번호

297199596 27

1 18. 성
2 19. 이름
3 20. 생년월일 (일/월/연)
4 21. 국적

CBP Form I-94 Korean (05/08)

뒷면을 보십시오

STAPLE HERE

ASIANA AIRLINES

사이판 출국신고서

입국신고서

1 성
2 이름
3 국적
4 생년월일
5 성별
6 여권 발급일
7 여권 유효기간
8 여권번호
9 항공사 및 항공기 번호
10 거주국가
11 출발지
12 비자 발급처
13 비자 발급일
14 미국 내 체류 주소
15 도시 및 주
16 미국 체류기간 동안 전화번호
17 이메일 주소

DEPARTMENT OF HOMELAND SECURITY
U.S. Customs and Border Protection

OMB No. 1651-0111

미국에 오신 것을 환영합니다
I-94 입국/출국 기록
작성 지침

미국 국민, 미국 영주권자, 이민비자를 소지한 외국인, 미국을 방문 또는 통과하는 캐나다 국민을 제외한 모든 입국자는 본 양식을 작성해야 합니다.

영어 대문자로 정확히 읽을 수 있도록 작성하십시오. 영어만 쓰시고 양식의 뒷면에는 기입하지 마십시오.

이 양식은 두 부분으로 구성되었습니다. 입국 기록(항목 1에서 17까지)과 출국 기록(항목 18 에서 21 까지)을 모두 작성하십시오.

모든 항목을 작성한 후 이 양식을 CBP 직원에게 제출하십시오.

항목 9 – 육로를 통해서 미국에 입국하는 경우, 여기에 LAND를 기입하십시오.
선박을 이용해서 미국에 입국하는 경우, 여기에 SEA를 기입하십시오.

5 U.S.C. § 552a(c)(3) 개인정보보호법 통지: 이 양식에서 수집된 정보는 INA (8 U.S.C. 1103, 1187), 8 CFR 235.1, 264, 그리고 1235.1 가 포함된 미국법전 제 8편에 의해 요구됩니다. 이 정보수집의 목적은 외국인 비이민자에게 입국허가 조건을 알리고 해당 외국인의 미국 입국 및 출국을 기록하기 위함입니다. 이 양식에 기록된 정보는 법 집행 목적을 위해 미국정부의 다른 부서나 국토안보부가 귀하의 미국입국 자격을 결정하는데 참고할 수 있도록 제공될 수 있습니다. 미국에 입국하고자 하는 모든 외국인 비이민자는 별도로 면제되지 않은 이상 반드시 이 정보를 제공해야 합니다. 이 정보를 제공하지 않을 경우 귀하의 미국입국이 거부되어 출발지로 송환되는 결과가 발생할 수 있습니다.

CBP Form I-94 (05/08)

OMB No. 1651-0111

입국 기록

접수 번호

297199596 27

1 1. 성

2 2. 이름

3 3. 생년월일 (일/월/연)

4 4. 국적

5 5. 성별 (남 또는 여)

6 6. 여권 발급일 (일/월/연)

7 7. 여권 유효기간 (일/월/연)

8 8. 여권 번호

9 9. 항공회사 및 항공편 번호

10 10. 거주 국가

11 11. 항공편 탑승 국가

12 12. 비자를 발급 받은 도시

13 13. 비자 발급일 (일/월/연)

14 14. 미국 거류 기간 동안의 주소(번호 및 거리 이름)

15 15. 도시 및 주

16 16. 미국 거류 기간 동안의 전화번호

17 17. 이메일 주소

CBP Form I-94 (05/08)

사이판 입국신고서

세관신고서

1 오는 날짜
2 항공사/선박
3 항공편/선박편
4 출발지(탑승국가)
5 성
6 이름
7 여권번호
8 국적
9 출생지
10 생년월일
11 성별(남/여)
12 동반자 수(본인포함)
13 북 마리아나 연방 내 체류지 주소
14 거주국가
15 북 마리아나 연방 여행 목적
16 방문 예정 섬 및 숙박 예정일
17 신고서에 기재된 각 사람의 성별과 연령
18 미화 $10,000 이상 (또는 동등액의 외국환)소지 여부
19 농축산물 소지 여부
20 신고 면세 물품 기재

하파다이, 환영합니다
북 마리아나 연방
관세청
세관신고서

● 한국어

입국하는 각 여행자 또는 가족 대표는 아래 정보를 반드시 작성해야 합니다 (1가족 1부 기입):
답변은 영어로 작성하셔야 하며, 검정이나 파란색 잉크 또는 연필로 해당하는 곳을 칠하십시오.
옳은 표시 : ●　　잘못된 표시:

1 날짜 (월/일/연도)	2 공사/선박	3 항공편/선박편	4 출발지(탑승 국가)

1a. 본인을 시작으로 이 신고서에 포함되는 여행 동반자를 모두 열거하십시오 (공간이 부족하면 양식을 한부 더 요청하십시오):

5 성	6 이름	7 여권번호	8 국적	9 출생지	10 생년월일	11 (남/여)

12 이 신고서에 기재된 사람들의 수 (본인 포함): ① ② ③ ④ ⑤ ⑥

13 북 마리아나 연방에서 체류할 호텔명 또는 주소 (사서함 주소는 안됨):

14 거주 국가 (해당 국가/지역을 칠하시오):
- ○ 일본 (지역을 선택하시오)
  - ○ 간토 ○ 홋카이도
  - ○ 긴키 ○ 주고쿠
  - ○ 도카이 ○ 시코쿠
  - ○ 규슈 ○ 오키나와
  - ○ 도호쿠 ○ 기타
  - ○ 시네츠 (구체적으로 :____)
  - ○ 호쿠리쿠
- ○ 한국 (도시를 선택하시오)
  - ○ 서울 ○ 인천
  - ○ 부산 ○ 기타
  - ○ 대구
- ○ 중국 (지역을 선택하시오)
  - ○ 베이징 ○ 우한
  - ○ 상하이 ○ 선양
  - ○ 광조우 ○ 기타
- ○ 북 마리아나 연방 ○ 하와이 ○ 미국 본토 ○ 괌 ○ 팔라우 ○ FSM ○ RMI ○ 필리핀 ○ 호주
- ○ 캐나다 ○ 유럽 ○ 홍콩 ○ 대만 ○ 태국 ○ 러시아 ○ 기타 (구체적으로:____)

15 북 마리아나 연방 여행 목적:
- ○ 휴가/관광 ○ 승무원/선원
- ○ 사업/출장 ○ 취업
- ○ 거주 주인 (7번 질문으로 가시오) ○ 기타 (구체적으로 :____)
- ○ 앞으로 거주할 주인(7번 질문으로 가시오)

16 북 마리아나 연방에 머무르는 동안 아래 섬(들)을 방문할 예정입니다:

	당일여행	숙박 예정일 1	2	3	4	5	6	7-10	>11
사이판	○	①	②	③	④	⑤	⑥	○	○
티니안	○	①	②	③	④	⑤	⑥	○	○
로타	○	①	②	③	④	⑤	⑥	○	○

17 고서에 기재된 사람의 성별과 연령

	본인	여행 동반자 2nd	3rd	4th	5th	6th
남성	①	②	③	④	⑤	⑥
여성	①	②	③	④	⑤	⑥
13세 이하	①	②	③	④	⑤	⑥
13 - 15세	①	②	③	④	⑤	⑥
16 - 19세	①	②	③	④	⑤	⑥
20 - 24세	①	②	③	④	⑤	⑥
25 - 29세	①	②	③	④	⑤	⑥
30 - 34세	①	②	③	④	⑤	⑥
35 - 39세	①	②	③	④	⑤	⑥
40 - 44세	①	②	③	④	⑤	⑥
45 - 49세	①	②	③	④	⑤	⑥
50 - 54세	①	②	③	④	⑤	⑥
55 - 59세	①	②	③	④	⑤	⑥
60세 이상	①	②	③	④	⑤	⑥

18 나 (우리)는 미화 $ 10,000 이상 (또는 동등액의 외국환)을 소지하고 있습니다 : ○ 예 ○ 아니오

19 나(우리)는 과일, 식물, 육류, 식품, 흙, 조류, 벌레, 살아있는 동물등의 농축산물을 소지하고 입국합니다 (원산지에 관계없음): ○ 예 ○ 아니오

20 9. 북 마리아나 연방의 관세 구역 밖에서 취득한 모든 해당 물품을 신고해야 합니다. (체크한 물품들은 신고서 뒷면에 보다 자세히 기재하십시오):
○ 술 ○ 담배
○ 판매용 물건 ○ 총기/탄환
○ 신고할 것 없음

오든 수하물(핸드백 및 손에 든 짐 포함)은 세관 검사 대상이 될 수 있습니다. 포장된 선물 또한 개방되어 검사 대상이 될 수 있습니다.
검사관에게 허위 진술을 할 경우 법에 의해 처벌을 받을 수 있습니다.

경고문을 읽은 다음 뒷면에 서명하십시오.

FORM LIC-1350 (rev.04/15)

북 마리아나 연방 세관신고서

세관신고서

1 성명
2 생년월일
3 직업, 직장명
4 국적
5 여권번호
6 인도네시아 내 체류주소
7 항공편명
8 도착날짜
9 동행하는 가족 수
10 반입하는 수하물 개수
11 별송품 개수
12 동물, 어류, 식물류와 그 가공품
13 마약, 향정신성 의약품, 약물, 무기, 폭발물, 외설물
14 1억 루피아 이상의 화폐 등
15 담배 200개피, 시가 25개피, 가루 담배 100g, 주류 1L 초과
16 상업성 물품
17 인도네시아에 남겨질 해외 구매 물품의 총 가치가 USD 250 이상 또는 한 가족당 USD 1,000 이상
18 서명
19 날짜(일/월/연)
20 물품 설명
21 수량
22 가치

Ministry of Finance of the Republic of Indonesia
Directorate General of Customs and Excise

CUSTOMS DECLARATION
(BC 2.2)

Each arriving Passenger/Crew must submit Customs Declaration (only one Customs Declaration per family is required)

1 Full Name
2 Date of Birth Date Month Year
3 Occupation
4 Nationality
5 Passport Number
6 Address in Indonesia (hotel name/residence address)
7 Flight or Voyage number
8 Date of Arrival Day Month Year
9 Number of family members traveling with you (only for Passenger)
10 a. Number of accompanied baggage PKG
11 b. Number of unaccompanied baggage (if any, and see the reverse side of this form) PKG

11. I am (We are) bringing: Yes (√) No (√)

12 a. Animals, fish and plants including their products (vegetables, food, etc.).
13 b. Narcotics, psychotropic substances, precursor, drugs, fire arms, air gun, sharp object (ie, sword, knife), ammunition, explosives, pornographic articles.
14 c. Currency and/or bearer negotiable instruments in Rupiah or other currencies which equals to the amount of 100 million Rupiah or more.
15 d. More than 200 cigarettes or 25 cigars or 100 grams of sliced tobacco, and 1 liter drinks containing ethyl alcohol (for passenger); or more than 40 cigarettes or 10 cigars or 40 grams of sliced tobacco, and 350 mililiter drinks containing ethyl alcohol (for crew).
16 e. Commercial merchandise (articles for sale, sample used for soliciting orders, materials or components used for industrial purposes, and/or goods that are not considered as personal effect).
17 f. Goods purchased/obtained abroad and will remain in Indonesia with total value exceeding USD 50.00 per person (for Crew); or USD 250. 00 per person or USD 1,000.00 per family (for Passenger).

If you tick "Yes" to any of the questions number 11 above, please notify on the reverse side of this form and please go to RED CHANNEL. If you tick "No" to all of the questions above, please go to GREEN CHANNEL.

I HAVE READ THE INFORMATION ON THE REVERSE SIDE OF THIS FORM AND HAVE MADE A THRUTHFUL DECLARATION

18 (SIGNATURE) 19 DATE (DAY/MONTH/YEAR)

인도네시아 세관신고서(계속)

Welcome to Indonesia

Directorate General of Customs and Excise would like to thank you for your kind cooperation during the inspection to identify narcotics, illegal drugs any articles which are related to terrorism activities, currency and/or bearer negotiable instruments associating with money laundering, and/or smuggling activities, that violate state laws and regulations of Indonesia.

Illicitly bringing those goods into Indonesia and/or doing smuggling activities, may subject to penalties and legal actions.

Passenger who brings/carries goods for personal use that were purchased or obtained abroad and will remain in Indonesia, is entitled to an exemption of import duties, excise, and taxes of those goods at the most:

- USD 250.00 per person or USD 1.000.00 per family per arrival, and
- 200 cigarettes or 25 cigars or 100 grams of sliced tobacco or other tobacco product, and 1 liter drinks containing ethyl alcohol for every adult.

Crew who brings/carries goods for personal use that were purchased or obtained abroad and will remain in Indonesia, is entitled to an exemption of import duties, excise, and taxes of those goods at the most:

- USD 50.00 per person per arrival, and
- 40 cigarettes or 10 cigars or 40 grams of sliced tobacco or other tobacco products, and 350 milliliter drinks containing ethyl alcohol.

If you are bringing commercial merchandise into Indonesia, the merchandise is subject to import duty and other import taxes.

Please notify Customs Officer, in case you are bringing currency and/or bearer negotiable instruments (cheque, travellers cheque, promissory notes, giro) in Rupiah or other currencies which equal to the amount of 100 million Rupiah or more.

Should you have unaccompanied baggages, please duplicate this Customs Declaration and request an approval to Customs Officer for claiming the unaccompanied baggages.

To expedite the customs services, please notify the goods that you are bringing/carrying completely and correctly in this form, then submit it to Customs Officer.

Making a false declaration constitutes serious offences which attract penalties or punishment in accordance with laws and regulation.

SIGN ON THE OPPOSITE SIDE OF THIS FORM AFTER YOU HAVE READ THE INFORMATION ABOVE AND MADE A TRUTHFUL DECLARATION.

20 Goods Declared **21** **22**

Description of Goods	Qty	Value

For official use only

인도네시아 세관신고서

1 성 2 이름 3 중간이름(여권에 기재된 경우에만) 4 전화번호나 이메일주소
5 여권번호 6 첫출발지 국가 7 거주 국가 8 직업 9 항공편명
10 방문 목적 11 서명

REPUBLIC OF THE PHILIPPINES
DEPARTMENT OF JUSTICE
BUREAU OF IMMIGRATION

ARRIVAL CARD

Fill this card in English with blue or black pen and in CAPITAL letters.

1 LAST NAME

2 FIRST NAME

3 MIDDLE NAME

4 CONTACT NUMBER AND/OR E-MAIL ADDRESS

5 PASSPORT / TRAVEL DOCUMENT NUMBER

9 FLIGHT / VOYAGE NUMBER

6 COUNTRY OF FIRST DEPARTURE

7 COUNTRY OF RESIDENCE

8 OCCUPATION / WORK

10 PURPOSE OF TRAVEL (check one only)
- PLEASURE / VACATION
- FRIENDS / RELATIVES
- CONVENTION / CONFERENCE
- EDUCATION / TRAINING
- OFFICIAL MISSION
- HEALTH / MEDICAL
- OVERSEAS FILIPINO WORKER
- RETURNING RESIDENT
- WORK / EMPLOYMENT
- BUSINESS / PROFESSIONAL
- RELIGION / PILGRIMAGE
- OTHERS ______

11 SIGNATURE OF PASSENGER

FOR OFFICIAL USE ONLY

필리핀 입국신고서

REPUBLIC OF THE PHILIPPINES
DEPARTMENT OF JUSTICE
BUREAU OF IMMIGRATION

DEPARTURE CARD

Fill this card in English with blue or black pen and in CAPITAL letters.

1 LAST NAME
HONG

2 FIRST NAME
GILDONG

3 MIDDLE NAME

4 CONTACT NUMBER AND/OR E-MAIL ADDRESS
01012312 34

5 PASSPORT / TRAVEL DOCUMENT NUMBER
M12345678

9 FLIGHT / VOYAGE NUMBER
5J128

6 COUNTRY OF DESTINATION
KOREA

7 COUNTRY OF RESIDENCE
KOREA

8 OCCUPATION / WORK
OFFICEWOKER

10 PURPOSE OF TRAVEL (check one only)
- V PLEASURE / VACATION
- FRIENDS / RELATIVES
- CONVENTION / CONFERENCE
- EDUCATION / TRAINING
- OFFICIAL MISSION
- HEALTH / MEDICAL
- OVERSEAS FILIPINO WORKER
- RETURNING RESIDENT
- WORK / EMPLOYMENT
- BUSINESS / PROFESSIONAL
- RELIGION / PILGRIMAGE
- OTHERS ______

11 SIGNATURE OF PASSENGER
서명

FOR OFFICIAL USE ONLY

필리핀 출국신고서

세관신고서

1 성, 이름
2 성별
3 생년월일
4 국적
5 직업
6 여권번호
7 발급일 및 발급처
8 필리핀 내 체류주소
9 주소
10 항공편명
11 출발공항
12 도착일자
13 방문 목적
14 동행 가족 수
15 수하물 개수 (위탁수하물, 휴대수하물)
16 동식물, 어류 등 반입 여부
17 PHP 10,000 이상의 필리핀 화폐 소지 여부
18 $10,000 이상의 외환 소지 여부
19 금지된 물품 반입 여부(총기류, 마약류, 규제된 DVD 등)
20 보석, 전자제품, 판매용 상품 반입 여부
21 서명
22 필리핀으로부터 마지막 출국일자

Republic of the Philippines
Department of Finance
BUREAU OF CUSTOMS

CUSTOMS DECLARATION

All arriving passengers must provide the following information. If travelling with a family, only one (1) declaration is required to be made by the head or any responsible member thereof. Please fill-up completely and legibly.

SURNAME / FAMILY NAME 1 | FIRST NAME | MIDDLE NAME

SEX 2 ☐ MALE ☐ FEMALE | BIRTHDAY (MM / DD / YY) 3

CITIZENSHIP 4 | OCCUPATION / PROFESSION 5

PASSPORT NO. 6 | DATE AND PLACE OF ISSUE 7

ADDRESS (Philippines) 8 | ADDRESS (Abroad) 9

FLIGHT NO. 10 | AIRPORT OF ORIGIN 11 | DATE OF ARRIVAL 12

PURPOSE / NATURE OF TRAVEL TO THE PHILIPPINES

13
1. ☐ Balikbayan
2. ☐ Returning Resident
3. ☐ Overseas Filipino Worker
4. ☐ Business
5. ☐ Tourism
6. ☐ Others (Specify)

14 NO. OF ACCOMPANYING MEMBERS OF THE FAMILY:

15 NO. OF BAGGAGE: Checked-in _____ Pcs. Handcarried:_____Pcs.

GENERAL DECLARATION: *(Please read important information at the back)*

16 1. Are you bringing in live animals, plants, fishes and/or their products and by-products? (If yes, please see a Customs Officer before proceeding to the Quarantine Office). ☐ Yes ☐ No

17 2. Are you carrying legal tender Philippine notes and coins or checks, money order and other bills of exchange drawn in pesos against banks operating in the Philippines in excess of PHP 10,000.00? ☐ Yes ☐ No

If yes, do you have the required Bangko Sentral ng Pilipinas authority to carry the same? ☐ Yes ☐ No

18 3. Are you carrying foreign currency or other foreign exchange denominated bearer negotiable monetary instruments (including travelers checks in excess of US$10,000.00 or its equivalent? (If yes ask for and accomplish Foreign Currency Declaration Form at the Customs Desk at Arrival and Departure areas. ☐ Yes ☐ No

19 4. Are you bringing in prohibited items (firearms ammunitions and part thereof, drugs, controlled chemicals) or regulated items (VCDs, DVDs, communication devices, transceivers)? ☐ Yes ☐ No

20 5. Are you bringing in ☐ jewelries, ☐ electronic goods, and ☐ commercial merchandise and/or samples purchased or acquired abroad? ☐ Yes ☐ No

ALL PERSONS AND BAGGAGE ARE SUBJECT TO SEARCH AT ANY TIME.
(Section 2210 and 2212 Tariff & Customes Code of the Philippines amended)

I HEREBY CERTIFY UNDER PENALTY OF LAW THAT THIS DECLARATION IS TRUE AND CORRECTED | DATE OF LAST DEPARTURE FROM THE PHILIPPINES

21 SIGNATURE OF PASSENGER | 22

FOR CUSTOMS USE ONLY

PRINTED NAME & SIGNATURE OF CUSTOMS OFFICER | CODE NO. | LANE NO. | DATE

BC Form No. 117 (Rev. 25 Aug. 05)

필리핀 세관신고서

2. 목적지 도착 후 업무

단체여행객들이 항공기에서 내려 일정한 장소에 모두 집결했을 때 입국 수속장으로 인솔한다. 표시판을 정확히 보고 따라가 문제발생을 최소화시켜야 한다. 여기서 중요한 것은 현지 입국수속은 반드시 외국인용에서 줄을 서야한다는 것을 인지시키고 인원 파악 후 각각 소지하고 있는 여권이나 입국수속 관련 서류들을 다시 한번 점검한다. 그 후 수속의 과정 및 요령에 대하여 설명해 준 후 입국수속이 끝나면 해당 항공편의 수하물접수 구역에서 만난다는 것을 알려준다. 신속한 수속을 위하여 인솔자는 가장 먼저 입국심사를 받도록 하고, 단체의 대표로 입국심사관에게 여행객들에 대한 기본적 사항을 알려줌으로 원활한 수속이 진행될 수 있도록 협조한다.

가. 검역(quarantine check)

입국 시 가장 중요한 부분 중 하나가 바로 세관검사와 같이 진행하는 검역이다. 검역은 입국하는 나라에 외부로부터 질병이나 세균 등이나 외부 식물과 동물 등을 반입하는 것을 막기 위해 실시하는 것이다. 자국의 국민과 동식물을 보호하기 위하여 하는 행위로 주요한 국가의 업무이기 때문에 대부분의 나라에서 중요하게 생각한다. 대륙과 떨어진 섬나라들은 더욱 국가 간 이동하는 해외여행자의 검역에 많은 주의를 기울이고 있다. 미국, 호주, 뉴질랜드 등은 특히 검역이 까다롭다. 여행객들은 기내에서 입국 시 필요한 입국신고서와 세관신고서를 나눠주고 작성하게 하는데 세관신고서에 반드시 있는 항목이 동식물 소지 여부와 더불어 음식물 소지 여부이다. 기내에서 승무원이 나눠주는 신고서를 비행기 안에서 미리 작성하면 입국수속을 편리하고 신속하게 받을 수 있다.

우리나라의 경우도 다음 질병과 증상에 대해 관리하고 있다.

- 콜레라, 황열, 페스트 오염지역(동남아시아, 중동, 아프리카, 남아메리카)으로부터 입국하는 승객과 승무원은 검역질문서를 작성한 후 입국할 때 제출하여야 한다.
- 여행 중 설사, 복통, 구토, 발열 등의 증세가 있으면 입국 시 즉시 검역관에게 신고하여야 하며, 귀가 후에 설사 등의 증세가 계속될 때에는 검역소나 보건소에 신고해야 한다(검역과정은 간단한 설문용지로 대체하는 경우가 많다).

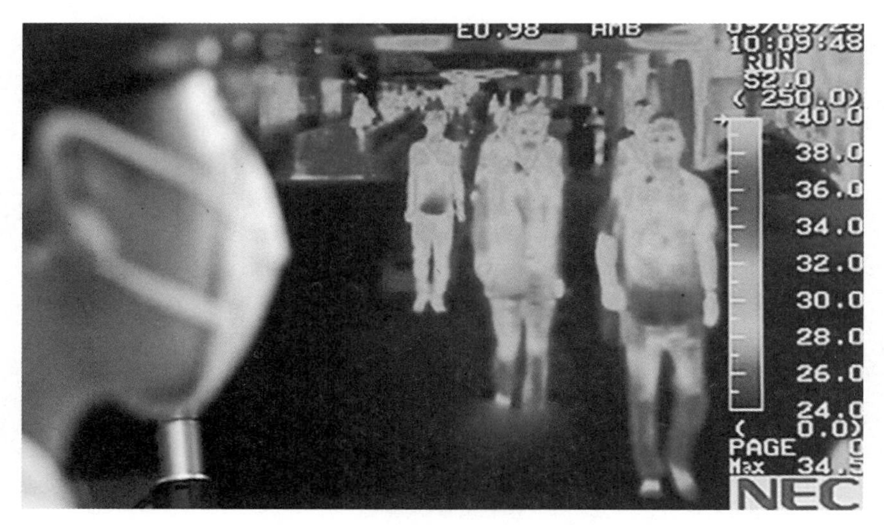

[그림 14] 열 감지카메라에 의한 검역장비

나. 입국심사(immigration check)

입국심사는 해당국의 심사관들이 입국자들을 대상으로 제출하는 서류들을 보고, 그들의 신분 확인 및 자격 심사와 함께 입국신고를 접수, 처리하는 과정을 일컫는다. 일반적으로 입국수속은 입국자가 제출한 여권상에 입국 스탬프의 날인과 함께 E/D카드 중 입국신고서를 뜯어 수거하고, 나머지 출국신고서를 여권상에 부착하여 돌려주는 것으로 끝난다.

- 내국인은 입국신고서를 작성하지 않아도 되며, 외국인만 입국신고서를 작성한다.
- 입국심사대는 내국인과 외국인 심사대로 분리되어 있다.
- 입국심사대 앞 대기선에서 여권, 입국신고서 등의 서류를 들고 있다가 순서가 되면 심사관에게 제출하여 입국심사를 받는다.

[참고 사항]

입국신고서는 정확하게 작성해야 하며, 항공기 내에서 입국신고서를 작성하지 못한 여객은 입국심사장에서 작성 가능하다. 또 일반적으로 자국인과 외국인으로 나누어져 있으므로 줄을 제대로 서도록 주의해야 하며, 인솔자는 입국심사대 위에 부착된 표지판을 반드시 확인할 수 있도록 한다.

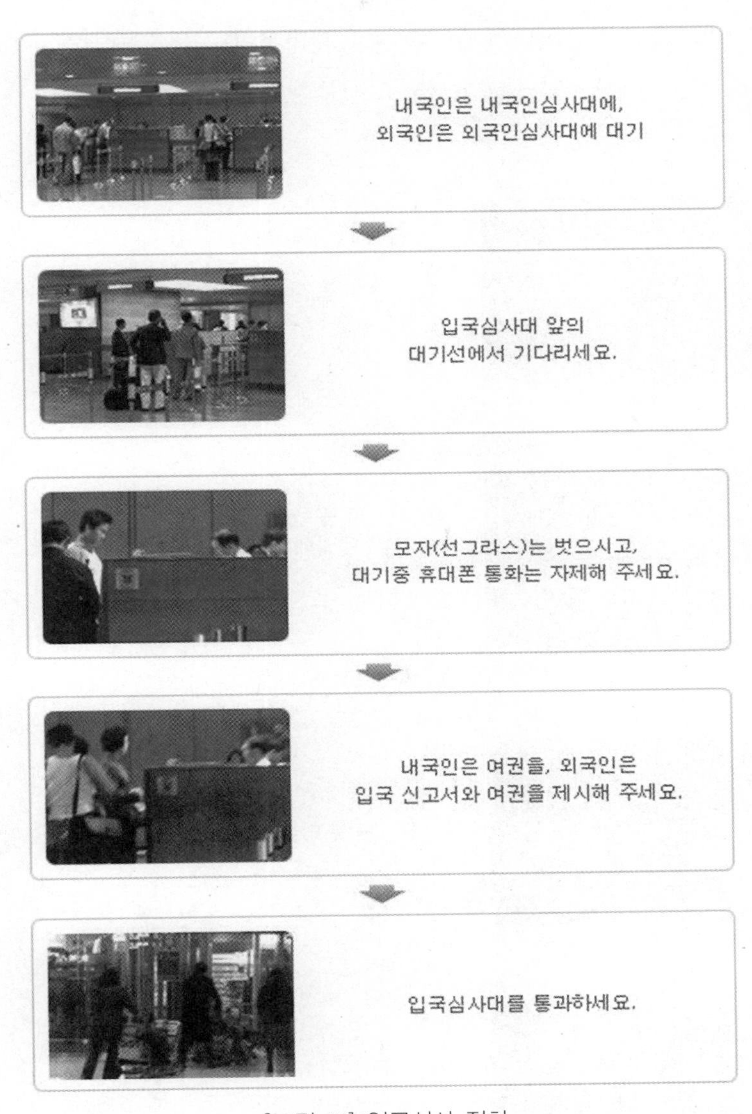

내국인은 내국인심사대에,
외국인은 외국인심사대에 대기
입국심사대 앞의
대기선에서 기다리세요.
모자(선그라스)는 벗으시고,
대기중 휴대폰 통화는 자제해 주세요.
내국인은 여권을, 외국인은
입국 신고서와 여권을 제시해 주세요.
입국심사대를 통과하세요.

[그림 15] 입국심사 절차

다. 수하물 찾기(baggage claim)

공항에 설치된 모니터를 통해 도착한 항공편의 수하물대(turn table)의 위치를 확인하고 이동한다. 탑승했던 항공기의 편명을 알아야 그 위치를 확인할 수 있다. 수하물은 본인의 것인지 반드시 확인하는 것이 필요하다. 유사한 색상과 모양이 많으므로 본인이 가지고 있는 수하물표와 수하물에 부착된 인식표를 대조하면 된다. 수하물의 파손 혹은 분실 등의 문제가 생기면 항공사 지상직원에게 신고하여 적절한 조치를 받도록 한다.

수하물 수취대번호를 확인하세요.

엘리베이터나 에스컬레이터
이용하여 1층으로 이동하세요.

지정된 수하물 수취대에서 대기하세요.

본인의 수하물을 찾으세요.
(수하물이 바뀌지 않도록 주의하여
수하물을 찾으시기 바랍니다.)

[그림 16] 수하물 찾기 절차

[참고 사항 : 수하물 분실과 대형화물 찾기]
만약 기다려도 자신의 수하물이 나오지 않을 때는 분실수하물 카운터를 찾아서 문의하여야 한다. 대형 수하물은 별도의 대형수하물수취대에서 찾는다.

라. 동식물 검역(quarantine check)

[그림 17] 동식물 검색대

동물 · 축산물을 가지고 입국할 경우에는 국립수의과학검역원에 출발국가에서 발행한 검역증명서를 제출하고 검역을 받아야 한다. 수입금지국가에서 동물 및 축산물 반입을 절대 금지되어 있으며 미신고시 범칙금이 부과된다.

식물을 가지고 입국할 경우에는 수출국에서 발행한 식물검역증을 제출하시고 식물 검역소에서 검역을 받아야 한다. 살아있는 곤충, 대부분의 생과실, 과채류, 호두와 흙이 부착된 식물은 수입이 금지되며, 휴대한 식물류 미신고 시 과태료가 부과된다.

마. 세관심사(customs clearance)

국가별로 특별한 세관심사의 경우가 있을 수 있으니 사전에 주지하도록 하는 것은 단연 우선시해야 한다. 신고대상 물품이 없는 경우 면제 통로 검사대(통상 푸른색 출구(green)를 통과한다. 신고대상 물품이 있는 경우에는 자진신고 통로 검사대(통상 적색출구 : red)로 가야 한다. 일반 여행자들의 신속한 검사를 위해 구분한 것으로 성실히 자진신고하는 것이 좋다.

세관신고를 하기 전에 이민국을 통과하고 나면 항공사별로 수화물 찾는 곳이 나오는 전광판이 보일 것이다. 이곳에서 본인이 타고 온 항공사와 편명을 확인하고 수화물이 나오는 곳에서 본인의 짐을 찾은 후 사전에 작성한 세관신고서와 여권을 가지고 세관원이 있는 카운터로 이동하는데 국가별로 입국할 때 여행자가 면세로 가지고 들어갈 수 있는 물건의 가격 등이 정해져 있다. 사전에 입국하는 국가의 규정을 알아보고 여행준비를 해야 한다. 국가별도 소지한 현금도 일정한도 이상은 꼭 신고를 해야 나중에 출국할 때 문제가 발생하지 않는다. 특히 미국, 호주 등은 까다롭기 때문에 주의가 필요하다. 세관원의 질문에 거짓으로 답했다가 가방을 조사해서 거짓이 밝혀지면 상당한 불이익이 있을 수 있다. 세관검색 시 남의 물건은 운반해 주어서는 안 된다. 종종 한국인 여행자들도 모르게 마약조직의 운반책으로 이용당하다 현지서 큰일을 치르는 경우도 발생하므로, 각별한 주의가 필요한 부분이다.

바. 공항출구 게이트의 통과

입국수속이 모두 끝난 후, 인솔자는 단체여행객의 인원 및 수하물의 수를 확인 후 공항출구 게이트로 향한다. 이 때 개인과 출구 및 단체 출구가 따로 구분되어 있는지 확인하는 것을 기본으로 한다. 항상 표지판을 참고하면 도움이 된다. 여러 개의 출구가 존재하는 곳이 있기 때문에 항상 항공기 탑승 전에 현지 가이드와 몇 번 출구에서 아니면 어디서 미팅할 것인지를 사전에 약속하고 확인해 놓아야 도착 시에 혼란을 방지할 수 있다. 보통 공항출구를 나서면, 현지 가이드가 팻말을 들고 대기하고 있어 쉽게 찾을 수 있다.

사. 현지 가이드와의 미팅

공항출구지역에서 현지 가이드와의 미팅을 하게 된다. 일정한 장소에 단체여행객들을 대기시키고 현지 가이드를 소개하는 것이 좋다. 현지 가이드는 현지 일정 중의 전체적인 가이드일 수도 있고, 공항에서 호텔까지 안내하는 임시 가이드나 버스의 운전기사일 수도 있다. 현지 가이드와 간단히 인사하고 그 다음 단체여행객들에게 간단하게 현지 가이드를 소개한다. 그리고 버스로 향한다.

아. 버스탑승 후에 차내에서의 진행사항 및 공지사항

탑승 전 단체인원과 수하물의 숫자를 확인한 후 버스에 탑승하도록 한다. 버스 내의 마이크를 이용하여 전체에게 인사를 하며 감사를 전한다. 현지 가이드는 인사를 다시 한번 하고 여행일정표를 배부하여 설명에 대한 이해도를 높인다. 목적지 국가의 문화, 종교, 환경적인 특색은 시간이 날 때마다 약간씩 관광객들에게 인지시켜 쉽게 적응할 수 있도록 한다.

이동 중에 버스 탑승 초기에 호텔 도착 후 일정에 대해 간략하게 설명한다. 이동거리와 시간이 길면 관광객들이 취침을 하는지 보고, 그렇지 않으면 가능한 유용하고 올바른 현지에 대한 정보를 알려주는 것이 좋다. 이러한 내용은 TC의 상황에 대한 빠른 판단과 순발력이 요구된다. 더욱 중요한 것은 현지 여행사 직원에게 일부 업무를 일임하였어도 총괄적인 책임자는 인솔자라는 것을 인식할 필요가 있다.

TC가 너무 오랫동안 이야기하는 것은 좋지 않으므로, 가능한 한 빨리 현지 가이드에게 마이크를 넘겨주는 것이 좋다. TC의 좌석은 주로 현지 가이드 옆에 앉는 것이 일반적이다. 착석 후 현지 가이드가 여행사 배지 및 현지의 여행일정표 등을 나누어 주게 된다. TC는 배포된 여행일정표와 소지하고 있던 최종수배확인서와 비교하여 변경된 것이 없는지를 체크한다. 만일 변경된 사항이 있을 경우 현지 가이드에게 조용히 그 이유를 들어보도록 한다. 변경된 내용이 사소한 것일 경우에는 TC가 판단하여 그냥 넘겨도 상관없다. 투숙할 호텔이 변경되었거나 혹은 핵심적인 여행지가 누락되어 있거나 하는 등의 변경된 내용이 심각한 경우에는 현지 지상수배업자의 책임자와 협의하여 인솔여행객들이 모두 납득할 만한 적절한 조치를 취하여야 한다. TC 소속 여행사에도 보고하여 사후에 어떠한 문제점이라도 발생하지 않도록 해 놓는 것이 좋다.

행사진행업무와 후속업무

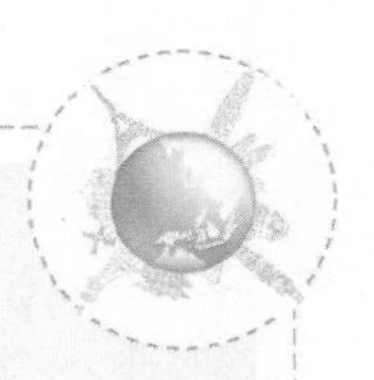

제11장 현지 관광행사 진행업무

1. 현지 관광행사 진행 준비

관광목적 지역 현지 관광행사의 원만하고 능숙한 진행이 여행자나 TC 모두에게 핵심적인 가치가 된다. 이를 위해 사전에 현지 관광업자인 현지수배업자(land operator)와 여행사 본사 상품개발팀과 협력으로 관광상품이 탄생되었고, 그 판매된 상품의 실행이 이루어지게 되었다. 관광여행상품의 특성에서 언급한 바와 같이 대표적인 서비스 상품인 관광상품은 엄밀하게 말하면 이제 현장에서 관광요소가 결합하여 실질적으로 생산된다. 따라서 관광상품에 대한 고객만족과 품질 수준이 현장에서 결정되며, 그러므로 현장의 종합지휘자인 TC 역할 수준이 함께 결정된다. 사전 준비된 관광일정인 여정(tour itinerary)이 있으나 현지 여건에 따라 다를 수 있으므로 행사 전에 현지 관광가이드(tour guide)와 적절한 협의와 확인이 필요하다.

가. 행사진행 협의와 사전 준비

국외여행인솔자는 관광 시작 전날에 미리 현지 가이드와 미팅을 하여 다음날 여행일정에 대하여 협의해야 한다. 현지 가이드와는 그 현지의 모든 일정과 관광코스 및 현재 상황(날씨, 교통, 관광지 사정 등), 식사를 하게 될 메뉴 및 식당정보, 인원수 확인 후 열차, 선박, 입장권 등의 티켓 발권 현황, 관광지에 대한 새로운 정보, 선택관광 비용 및 예상인원, 쇼핑장소와 시간배정 등 전반적인 내용과 상황 등에 대한 확인과 협의가 있어야 한다.

여행개시 전날 전달한 상황대로 관광객은 준비하고 행동하게 된다. 여행시작의 첫날이 중요하다. 당일 아침 단체여행객들에게 그날의 여행일정과 혹은 전날에 현지 가이드와의 미팅으로 인한 변경사항을 필히 알려주고 그에 따른 준비물 및 집결시간 등을 알려 주도록 해야 한다. 전반적인 진행에 있어 국외여행인솔자는 약속시간보다 항상 30분 정도 이전에 집합장소에서 대기하여야 한다.

국외여행인솔자는 여행일정에 따른 관련서류와 구급상비약 등을 준비하여 휴대하여야 한다.

현지 가이드와의 협의 사항

- 현지에서의 모든 일정
- 현지 상황(날씨, 교통, 관광지 사정 등)
- 식사메뉴 및 식당 정보
- 선택관광의 비용, 인원
- 쇼핑장소와 시간배정
- 교통수단 및 입장권 발매현황 등

2. 여정관리 업무

현지에서의 관광은 한마디로 여행의 목적이다. 현지에서의 관광 안내는 현지 가이드(local guide)의 역할이고, 여행단체를 인솔하고 관리하는 것은 국외여행인솔자(tour guide)의 역할이다. 간혹 모든 역할을 관광가이드에게 넘기고 TC가 여행객처럼 하는 경우가 있으나 이는 본분을 망각한 행동이다. 현지 가이드를 활용하고 협력하여 단체여행객의 만족도를 제고해야 하는 비즈니스 중이라는 사실을 유념하여야 한다.

가. 여정관리상의 주요 업무

〈표 33〉 주요 업무 내용

업무구분	내　　용	유의점
여행일정 관리	개시 전 예약 재확인(항공편, 교통편, 호텔, 식당, 관광지 등)	내용, 시간, 담당자
여행관계 서류 및 귀중품 관리	여권, 증표류, 항공확인증, 귀중품	보관과 지참

업무구분	내 용	유의점
경비관리	지상경비(숙박, 교통, 입장료, 공항세), 선택관광 비용	현금관리, 영수증과 증빙자료
수하물 관리	고객의 수하물(호텔 출발/도착, 관광지)	이동 시 최종점검
관광	일정내용 및 현장요구 반영	현지사정 고려(가이드 협의)
식사	일정내용 및 현장요구 반영	현지사정 고려(가이드 협의)
기타	자유시간 등	고객의견 수렴

나. 관광행사 진행 관리 착안사항

① 관광지의 안내는 현지 가이드의 역할이다.

- 현지 관광 가이드의 전문성을 인정하고 상호 협력한다. 현장에서 가이드가 제대로 역할을 수행하도록 협조하고 조력하는 역할을 하는 것이 좋다.

② 관광 중 집합 장소, 시간, 차량번호 등을 숙지하도록 한다.

- 관광 중 집합 장소, 시간, 차량번호 등을 반복하여 알려주어야 한다. 관광지가 혼잡하므로 버스 색깔, 번호판, 안내표지 등을 알려준다.

③ 안전사고 예방에 주의를 다한다.

- 관광지 내의 안전사고 및 이탈자 예방에 만전을 기해야 한다. 다른 관광지로 이동하기 전에 안전에 대한 주의 환기와 인원파악 및 신변 확인을 필수적으로 해야 한다.

④ 사진촬영 장소추천과 촬영을 도와준다.

- 관광지에서 단체여행객들에게 사진촬영하기에 적합한 장소를 추천해주거나 사진 찍는 것을 도와주도록 한다.

3. 장소와 상황별 행동요령

가. 레스토랑(restaurant)

① 식사 계획에 대해 안내한다.

- 관행지에서의 거리 및 소요시간 등을 미리 파악하여 인솔 여행객들에게 식사시간, 종류(한식, 중식, 양식, 현지식 등) 및 식당의 위치를 여행 중에 간략하게 알려주어야 한다.

② 복장 및 예절에 대해서 안내한다.

- 레스토랑에 맞는 복장과 예의를 갖추도록 안내한다. 대개의 경우 관광 현장에서 자유 복장으로 식당을 출입하고 이용하지만 경우에 따라 격식을 갖추어야 하는 곳도 많다.

③ 식사의 범위에 대해 명확하게 한다.

- 여행일정에 있지만 개인적으로 술과 음료를 주문하는 것은 개인부담이라는 것을 식사 전에 설명해주어야 한다.

④ 계산서를 미리 받아 처리하도록 도운다.

- 식사가 끝날 무렵 인솔자는 계산서를 미리 받아서 개인적인 주문에 대한 비용을 정산하도록 한다. 개인적으로 주문한 주류, 음료 등에 대한 것은 해당 여행객들로부터 수금하도록 조치하여야 한다.

⑤ 팁 문화에 대해 안내한다.

- 식사 후에 봉사료가 포함되어 있는지의 여부를 미리 확인한다. 관광 현장에서는 대개 식사 후 적당한 액수의 팁을 놓고 가야 하는 곳이 많으므로 사전에 설명해야 한다.

나. 쇼핑센터

① 쇼핑 횟수와 시간에 대해 확인한다.

- 현지 가이드와 사전에 쇼핑의 횟수와 소요시간을 상의하여야 한다. 여행객들은 대체로 과도한 쇼핑센터 출입을 좋아하지 않는다. 쇼핑은 관광하는 데 차질이 없는 시간과 장소를 선택하고 이로 인해 일정에 차질을 주어서는 안 된다.

② 쇼핑에 대한 안내와 설명을 한다.

- 쇼핑을 하기 전에 여행객들에게 다음과 같은 내용을 분명히 이야기해 주어야 한다.
  - 과다한 쇼핑으로 인한 문제 발생 가능성
  - 지역 특산품과 구매 추천 상품
  - 구입물품에 대한 면세통관, 통관 금지품목
- 유럽지역의 면세점일 경우, 부가세의 환급에 대하여 설명하고, 특히 쇼핑상점으로부터 '면세쇼핑 전표'를 반드시 받아야 한다는 것을 설명한다.

③ 조력은 필요한 범위 내에서만 한다.

- 구매를 강요하여서는 안 되며, 여행객들이 궁금해하는 부분(읽지 못해서)을 알려주거

나, 값을 지불할 때 금액이나 거스름돈을 확인해주는 정도가 좋다.

④ 구매한 물건에 대해 평가하지 않는다.

- 여행객들이 구매한 물건에 대하여 평가를 하여서는 안 된다. 혹시 여행객들이 물어보더라도 긍정적으로 일상적인 수준으로 응답하는 것이 좋다.

다. 선택관광(option tour)

그곳이 아니면 할 수 없는 선택관광은 관광의 품질을 향상하며, 단체여행객이 원한다면 하는 것이 좋다. 선택관광은 고객의 만족을 높이고 인솔자 입장에서도 수입이 생겨 좋다. 그러나 선택관광은 너무 많아도, 강요하여서도 안 된다.

① 주요인물(그룹리더, 총무)에게 사전에 선택관광에 대한 설명을 한다.

② 관광객의 건강상태, 상황 등을 고려하여 적절한 시기에 권유하는 것이 좋다.

③ 여행객들의 자발적인 의사에 따라 결정한다.

④ 인솔자는 다수의 여행객들이 참여하는 선택관광에 동행한다.

⑤ 야간관광은 다음날 일정을 위해서 너무 늦지 않도록 한다.

라. 자유시간

① 다음 일정에 대한 준비시간으로 활용한다.

② 자유시간 활용에 대한 적절한 정보를 제공한다. 인솔자는 자유시간에도 가능하면 여행객들의 동정을 살피면서 그들이 원하는 정보나 필요한 사항이 있을 때에는 신속하게 서비스를 제공하여야 한다.

③ 외출 시 호텔 연락처를 소지하도록 한다. 호텔 밖으로 외출할 때 반드시 투숙호텔 명함을 항상 소지하도록 당부해놓을 필요는 있다.

4. 이동수단별 관광

가. 버스여행(coach tour)

단체여행객들이 가장 많이 이용하게 되는 교통수단이 바로 버스여행으로 일명 버스투어

(bus tour), 코치투어(coach tour)라고 불린다. 버스관광에서도 한정된 지역만 안내하는 현지 가이드(local guide)와 모든 일정을 여행객들과 동행하면서 안내하는 전일정가이드(through guide)가 있다. 또한 운전기사가 가이드를 겸하는 형태도 있다. 전일정가이드가 수행하는 업무는 다음과 같으며, 경우에 따라 바로 TC의 업무이다.

① 출발 전 준비
- 출발시간, 이동경로, 중간휴식의 장소, 소요시간 등을 버스기사와 상의한다.
- 여권과 여행관계 증표류, 관광지도, 안내책자, 구급약 등을 준비한다.
- 관광객의 음료수 준비, 용변해결 등을 안내한다.

② 버스이동과 관광
- 지나가는 위치의 지역문화, 역사, 관광지, 주변의 경관 등을 설명한다.
- 중간마다 국가의 역사, 문화 및 특이한 풍습 등에 대해서도 설명한다.
- 재미있게 안내 및 설명하고, 상황에 따라 융통성 있게 시간을 배분한다.

③ 중간 휴식
- 건강상태 확인, 필요 조치한다.
- 약 2시간 간격으로 휴게소에서 휴식한다.
- 인원파악, 수하물 관리, 사진촬영 등을 실시한다.

나. 철도여행(train tour)

철도여행(train tour)은 유럽지역이 가장 발달되어 있다. 철도여행은 항공여행에 비해 탑승수속이 간단하고 하차지점이 도심지역이기 때문에 목적지까지의 소요시간이 절약된다. 유럽의 철도여행을 중심으로 한 TC의 수행업무는 다음과 같다.

① 출발 전 준비
- 승하차 역명, 출도착 시간, 플랫폼 및 열차의 번호, 열차의 구조 및 차량 편성 등 확인
- 여권과 여행관계 증표류, 관광지도, 안내책자, 구급약 등을 준비한다.

② 열차 이동과 관광 시 업무
- 국경을 통과할 때 세관원이나 입국심사관에 여권을 제시할 수 있도록 준비, 단체의

인원수를 통보한다.
- 단체승차권은 A4용지 한 장으로 열차의 경로, 운임, 인원수 등이 기재되어 있다. 이와 함께 통제카드가 있는데 이것이 승차권이다.
- 도난사고에 대비하여 침대차 열차객실의 문단속을 하고 소지품 관리에 주의하도록 한다.
- 열차의 목적지가 종착역이 아니라면 도착 예정시간 30분 전에 하차 준비한다. 수하물의 개수와 인원을 반드시 확인해야 한다.

다. 선박여행(cruise tour)

선박여행(ship tour)은 근래 대형 유람선 형태의 여행으로 크루즈여행(cruise tour)이라 불린다. 크루즈는 바다 위의 리조트(resort)이다. 크루즈는 선박 내에 숙박과 식사, 각종 엔터테인먼트 및 부대시설을 갖추고 고품격 서비스를 제공하면서 관광지를 운항하는 여행패턴으로 운송의 개념과 리조트의 개념을 합친 것이다. 크루즈 관광은 유럽, 지중해, 북미 알래스카 등에서 다양하게 이루어지고 있고, 우리나라도 인천 - 중국, 부산 - 일본 등 준크루즈여행을 하고 있다. TC가 수행하는 업무는 다음과 같다.

① 사전준비
- 승선 및 하선할 장소, 선박명 및 정박위치, 승선시간 및 하선시간, 선박의 구조 및 선실의 위치 등 확인
- 승선수속의 과정 및 요령 등 설명(통상 출발 2시간 전 승선 개시)
- 선내 편의시설에 대한 정보, 행사예정표 등 입수
- 선상 행사들에 맞춘 의상(정장) 등 준비 안내 설명

② 육상통과 관광(overland tour)
- 선박여행 도중에 어느 국가의 한 지점에서 입항하여 관광하고 그 국가의 다른 지점에서 출항 때까지의 육상관광, 육상통과 허가증(overland pass) 취득 필요

③ 기항지 관광(shore excursion)
- 선박여행 중 일시적으로 관광지 인근에 하선하여 관광하는 것. 상륙 허가증(shore pass) 취득 필요, 출항시간과 부두번호를 사전에 주지시켜 출항시간에 늦지 않도록 해야 한다.

④ 하선수속

- 공항수속과 유사. 입국심사와 세관 통과를 한다.

5. 여행목적별 관리요소

가. 산업시찰(technical inspection)

산업시찰은 산업체 견학(inspection tour), 전시회, 박람회(exhibition, fair, trade show) 등 참관 활동을 말한다. 행사 성격상 일반관광과는 다른 전문성과 준비가 필요하며, 주요행사의 경우 1년 전부터의 예약 등이 이루어져야 한다. TC의 역할은 다음과 같다.

- 해당업체 관련지식 사전습득, 전문용어, 관련된 자료 확보
- 시찰산업체로부터 정상적 허가를 받았는지 확인(일정 내용 확인)
- 차량 및 식사제공 여부 공식행사 개최 여부 사전점검
- 대형 박람회, 전시회의 경우 전시장소, 기간, 품목, 입장료 사전파악
- 행사 시 개최장소에 가장 가까운 숙박지 확보 1년 전 예약 관례(라스베이거스 전자박람회, 영국 국제관광전, 독일 도서박람회 등)
- 박람회 전시회장 입장 시 재집합 장소와 시간 엄수
- 산업시찰 중 현지 선택관광 경우 TC의 강요에 의해 행해서는 안 됨

나. 단기연수(short-term training)

정해진 단기간 동안 기술, 지식 등을 습득하기 위하여 훈련이나 연수교육을 받을 목적으로 하는 여행으로 TC의 준비와 역할은 다음과 같다.

- 연수기관명, 기간, 장소, 내용 등을 사전에 파악
- 연수자 관리 및 통제(팀편성 대리통제, 사전 계획)
- 수료증・증명서 발급 여부를 확인 통제수단으로 활용
- 안전사고가 발생하지 않도록 긴장
- 연수종료 후 답사여행을 대비해 이에 대한 예약확인

- 약속 불이행에 따른 보상문제 발생대비 책임소재 명확화

다. 문화학술행사(curtural and academic events)

문화 및 학술에 관련되어 행해지는 행사, 주로 학술발표회, 집회, 세미나 등에 참석하는 것 (대체로 전문직 종사원)

- 문화, 학술 행사 성격 기본적 내용 사전습득
- 행사 개최 전 사전 등록 확인
- 숙박지와 행사장 간 셔틀버스운행 정보 확인
- 세부적 일정표, 행사관련 서류 배부, 특기사항 설명
- 대기장소 및 연락처 공지(개별행동 시 통보요청)
- 약속사항 철저준수 및 변경사항 적기 안내
- 행사 전, 후 선택관광 판매 안내

6. 관광지 매너

가. 해외 관광지에서 주의할 점

① 옷차림

- 관광을 할 때는 화려한 차림보다 실용적인 차림이 좋다.

② 주의사항

- 분실주의(여권과 지갑)
- 지역에 따라 전염병을 주의하며 물은 생수를 음용
- 사진 촬영 금지 구역에서 촬영을 삼간다.
- 뷔페 레스토랑에서 음식물을 들고 나오지 않는다.
- 관광 도중 주저앉아 있지 않는다.

③ 참고사항

- 관광지에서 외국인에게 작은 실수라도 했을 시 사과한다.

- 다른 사람의 도움을 받았을 때는 감사의 인사를 한다.
- 관광자원을 소중하게 생각하며 낙서하지 않는다.
- 환경을 해치는 행동, 풍기문란한 행동 등을 삼간다.
- 유럽이나 미국 등 lady first가 생활화된 사회문화를 존중한다.
- 현지인을 촬영할 때는 그들의 관습과 정서를 존중해야 한다.

나. 관광지 기본 매너

① 기다리는 습관

- 관광버스가 정차하기도 전에 성급히 내리려고 하는 행동, 자리에서 일어나 물건을 챙기려고 하는 행동은 위험하며 보기에도 좋지 않다. 오죽하면 한국사람의 별명은 '빨리빨리'라고 인사를 한다. 차가 완전히 정차한 다음 준비해서 내려도 늦지 않다.

② 구경은 못해도 시간은 엄수

- 해외여행에서 시간을 지키지 못하면 많은 문제가 발생한다. 일정에 차질이 생기고 다른 사람들의 관광에까지 차질을 준다.

③ 관광지의 금기를 고려

- 대부분 동남아(태국)에서는 머리를 쓰다듬으면 혼을 빼앗긴다고 생각한다. 관광지, 쇼핑센터, 길에서 아이가 귀엽다고 머리를 쓰다듬어서는 안 된다. 또한 사원에서는 심한 노출, 반바지를 자제한다.

④ 사진촬영은 반드시 물어보고

- 나라마다 사진촬영을 금하는 곳이 있다. 박물관 내부나 군사시설, 공항 등이 사진 촬영 금지구역으로 안내원이나 현지인에게 물어보고 사진을 촬영한다.

다. 해외여행 상황별 매너와 유의점

① 레스토랑 매너

- 레스토랑에 들어서면 종업원의 안내에 따라 자리에 앉으며, 재촉하지 않는다.
- 개인적으로 식당을 이용할 때는 서빙(serving)한 종업원에게 음식값의 10~15% 정도를 팁으로 지불하는 것이 국제적인 예의이다.
- 테이블 밑으로 신발을 벗지 않도록 하고 테이블에서 화장을 고치지 않는다.

- 레스토랑에서 종업원을 부를 때는 소리를 내지 말고 손을 들어 부른다.
- 레스토랑을 이용할 때 반입이 금지된 주류 등을 휴대하지 않는다.

② 교통안전과 치안

- 영국, 호주, 싱가포르, 홍콩, 태국, 일본 등은 우리와 달리 차량이 좌측통행을 하므로 혼란을 줄 수 있는데 길을 건널 때나 차량에서 승·하차 할 때 주의해야 한다.
- 밤에 외출 할 때는 관광객의 신변 안전과 관련이 있는 만큼 현지 치안상태를 확인한다.
- 택시를 이용할 때는 호텔에 콜택시를 요청한다. 일부 국가에서는 택시를 타기 전에 금액을 흥정해야 한다. 구미 지역에서는 택시 이용 요금의 10~15%를 팁으로 지불한다.
- 전철, 기차를 이용할 경우에 텅 빈 칸이나 사람이 없는 칸을 피한다. 야간 운행 시에는 기관사의 바로 뒤인 첫 칸을 이용하는 것이 좋다.
- 열차, 버스, 선박에서는 안전을 위해 승무원의 지시에 따른다.

③ 외출과 자유시간

- 시내 외출 중에 화장실을 이용하게 될 때는 호텔이나 백화점, 유명 패스트푸드점의 화장실을 이용하는 것이 요령이다. 외국의 화장실에는 휴지통이 없는 경우가 많은데 사용한 휴지는 변기에 넣어 처리한다.
- 자유시간에 시내 관광을 할 때는 필요 이상의 현금, 귀중품은 휴대하지 않는다.
- 나이트 투어는 관광 안내 책자를 참고하거나 호텔에 문의해서 안전한 곳을 택하고 다음 날의 일정에 지장을 주지 않도록 한다.

④ 도난방지

- 남이 보는 앞에서 고액권을 꺼내지 말고, 남성의 경우 지갑을 뒷주머니에 넣지 말고 여성은 핸드백 입구를 몸 쪽으로 해서 지갑과 핸드백의 관리에 주의한다.
- 지나치게 친절하게 접근해 오는 사람이나 요란한 치장을 한 여인을 경계한다.
- 귀국을 위해 공항에서 대기할 때 자신의 짐은 항상 자신의 시야에서 벗어나지 않도록 주의하며 자리를 비울 때는 동행자에게 부탁한다.

⑤ 문화에 대한 존중과 차이

- 종교사원을 방문할 때는 긴소매 옷과 바지를 입고 모자와 신발을 벗는다.
- 우리나라 여성들은 손으로 입을 가리고 웃는 것을 교양이 있다거나 수줍어 하는 것으로 생각하지만 서양에서는 반대이다. 사람을 비웃거나 자신을 무시한다는 오해를 받을 수 있다.

⑥ 면세점과 쇼핑

- 면세점을 이용하면 가격에서 유리하고 품질을 보상 받을 수 있다. 유럽은 관광객을 위한 면세 쇼핑제도가 있다. 면세쇼핑 전표(no tax shopping cheque)를 보관했다가 출국 시에 세관이 제출하면 세금을 환불 받을 수 있다.
- 쇼핑은 귀국일자 즈음해서 하는 것이 이동에 편리하고 그 지역의 특산품을 선택하는 것이 좋다. 고가품, 귀중품, 전자제품 등은 신용 있는 상점을 선택해서 after service와 추후의 사태를 대비한다.

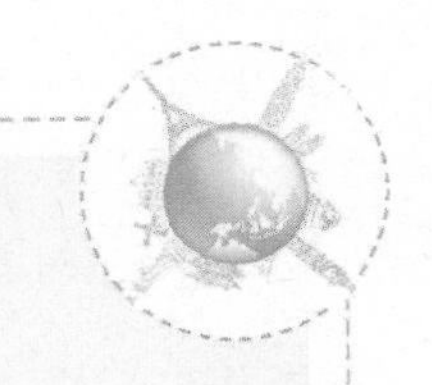

제12장 호텔업무

1. 호텔 체크인 업무

호텔 체크인 업무를 우선 호텔의 입장에서 설명한다. 호텔에서는 단체고객이 도착하면 먼저 가이드(tour guide)와 예약된 고객의 인원 수와 객실 수를 실제 도착한 고객 수와 필요한 객실 수를 확인한다. 그 다음에 예약조건(객실료, 식사 등)을 재확인하고 그 다음에 입숙절차에 들어간다. 단체고객의 명단이 사전 입수되어 있을 경우 또는 확실한 경우가 아니면 전화상으로 고객과 단체의 이름을 외부에 안내하는 데 주의하여야 한다. 가이드가 객실배정표(rooming list)를 가지고 왔을 때에는 명단에 객실번호를 적고 2부를 복사하여 1부는 종합파일에, 1부는 단체파일에 보관한다. 그리고 단체고객의 객실배정표(rooming list)에는 반드시 고객의 주소, 여권 번호, 생년월일이 기재되어 있는가를 확인한다.

기본적으로 TC입장에서 호텔 체크인 하는 방법으로는 현지 가이드와 함께 호텔입실수속을 프런트 데스크(front desk)에서 한다. 사전에 객실배정표(rooming list)를 작성하여 고객들이 도착했을 때는 룸 넘버만 쓸 수 있도록 만들어 빠른 시간 안에 고객들이 룸으로 들어갈 수 있도록 해야 한다. 객실이 나와 있는 용지를 복사할 때는 여유 있게 복사해서 객실 수대로 배부한다. 객실 배정할 때는 단체는 일반적으로 한 층에 모여 있는 것이 바람직하나 멀리 떨어져 있는 객실은 신혼부부, 젊은 부부 등이 이용하도록 배정할 수 있도록 한다. 부부라면 침대 사이즈를 킹사이즈 싱글베드, 동료라면 두 개의 트윈베드 객실로 배정한다.

객실배정을 한 후 해야 할 일로는

① 고객들에게 객실배정표(rooming list)와 객실열쇠와 식사권을 배부하고,

② 내일 일정에 대해 자세히 설명을 한다. 일정안내 시에는 내일 아침 모닝콜(wake-up call) 시간, 조식메뉴 및 시간과 장소, 내일 관광출발 시간과 복장 및 준비물 등을 함께 안내한다.

③ 수하물 배달 확인 및 객실 점검을 한다. 객실 내에 있는 미니바나 욕실 등에 대한 사용방법을 알려주도록 한다. 만약을 대비해서 고객들에게 TC의 객실번호도 알려줌으로써 고객들에게 신뢰를 얻는다.

④ 모닝콜 시간 알림으로는 모닝콜을 미리 예약하고 울리지 않을 경우를 대비하여 자동모닝콜을 따로 해야 한다. 모닝콜이 제때에 울리지 않아서 못 일어날 경우 다음날 스케줄에 차질이 생길 수 있으므로 이중 모닝콜을 해야 다음 날 여정에 지장 없이 기상할 수 있을 것이다.

2. 호텔 이용

(1) 객실열쇠 사용

최근에는 대부분 전자 열쇠를 사용하는 추세이다. 전자열쇠에는 객실번호가 표시되어 있지 않으므로 객실 번호를 잘 기억해야 한다. 잘 알지 못하는 일행과 같은 객실을 쓸 경우 프런트 데스크에서 예비 열쇠 부탁해서 따로 열쇠를 가지고 있도록 해서 객실에 못 들어가는 일이 없도록 해야 한다. 문을 닫으면 자동으로 문이 잠기므로 열쇠를 객실에 두고 문 닫지 않도록 주의해야 하고 발코니에 나갈 경우도 문이 잠길 수 있으므로 주의해야 한다. 치안이 좋지 않은 지역의 경우 걸쇠를 반드시 채우도록 해서 안전에 좀 더 신경써야 한다.

(2) TV 시청

일반 방송과 호텔 자체 개설해 놓은 자체 방송이 있는데 유료 채널을 투숙객들이 잘 알지 못하고 트는 경우가 있으므로 인지시킨다. 유료와 무료를 구분할 수 있도록 해서 고객들이 피해를 안 보도록 교육한다.

(3) 미니바

미니냉장고에 있는 물건은 시중가보다 훨씬 비싸므로 웬만하면 이용하지 않도록 하는 것

이 좋다. 미니바 위의 커피, 차 종류는 대부분이 무료이므로 커피포트에 물을 끓여 먹거나 정수기를 이용해서 마실 수 있도록 한다. 커피포트가 없을 경우 하우스키핑에 연락하면 받을 수 있다.

(4) 안전금고

귀중품 등을 호텔금고에 보관하게 되는데 주로 장기 투숙할 때 이용한다. 안전금고에 귀중품을 놓고 잊을 수 있으므로 단기 투숙하는 경우라면 웬만하면 사용하지 않도록 하는 것이 좋다. 금고열쇠 분실 시 US 50$ 이상 벌금을 요구하므로 잃어버리지 않도록 주의해야 한다.

(5) 호텔 내 부대시설 이용

다양한 부대시설 수영장, 헬스클럽, 사우나, 온천 등이 있는데 무료로 운영하는 곳이 있으므로, TC는 사전에 숙지한 다음 고객들이 편리하게 시설들을 이용할 수 있도록 해야 한다.

(6) 룸서비스 이용

객실 내에서 식사를 하거나 차를 마시는 경우 룸서비스를 이용하게 되는데, 대개 늦은 밤까지 이용할 수 있다. 룸서비스를 이용한 금액은 체크아웃 할 때 개별적으로 계산하도록 한다.

(7) 객실 내 전화 이용

객실 간의 통화는 돈을 지불하지 않는다. 무슨 일이 생길 경우 객실 간의 연락이 가능하도록 해야 한다.

(8) 국제전화의 이용

객실 내에서 사용하는 경우 체크아웃 할 때 개별적으로 계산해야 한다. 객실 내에서 사용하는 경우 더 비싸므로 되도록 호텔 내 일반 공중전화를 이용하도록 하는 것이 좋고, 국제전화의 종류는 지명통화(수신인 지명 요금이 직접 통화하는 시점부터 계산), 전화번호 통화, 수신자부담 통화가 있다. 근래에는 고객들이 모바일폰을 소지하여 자동로밍이 되고 있어 편리하다.

(9) 욕실의 사용

샤워 커튼을 욕조 안쪽으로 해서 바닥으로 물이 흐르지 않도록 해야 한다. 유럽이나 미국의 호텔들은 욕조 밖에 배수시설이 되어 있지 않아 물이 흐를 수 있다. 유럽의 호텔들은 주로 나무 바닥으로 되어 있는데 물이 흐를 경우 마루가 썩게 되어 배상을 해야 할 수도 있으므로 각별히 유의하며 사용해야 한다. 욕조 바닥에 고무매트를 깔고 욕실용 매트는 욕조 바깥에 깔아야 한다. 욕실용 매트는 바닥이 젖지 않도록 하고, 고무매트는 미끄럼 방지에 도움이 된다.

(10) 하우스키핑 이용

칫솔, 치약, 드라이기가 필요한 경우, 객실관련 문제나 베개, 수건이 더 필요한 경우 하우스키핑을 이용하면 된다.

(11) 세탁기의 이용

객실을 청소하는 룸메이드에게 요청하거나 객실 내 서랍 안에 필요사항 입력을 입력하여 룸메이드나 호텔직원에게 말하면 된다.

(12) 환전

단체여행의 경우 환전할 시간이 거의 없다. 프런트 데스크의 캐셔에게 환전할 수 있으므로 TC는 고객에게 알려 편하게 환전할 수 있도록 도와준다.

3. 호텔 체크아웃

호텔체크아웃을 하기 전날 저녁에 내일 아침 몇 시에 기상하고, 조식을 하며, 짐을 꾸려서 체크아웃을 하는지를 안내해야 한다. 다음은 주요 사항에 대한 설명이다.

(1) 기상시간 알림

(2) 조식시간 알림

체크아웃을 할 경우 미리 60분 전 정도 식사를 하도록 예약하는 것이 좋다. 특히, 식사할 때 식당으로 고객들이 짐을 가지고 내려오지 않도록 TC는 고객들에게 말해야 한다. 식당에

짐을 다 가지고 내려와서 식사를 하게 된다면 다른 이용객들에게 방해될 수 있기 때문이다.

(3) 짐 수거시간 알림

수하물의 수거를 위해 전날 저녁에 벨 캡틴, 치프 포터와 상의 후 같은 시간에 출발하는 단체가 있는지를 확인하고, 수하물 집하 시간이 웬만하면 60분 전에 하도록 하지만 다른 고객이 없을 경우 30분 전에도 무방하다. 여행자들에게 수하물 수거 시간을 알리고 정해진 시각에 수하물을 놓도록 해야 한다.

(4) 개인적 비용 정산

개인이 정산해야 하는 지불내용을 미리 알려준다. 회계처리가 늦어지는 경우가 많은데 이러한 경우 국외여행인솔자임을 밝히고 특별한 절차에 의해 회계를 해달라고 요구한다. 혼잡하지 않은 시간에 각자 프런트 창구에서 지불하도록 하고, 객실별 요금을 미리 확인 후 해당 사항이 있는 객실만 호명하여 체크아웃 할 시간을 절약할 수 있다.

(5) 호텔 출발시간

호텔에서의 출발시간을 알려준다. 두고 온 물건이 없는지 확인하도록 하고 호텔에서 차량이 출발하는 시간을 사전에 알려서 절대로 늦지 않도록 안내한다.

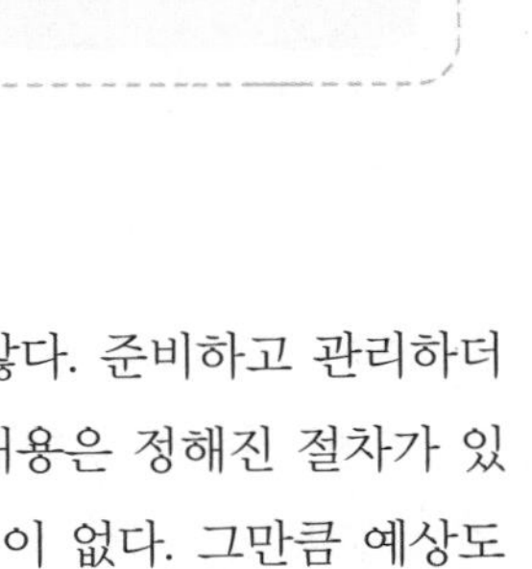

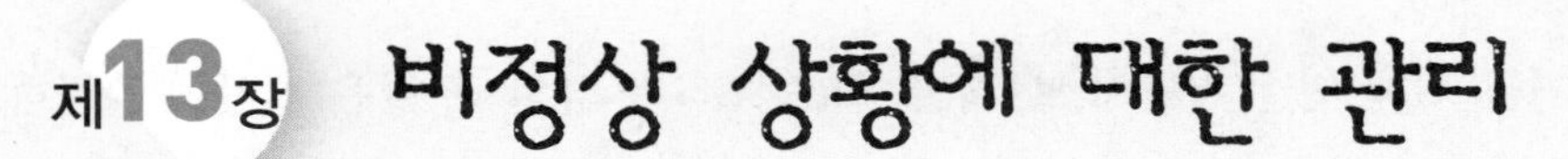

제13장 비정상 상황에 대한 관리

현실세계에서 정해진 방식과 형태로만 진행되는 것은 별로 많지 않다. 준비하고 관리하더라도 예상하기 힘든 일과 상황은 발생할 수 있다. 정상적인(regular) 내용은 정해진 절차가 있어 처리하기가 쉽지만 비정상적인(irregular) 상황은 그 예정된 매뉴얼이 없다. 그만큼 예상도 어렵고 대비도 쉽지 않은 것이 비정상 상황 즉, 사고(irregularity)이다. TC는 국외에서 많은 사람을 인솔하여 활동하므로 각종 비정상적인 사태가 발생하기가 더욱 쉬운 상황에서 그 업무와 역할을 수행하고 있다. 그러므로 본장에서는 일어날 수 있는 비정상 상황을 유형별로 분류하고 그 예방과 발생 시 대처요령을 설명하기로 한다.

1. 비정상 상황 발생의 주요원인과 관리

단체를 인솔하고 여행일정을 관리하다 보면 여러 가지의 원인으로 사고가 발생하는 경우가 많이 있다. 사고발생 시 대처능력은 인솔자의 순발력과 기본적인 업무지식과 경험에서 나온다. 그러므로 인솔자는 여행관련 사고 발생을 예방하고 발생 시 효과적으로 대처하여 그 부정적인 영향을 최소화함으로써 그 역량을 입증할 수 있어야 할 것이다. 사고발생의 주요원인과 관리 방향은 다음과 같다.

〈표 34〉 비정상 상황 유형과 관리 방향

사고 형태	귀속처	사고원인	사고대비
대처불가	없음	천재지변, 파업	없음(대안모색)
고객불만사태	다양	정보부족	여행계약조건 준수
	상품판매사	정보부족	본사 부문 연락처

사고 형태	귀속처	사고원인	사고대비
고객불만사태	현지랜드사	예약, 수배 미비	본사-현지랜드 관리
	항공사	예약 문제, 지연운항 연착, 수하물 사고	사전확인
	호텔	품질	협조와 대안모색
	식당	품질	협조와 대안 모색
	전용버스	품질	랜드사 관리
	목적지	기대 수준	여행약관 숙지
	TC	어학, 매너, 여행경험	자질향상
	현지 가이드	어학, 매너, 여행경험	자질향상
분실, 도난	여행자 등	부주의	주의환기, 확인
건강문제	여행자	부주의 기타	상비약, 응급조치능력
안전사고	여행자	부주의 등	병원, 대사관 연락처

비정상 사고는 그 속성상 사전 예방과 대비가 어느 정도 가능한 것과 그렇지 못한 것으로 나눌 수 있으나 대체로 다음사항을 준수하면서 발생하는 사고에도 능숙히 대처하는 역량을 길러야 한다.

- 비상연락망을 보유한다(현지 여행사, 본사 담당자, 한국공관의 연락처).
- 여행객들에 위험요소를 알려준다.
- 여행객 인원 및 수하물 개수를 수시로 확인
- 단체여행객의 건강 및 안전 상태를 상시체크
- 항공편이나 관광지 및 레스토랑 등 예약 재확인
- 현지의 관련법규를 숙지하고 준수

2. 비정상 상황 발생 시 행동요령

사고의 유형에 따라 행동요령은 각기 다르지만 다음 내용은 일반적으로 사고가 발생하였을 때 인솔자가 1차적으로 처리하여 응급조치해야 할 부분이다. 제일 중요한 것은 사고가 났을 때 인솔자는 당황하지 말고 침착하고 냉정함을 유지하여 임기응변을 발휘해야 한다. 여행객들은 사고가 나면 인솔자에게 의존할 수밖에 없기 때문이다. 기본적으로 즉시 본사에 보고하고 본사의 지시에 따라야 한다. 그런데 인솔자는 자신이 여행객들의 보호자라는 생각을 하고 책임감 있게 처리하여야 한다.

- 시간적 여유가 없을 경우 인솔자 자신의 판단에 의한 1차적 조치를 한다.
- 소속 여행사의 책임자에게 신속, 정확하게 보고하고 지시에 따른다.
- 현지 여행사 및 재외공관, 현지 경찰에게 도움을 요청한다.
- 여행객들의 동요를 방지하고 협력을 요청한다.
- 여행객들의 이익보호를 우선시하고 회사의 손해 방지도 고려한다.
- 상대측의 의무 불이행 부분을 확인하고, 당사의 권리를 최대한 주장한다.
- 정확한 상황 파악과 증거물을 확보해야 한다.

3. 비정상 상황 유형과 처리(항공사 관련)

〈표 35〉 항공사 관련업무 비정상 유형과 처리

사고형태	구 분	내 용
위탁수하물 관련	발생원인	· 타 공항으로 운송(항공사 실수) · 수하물 취급부주의(파손)
	조치내용	· 항공권과 수하물 인수표를→분실물 신고센터에 제출, 1부는 본인보관 · 파손의 경우 수리비, 수하물 구입비 등 적절한 배상 요청 · 수하물을 분실했을 경우 찾으면, 호텔로 배송요청 · 추후 항공사 내규대로 구입비용의 보상을 받는다.
	사전예방방안	· 종전 여행 시 baggage tag 제거 · 탁송 시 baggage tag 목적지 확인 · 파손되지 않도록 조치
탑승대기 항공편 지연	발생원인	· 항공기 기술적 문제(정비) · 항공사 연결편 및 공항사정상
	조치내용	· 항공사담당자와 협의하여 대기장소를 확보 · 제공되는 서비스 내용을 확인 · 고객들에게 항공기 지연이유를 상세히 설명하고, 항공사 담당자의 설명과 사과요청 · 추후 일정의 변경이 불가피한 경우 본사담당자 또는 현지랜드사와 일정조정
	사전예방방안	· 출발일 예약 재확인

4. 비정상 상황 대처 매뉴얼

비정상 상황에 대한 유형별 매뉴얼을 소개한다. 재외국민의 안전을 위해 외교통상부는 "위기상황대처 매뉴얼"을 작성하여 안전여행에 대한 지원과 교육을 실시하고 있다. 다음은 외교통상부 해외안전여행을 위한 매뉴얼을 토대로 정리한 내용이다(외교통상부, 해외안전여행). 국외여행인솔자는 단체의 대표자로서 위기상황이 발생하지 않도록 최선을 다하고 상황이 발생하면 침착하고 능숙하게 대처할 수 있도록 해야 한다.

[해외여행 중 위기발생 시 협력기관과 제도]

- 영사콜센터 : 24시간 연중무휴
  - 국내 02)3210-0404(유료)
  - 해외 국가별 접속번호 +822-3210-0404(유료), 국가별 접속번호 +800-2100-0404(무료)
  - 상담내용 우리국민 해외 사건 · 사고 접수, 신속해외송금지원제도 안내, 가까운 재외공관 연락처 안내 등 전반적인 영사민원 상담
- 신속해외송금지원제도
  - 지원대상 : 해외여행하는 우리 국민
  - 지원사유 : 해외에서 소지품 도난 · 분실 등 긴급 경비가 필요한 경우
  - 지원한도 : 미화 3천달러
  - 지원문의 : 재외공관(대사관 혹은 총영사관), 영사콜센터
- 외교통상부 '해외안전여행 어플리케이션' 활용
  - 여행경보제도, 해외여행자등록제, 위기상황별 대처매뉴얼, 사고현장 촬영 및 녹취 기능 등 안내

[상황별 대처 매뉴얼]

가. 도난 / 분실

(1) 발생 시 대처

재외공관(대사관 혹은 총영사관)에서 사건 관할 경찰서의 연락처와 신고방법 및 유의사항을 안내받는다. 의사소통의 문제로 어려움을 겪을 경우, 통역 선임을 위한 정보를 제공받는다.

① 여권 분실

- 여권 분실 시, 분실 발견 즉시, 가까운 현지 경찰서를 찾아가 여권분실증명서를 만든다. 재외공관에 분실 증명서, 사진 2장(여권용 컬러사진), 여권번호, 여권발행일 등을 기재한 서류를 제출한다. 급히 귀국해야 할 경우 여행증명서를 발급받는다.
  - 여권 분실의 경우를 대비해 여행 전 여권을 복사해 두거나, 여권번호, 발행 연월일, 여행지 우리 공관 주소 및 연락처 등을 메모해둔다. 단, 여권을 분실했을 경우 해당 여권이 위·변조되어 범죄에 악용될 수 있다는 점에 유의한다.
- 중국에서 여권분실 도난 사건이 많아, 중국 공안당국은 우리 공관으로부터 발급받은 여행증명서가 있더라도, 공안당국이 발행한 여권분실증명서가 있어야 출국할 수 있으므로, 주의해야 한다.

② 중국에서 여권 분실 시 재발급 절차

- 여권을 분실했을 경우, 먼저 관할 파출소에 신고하여 분실증명서를 발급받고 중국 내 우리 관할 공관에 본인이 직접 방문하여 분실신고(사진 3매 지참)를 하여야 한다.
- 공관에서 발급하는 '분실여권 말소증명'과 파출소 발행의 '분실증명서'와 호텔 등 외국인 합법 거주지 등에서 발급하는 '숙박증명(주숙등기표)'을 첨부하여, 분실지역 관할 공안국 외국인출입경관리처에 가서 분실증명서를 발급받는다.
- 공안국에서 발급받은 분실증명서를 가지고 공관을 방문해 단수여권을 발급받는다(발급수수료 : 인민폐 120위엔).
- 공안국 외국인출입경관리처에 가서 단수여권에 출국에 필요한 비자를 발급받는다. 여행 경비를 분실·도난당한 경우, 신속해외송금 지원제도에 관해 영사콜센터에 문의한다.

③ 여행경비

- 여행경비를 분실·도난당한 경우, 신속해외송금지원제도를 이용한다(재외공관 혹은 영사콜센터 문의).
- 여행자 수표를 분실한 경우, 경찰서에 바로 신고한 후 분실 증명서를 발급받는다. 여권과 여행자수표 구입 영수증을 가지고 수표 발행은행의 지점에 가서 분실 신고서를 작성하면, 여행자 수표를 재발행 받을 수 있다. 이때, T/C의 고유번호, 종류, 구입일, 은행점명, 서명을 알려줘야 한다. 그러나 수표의 상·하단 모두에 사인한 경우, 전혀

사인을 하지 않은 경우, 수표의 번호를 모르는 경우, 분실 시 즉시 신고하지 않은 경우에는 재발급이 되지 않으므로 주의해야 한다.

④ 항공권 및 수하물

- 항공권을 분실한 경우, 해당 항공사의 현지 사무실에 신고하고, 항공권 번호를 알려준다(전자항공권 e-티켓 경우는 분실 우려 없음).
  - 분실에 대비해 항공권 번호가 찍혀 있는 부분을 미리 복사해 두고, 구입한 여행사의 연락처도 메모해둔다.
- 수하물을 분실한 경우, 화물인수증(Claim Tag)을 해당 항공사 직원에게 제시하고, 분실신고서를 작성한다. 공항에서 짐을 찾을 수 없게 되면, 항공사에서 책임을 지고 배상한다.
- 현지에서 여행 중에 물품을 분실한 경우, 현지 경찰서에 잃어버린 물건에 대한 신고를 하고, 해외여행자 보험에 가입한 경우 현지 경찰서로부터 도난신고서를 발급받은 뒤, 귀국 후 해당 보험회사에 청구한다.

(2) 도난·분실 예방책

- 여권이나 귀중품은 호텔 프런트에 맡기거나 객실 내 금고 또는 안전박스에 보관한다. 그날 사용할 만큼의 현금만 가지고 다닌다.
- 현금은 지갑과 가방, 호주머니에 나누어 지닌다.
- 식당에서는 의자에 가방을 걸어두지 말고 식사하는 동안에는 가방을 본인 무릎 위에 두는 것이 안전하다.
- 뒷주머니에는 절대로 지갑을 넣지 말고 바지 앞주머니나 코트 안주머니에 넣는 것이 안전하다.
- 가방을 가지고 걸을 때는 어깨로부터 가슴에 가로질러 X자로 맨다.
- 사람이 많은 출퇴근 시간의 기차나 버스 안에서 가방이나 지갑을 조심한다.
- 모르는 사람이 시간이나 길을 묻는 등 말을 걸어 올 때에는 조심한다.
- 호텔 프런트에서 체크인 및 체크아웃 시 수하물은 반드시 시선이 닿는 곳에 놓거나 일행이 있을 경우 한 사람은 수하물을 지키도록 한다.

나. 부당한 체포 및 구금

- 당황하지 말고 침착하게 현지 사법당국의 절차에 따른다.
- 우리 공관에 구금 사실을 알리고 현지 사법당국에 요청한다.
  - 그러나 해외에서 사건・사고가 발생한 경우, 그 나라의 법과 절차에 따라 수사와 사건 처리가 진행된다. 재외공관은 자국민이라는 이유로 현지 사법당국에 특별한 대우를 요구하거나, 직접 해당사건을 담당할 법적 권한이 없음을 기억해야 한다. 영사관계에 관한 비엔나 협약 제36조(파견국 국민과의 통신 및 접촉) 1항 (b) 파견국의 영사관할구역 내에서 파견국의 국민이 체포되는 경우, 또는 재판에 회부되기 전에 구금 또는 유치되는 경우, 또는 기타의 방법으로 구속되는 경우에, 그 국민이 파견국의 영사기관에 통보할 것을 요청하면, 접수국의 권한 있는 당국은 지체 없이 통보하여야 한다. 체포, 구금, 유치 또는 구속되어 있는 자가 영사기관에 보내는 어떠한 통신도 동 당국에 의하여 지체 없이 전달되어야 한다. 동 당국은 관계자에게 본 세항을 따를 그의 권리를 지체 없이 통보하여야 한다.
- 현지 언어가 능통하지 않을 경우, 사법당국에 통역 지원이 가능한지 문의한다.
- 본인이 모르는 외국어로 작성된 문서나 내용을 정확하게 이해하지 못할 경우, 함부로 서명하지 않는다.
- 영사와의 면담 시 향후 진행될 사법절차, 현지 법체계에 대한 일반적인 정보를 제공받을 수 있다.
- 국내 가족과 연락을 하고 싶을 경우, 사법당국 또는 담당영사에게 협조를 구한다.
- 체포・구금 당시 부당한 대우, 가혹 행위, 반인권적인 사항이 있었을 경우, 영사와의 면담 시 관련 사실을 알려 관계 당국에 시정을 요청할 수 있도록 한다.
- 변호사비, 보석, 소송비를 지불하기 위해 돈이 필요한 경우, 신속해외송금 지원제도를 활용한다.
- 전문적인 법률 자문을 구하고 싶을 경우, 변호사 선임에 필요한 정보를 제공받는다.

다. 인질납치

- 필리핀, 과테말라, 중국 등 인질 및 납치가 빈번한 국가를 여행할 때에는 치안 불안지역을 사전에 파악해 여행을 자제해야 한다.

- 납치가 되어 인질이 된 경우, 자제력을 잃지 말고 납치법과 대화를 지속하여 우호적인 관계를 형성하도록 한다.
- 눈이 가려지면 주변의 소리, 냄새, 범인의 억양, 이동 시 도로상태 등 특징을 기억하도록 노력한다.
- 납치범을 자극하는 언행은 삼가고, 몸값 요구를 위한 서한이나 음성녹음을 원할 경우 응하도록 한다.
- 버스나 비행기 탑승 중 인질이 된 경우, 순순히 납치범의 지시에 따르고 섣불리 범인과 대적하려 들지 않는다. 납치범과 대적할 경우, 자신의 생명은 물론 다른 인질들의 생명도 위태로워질 수 있다.

라. 교통사고

- 재외공관(대사관 혹은 총영사관)에서 사건 관할 경찰서의 연락처와 신고방법 및 유의사항을 안내받는다. 의사소통의 문제로 어려움을 겪을 경우, 통역 선임을 위한 정보를 제공받는다. 스마트폰 사용자의 경우, 외교통상부 해외안전여행 어플리케이션을 다운받아 둔다(현지 경찰서 번호 안내 및 사건장소 촬영과 녹취기능 등 포함).
- 사고 후 지나치게 위축된 행동이나 사과를 하는 것은 자신의 실수를 인정하는 것으로 이해될 수 있으므로 분명하게 행동한다.
- 목격자가 있는 경우 목격자 진술서를 확보하고, 사고 현장 변경에 대비해 현장을 사진 촬영한다.
- 장기 입원하게 될 경우, 국내 가족들에게 연락하여 자신의 안전을 확인시켜 주고, 직접 연락할 수 없는 경우 공관의 도움을 요청한다. 사안이 위급하여 국내 가족이 즉시 현지로 와야 하는 경우, 긴급 여권 발급 및 비자 관련 협조를 구한다.
- 급작스러운 사고로 의료비 등 긴급 경비가 필요할 경우, 해외공관이나 영사콜센터를 통해 신속해외송금 지원제도를 이용한다.
- 피해보상 소송을 진행할 경우, 그 나라의 일반적인 법제도 및 소송을 제기하기 위한 절차에 대해 문의하고, 현지 또는 통역사 선임에 필요한 정보를 제공받는다.

마. 자연재해

- 재외공관에 연락하여 본인의 소재지 및 여행 동행자의 정보를 남기고, 공관의 안내에 따라 신속히 현장을 빠져나와야 한다.
- 지진이 일어났을 경우, 크게 진동이 오는 시간은 보통 1~2분 정도이다. 성급하게 외부로 빠져나갈 경우, 유리창이나 간판·담벼락 등이 무너져 외상을 입을 수 있으니 비교적 안전한 위치에서 자세를 낮추고 머리 등 신체 주요부위를 보호한다. 지진 중에는 엘리베이터의 작동이 원활하지 않을 수 있으므로, 가급적 계단을 이용하고, 엘리베이터 이용 중에 지진이 일어날 경우에는 가까운 층을 눌러 대피한다.
- 해일(쓰나미)이 발생할 경우, 가능한 높은 지대로 이동한다. 이때, 목조건물로 대피하면 급류에 쓸려갈 수 있으므로 가능한 철근콘크리트 건물로 이동해야 한다.
- 태풍·호우 시 큰 나무를 피하고, 고압선 가로등 등을 피해 감전의 위험을 줄인다.
- 자연재해 발생 시, TV·라디오 등을 켜두어 중앙행정기관에서 발표하는 위기대처방법을 숙지하고, 유언비어에 휩쓸리는 일이 없도록 주의해야 한다.
- 현지 관계당국에 해당 건을 신고하고, 우리 재외공관(대사관 혹은 총영사관)에도 연락을 취하여 우리 국민의 안전을 파악할 수 있도록 한다.

바. 대규모 시위 및 전쟁

- 군중이 몰린 곳에 함부로 접근하면 위험하다.
- 대규모시위가 일어났을 경우, 특정 시위대를 대표하는 색상의 옷을 입거나 시위에 참여하는 행동은 매우 위험한 행동이니 삼가야 한다.
- 시위대의 감정이 고조되어 무력충돌(총기난사, 폭력 등)로 이어질 가능성을 대비해 긴급 출국하는 편이 좋다.
- 당장 출국하지 못할 경우에는 영사콜센터 혹은 재외공관(대사관 혹은 총영사관)에 여행자의 소재와 연락처를 상세히 알려 비상시 정부와의 소통이 가능하도록 해야 한다.
- 긴급하게 귀국 또는 제3국으로 이동해야 하는 경우 재외공관(대사관 혹은 총영사관)에서는 비자발급, 여행증명서 발급 등의 출국절차를 지원한다.
- 현지 관계당국에 해당 건을 신고하고, 우리 재외공관(대사관 혹은 총영사관)에도 연락을 취하여 우리 국민의 안전을 파악할 수 있도록 한다.

사. 테러 및 폭발

- 재외공관에서 사건 관할 경찰서의 연락처와 신고방법 및 유의사항을 안내받는다.
- 총기에 의한 습격일 때는 자세를 낮추어 적당한 곳에 은신하고 경찰이나 경비요원의 대응사격을 방해하지 않도록 한다.
- 폭발이 발생하면 당황하지 말고 즉시 바닥에 엎드려 신체를 보호한다. 엎드릴 때는 양팔과 팔꿈치를 갈비뼈에 붙여 폐・심장・가슴 등을 보호하고 손으로 귀와 머리를 덮어 목뒷덜미, 귀, 두개골을 보호합니다. 통상 폭발사고가 발생한 경우 2차 폭발이 있을 가능성이 크므로 절대 미리 일어나서는 안 되며 이동 시에는 낮게 엎드린 자세로 이동한다.
- 화학테러의 경우 눈물과 경련, 피부가 화끈거리거나 호흡곤란, 균형감각 상실 등의 증상이 나타난다. 이럴 땐 손수건으로 코와 입을 막고 호흡을 멈춘 채 바람이 부는 방향으로 신속히 현장을 이탈해야 한다.
- 병원균이나 생물학적 물질에 의한 테러의 경우 호흡기, 피부에 난 상처, 음식물 복용 등을 통해 감염되고 전염병을 일으킨다. 주요 증상으로는 고열, 복통, 설사, 콧물, 인후염, 피부발진, 안구출혈, 무기력 등의 증상이 나타나게 된다. 인근에 의심물질이 누출되었을 경우 손수건을 여러 겹으로 접어서 코와 입을 가린 채 신속히 현장에서 대피하고 노출된 피부를 물과 비누로 조심스럽게 씻고 관계당국에 신고하여 특이증상이 없는지 살펴봐야 한다.
- 독가스 등 생화학 가스가 살포된 경우, 손수건 등으로 코와 입을 막고 호흡을 중지한 채 바람이 불어오는 방향으로 속히 현장을 이탈한다.
- 방사능 테러는 폭발을 감지해도 특수 장비가 없다면 방사능 물질로 인한 오염이 발생했는지 감지하기 어렵다. 핵 폭발지역에 있을 경우, 비상대피소로 대피하거나, 실내에 있을 경우 모든 출입문과 창문을 빈틈없이 닫아두어야 한다.
- 현지 경찰서에 해당 건을 신고하고, 우리 재외공관(대사관 혹은 총영사관)에도 연락을 취하여 우리 국민의 안전을 파악할 수 있도록 한다.

아. 마약 소지 및 운반

- 마약에 대한 규제가 점점 강화되어 전 세계 대부분의 국가에서 마약범죄를 중범죄로 다루고 있고, 소지 사실만으로도 중형에 처하는 나라가 있으므로 주의해야 한다.

- 중국의 경우, 헤로인 50g 또는 아편 1kg을 제조, 판매, 운반, 소지 시 사형에 처하도록 하고 있다(중국 형법 제347조).
- 본인이 운반한 가방에서 마약이 발견되었을 경우, 외국 수사당국은 본인이 악의가 있었는지 여부에 관계없이 마약사범과 동일하게 처벌하기 때문에 본의 아니게 억울하게 일을 당하지 않도록 본인 스스로 유의해야 한다. 이 경우 우리공관이 도울 수 있는 부분이 거의 없다.
- 자신도 모르는 사이에 마약이 자신의 수하물에 포함될 수 있으므로 수하물이 단단하게 잠겼는지 확인한다.
- 공항이나 호텔 프런트에서 자신의 수하물을 항상 가까이에 둔다.
- 모르는 사람과 도보나 히치하이킹을 통해 국경을 같이 넘지 않는다.
- 복용하는 약이 있는 경우 의사의 처방전을 항상 소지해 불필요한 입국 심사를 받지 않도록 한다.
- 아이들의 장난감 등을 통해 마약이 운반되기도 하므로, 모르는 사람에게서 선물을 받지 말아야 한다.

자. 해외여행 중 사망

- 여행 도중 동행인이 사망한 경우, 병원에서는 의사의 사망진단서를, 경찰로부터는 검사진단서 및 경찰 사망증명서 등 필요한 서류를 발급 받는다.
- 사망 시, 재외공관에 [사망자의 성명, 사망일시, 사망 장소 및 유해안치장소, 사망원인, 사망자의 한국주소, 본적, 유족의 성명과 주소, 사망자의 여권번호 및 발급일]을 신고한다. 여행 주관 회사가 있는 경우, [사망자의 성명, 사망일시, 사망 장소, 사망원인, 유해안치장소, 가족에 대한 연락, 보험 수속 의뢰 상황]을 보고한다.

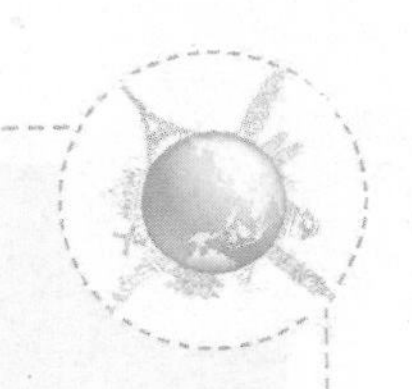

제14장 귀국 및 여정 종료업무

국외여행인솔자는 단체여행객들과 여행을 마치고 귀국하여 공항에 도착하는 즉시 소속 여행사에 도착하였음을 보고해야 한다. 현지 여행 중 사고나 시급히 해결해야 할 중대한 사건이 발생했을 때 회사에 알려 회사의 지휘를 받아야 한다. 만약 시급히 처리해야 할 문제가 있을 경우에는 처리방안과 대책을 강구할 수 있도록 보고한다. 귀국 후 즉시 서면보고를 하는 것이 원칙이나, 외근이나 그 밖의 사정으로 못할 경우 우선 전화로 보고를 해야 한다.

1. 인솔완료 신고

국외여행인솔자는 여행을 마친 후 본인의 소속 여행사에 도착했음을 알리는 전화보고를 한다. 보고 내용에는 해외여행 중 여행객들을 인솔하며 생긴 문제 사항이나, 현지에서의 위급 사항 등과 같이 여행 중 일어난 전반적인 일들을 여행사에 전화로 보고 한다. 필요한 내용을 스마트폰 메시지, e-메일 등을 활용하여 간단하고 중요한 사항은 신속하게 보고 해야 한다. 유능한 인솔자라면 공항에서 우선 전화로 보고하고 상품판매 회사에 가서 대면 구두보고를 하는 센스가 필요하다.

2. 업무완료에 따른 서면보고 및 정산

국외여행인솔자는 귀국 후 즉시 출장보고서를 작성해 제출해야 한다. 업무를 마무리하기 위해 바로 작성해 제출하는 것이 가장 바람직하다. 그러므로 유능한 TC는 출장종료와 동시에 제출할 수 있도록 여행지에서 준비하는 것이 필요하다. 출장보고서는 국외여행인솔자가 해외로 업무를 다녀온 후 현지에서 있었던 일이나 특이사항을 기록해 제출하면 되는 것으로, 소속과 지위, 해당 상품명, 출장기간, 출장지, 방문목적, 숙박지, 그리고 그에 따른 각종 비용들을 기록해야 한다.

가. 출장보고서

국외여행인솔자가의 해외여행 출장보고서에는 다음과 같은 주요내용이 포함되어 있다.

- 상품명, 출장기간, 방문지역
- 행사인원 및 단체 특징
- 출발 시의 문제점 및 개선방안
- 관광지 일반정보내용과 매력 및 고객반응
- 현지공항 및 항공스케줄 정보
- 일정상의 세부보고, 각 항목별 세부보고 및 평가
- 현지 랜드 및 가이드 품질
- 호텔, 식사, 관광버스, 쇼핑과 옵션투어
- 전체행사의 문제점과 개선 건의사항
- TC의 의견과 평가

TC 출장보고서는 TC가 여행 중 경험한 상품에 대한 내용인 항공, 숙박(호텔), 식사, 가이드, 차량, 관광 등 전반적인 사항에 대한 평가보고서라고 할 수 있다. 임시로 작성된 예비보고서를 토대로 정확하게 작성하여 제출하도록 해야 한다. 고객평가 및 반응도 중요하다. 여행사는 고객만족을 통해 수익을 창출하는 구조이므로 고객이 만족할 만한 서비스가 행해졌는지에 대하여 평가하는 것은 차후의 영업을 위해서 중요한 일이다.

출장보고서의 주요내용에는 상품명, 출장기간, 방문지역, 행사인원 및 단체특징, 출발 시의 문제점 및 개선방안, 여행지 일반정보내용, 현지공항 및 항공스케줄 정보, 일정상의 세부보고, 각 항목별 세부보고 및 평가, 주의사항, 전체행사의 문제점과 개선 건의사항, T/C 긴급 연락처 등이 있어야 한다.

해외여행 출장보고서 작성 시 주의사항에는 행사 중 메모한 내용들을 정리하여 정확하게 작성하여 제출해야 한다. 또 기록은 주관적인 내용보다는 고객의 입장에서 객관적이고 구체적으로 기록해야 하며, 현지에서 행사 중에 알게 된 새로운 정보나 변경된 정보가 있을 경우에는 그 내용을 구체적으로 기록해야만 한다.

이렇게 출장보고서를 통해 여행일정, 진행내용을 기록하여 사고나 여행객들의 불평의 발생 유무, 처리상황을 확인할 수 있다. 랜드사의 계약사항 이행 여부 및 제공 서비스의 좋고 나쁨을 알 수 있어, 장래의 여행을 기획하는 데에 참고자료로 사용될 수 있다. 국외여행인솔자의 인솔 서비스의 개선 교육 자료로, 고객들을 관리하기 위한 자료로도 사용될 수 있기 때문에 해외여행 출장보고서의 작성은 중요하다.

해외여행 출장 보고서를 작성할 때 유의사항은

- 현지에서 메모한 내용을 알아보기 쉽고 정확하게 정리해서 기재하고 검토하여야 한다.
- TC의 주관적인 견해가 아닌, 객관적이고 보편적인 기록을 해야 한다.
- 새로운 정보나 기존의 정보와 다르게 변경된 정보는 구체적으로 기록하여야 한다.

이러한 출장보고서를 쓰는 주된 이유는

- 해외여행과 해외에서의 진행일정을 자세히 기록하고
- 사고나 고객 불평 발생의 유무를 알고, 그때의 처리사항을 확인하고
- 현지 오퍼레이션과의 계약사항과 이행 여부를 파악하고
- 서비스의 좋고 나쁨을 평가하고
- 다음번 상품개발과 여행기획에 대한 참고사항이 될 수 있고
- 인솔 서비스 개선의 교육자료로 사용될 수 있으며
- 차후 고객관리를 위한 자료이기 때문이다.

결재	담 당	부서장	임 원	사 장

해외출장 보고서

<table>
<tr><td>출 장 지</td><td colspan="2"></td><td>용 건</td><td></td></tr>
<tr><td rowspan="2">일 정</td><td colspan="3">출 발</td><td>귀 국</td></tr>
<tr><td colspan="3">20 년 월 일 시</td><td>20 년 월 일 시</td></tr>
<tr><td>상황보고</td><td colspan="4"></td></tr>
<tr><td>연락사항</td><td colspan="4"></td></tr>
<tr><td rowspan="6">이동경과</td><td>월 일</td><td>국 명</td><td>지 명 ~ 지 명</td><td>적 요</td></tr>
<tr><td></td><td></td><td></td><td></td></tr>
<tr><td></td><td></td><td></td><td></td></tr>
<tr><td></td><td></td><td></td><td></td></tr>
<tr><td></td><td></td><td></td><td></td></tr>
<tr><td></td><td></td><td></td><td></td></tr>
<tr><td>이동예정</td><td colspan="4"></td></tr>
<tr><td>외 화</td><td colspan="2">월 일 현재 보유외화 잔액</td><td colspan="2">U.S $ 기타 외화</td></tr>
<tr><td>비 고</td><td colspan="4"></td></tr>
</table>

상기와 같이 해외출장 내용을 보고합니다.

20 년 월 일

소 속:

성 명: (인)

나. TC 정산서

TC 정산서는 국외여행인솔자가 여행 중 발생한 제반 수입 및 지출에 대한 수익과 지출의 내역서이다. TC 정산서의 내용으로는 현지 지상비(land fee) 정산에 대한 수지, 선택관광(option tour) 실시에 대한 수입, 쇼핑 커미션수입에 관한 수입, 항공권의 환불내용, 기타 행사에 참여하지 못한 고객들의 환불금 및 취소수수료 등을 종합적으로 정리한 것이다. 본 정산은 상품기획 및 예비정산서를 기초로 하여 실제 발생한 내용들을 상세하고 구체적으로 정산을 함으로써 정확한 수익을 계산하는 것이다.

인솔자의 정산업무 내용에는 단체의 고유번호와 행사명, 행사기간, 성별에 따른 인원수, 목적지, 국외여행인솔자명을 기본으로 행사경비인 출장비와 공항세, 그리고 교통비, 숙박비, 식사비, 가이드비용, 입장료 등의 현지 지상비와 일정 중 발생할 수 있는 임의의 비용이 포함된다. 특히 TC 정산서에서는 반드시 영수증이 첨부되어야 한다. 그리고 투어지참금에 대한 지출내역, 쇼핑 및 선택 관광 실시에 관한 수입과 지출내역, 그 밖의 수입 및 수수료 등이 있다.

다. 업무일지

업무일지란 여행의 시작부터 종료까지의 여행일정에 관한 상세한 내용을 기록하는 일종의 행사일지이다. 업무일지는 국외여행인솔자가 현지 여행 시 여행일정을 기록하는 형태인데, 여행 일정마다 작성할 필요가 있다. 귀국보고서 작성 등 업무일지를 참고해야 하는 상황이 발생하기 때문이다. TC는 여행의 형식에 의한 업무출장의 형태이므로, 현지에서의 여행지, 숙박, 식사, 교통, 선택관광 등 의 내용과 그 밖에 특이사항들을 일지형태로 적어 놓아야 한다. 이는 차후 상품개발과 기획에 참고가 될 수 있도록 충실한 기록이 되어야 한다.

<table>
<tr><td>업무일지</td><td rowspan="2">결
재</td><td>담당</td><td>팀장</td><td>사장</td></tr>
<tr><td>20 년 원 일 (요일)</td><td></td><td></td><td></td></tr>
</table>

구 분	업무명	업무내용
업무내용		
보고사항		
문제점 및 조치사항		
금일 미완료 사항		

행사완료보고서

작성일: 작성자:

1. 행사 개요

단체명:
상품구분 및 지역:
행사기간:
인원:
현지 랜드사:
Tour Conductor:

2. 행사전반에 대한 평가 및 개선 방향

구분	일자	지역	평가	문제점	개선안	비고
항공						
호텔						
식사						
차량						
관광						
가이드						
옵션						
쇼핑						

3. 정산서

구분	일자	지역	내역	수입금액	지출금액	수수료
랜드비용						
행사진행비						
옵 션						
쇼 핑						

3. 출장종료 후 고객관리

출장업무 후 귀국한 뒤 고객관리에서는 해외여행 중 경험이나 아쉬운 점, 개선사항 등을 물어본 뒤 잘못된 것이나 현지에서의 불만사항이 있었다면 시정할 것을 약속하고 반성하여 단골고객을 창출한다.

출장업무 후 고객관리가 잘 되면 고객이 재구매 의사를 가지게 되며, 이에 따른 단골고객 창출이 가능해진다. 그러므로 여행 중 고객관리뿐만 아니라, 일정이 종료된 귀국 후에도 고객관리를 통하여 소속 여행사의 이미지와 신뢰도를 높여야 한다.

- 전화안부인사
- 사진송부 및 사진교환 모임 주선
- 여행 안내자료 및 책자발송
- 이메일 및 전화 메시지
- 전화 안부인사

TC는 여행 후 고객들의 사후 관리를 위해 가장 친화적인 방법으로 안부인사를 하기도 한다. 여행으로 친해진 고객을 주 대상으로 하는데, 전화로 안부를 묻고 당시의 여행이야기를 나누며, 만족스러웠던 점, 부족했거나 불만이었던 점을 진솔하게 들을 수 있어, 다음 여행계획에 반영할 수 있다. 고객들과 친밀감을 더욱 돈독히 할 수 있기 때문에 고객 관리 차원에서 중요한 방법이다.

(1) 사진송부 및 사진교환 모임 주선

여행지에서 찍은 사진은 고객들에게 매우 소중한 것이다. 자신들의 여행을 다시 한번 기억하고, 추억으로 남길 수 있기 때문인데 TC는 이들의 사진을 잘 보관해 각 개인에게 송부해 줘야 한다. 또한 개인이 찍거나, 자신들만이 가지고 있는 현지에서의 사진들을 모임을 주선해 교환하거나 친목을 다질 수 있어야 한다. 사진교환의 모임을 TC가 주선해 그들과 친목을 다지고 사진을 보며, 당시의 추억을 회상할 수 있어, 고객들에게 여행 후 잊혀졌던 TC의 노고를 기억해 줄 수도 있기 때문이다.

(2) 여행 안내자료 및 책자발송

여행 안내자료를 발송하는 일은 고객들에게 다시 한번 자신의 여행사를 이용해 달라는 의미로 홍보차원의 역할이 뚜렷한 것이다. 새로운 여행패키지가 계획된 경우 그들에게 여행 안내자료를 발송해 한 번 더 좋은 인연을 만들고 싶다는 의도를 전달할 필요가 있다.

(3) 이메일 및 전자메시지의 전달

요즈음 이메일이나 문자메시지와 같은 방법으로 지속적으로 고객들과 소통이 가능하다. 위에 전화로 안부를 묻는 방법이 있지만, 모든 고객들과 전화통화에는 무리가 있을 뿐만 아니라 다소 부담스러울 수가 있기 때문이다. 이때 자주 이용하는 방법이 이메일과 문자 메시지인데, 이는 부담스럽지 않고 고객들과 지속가능한 인연을 만들어 줄 수 있는 방법이다. 이메일이나 문자 메시지로 안부를 묻고, 새로운 여행계획 등 함께 홍보할 수 있는 효과적인 방법이기도 하다.

부록

1. 인천공항 취항 항공사 현황
2. 세계 주요 도시 및 공항 코드
3. 항공 여행용어
4. 국내운항 주요 항공기 종류
5. IATA 회원 주요 항공사
6. 실용 여행영어 표현

[부록 1] 인천국제공항 취항 항공사 현황

(자료원: 인천국제공항공사, 2019년 12월 말 현재)

항공사명	국적	대표연락처	공항연락처	IATA	ICAO	터미널
S7 AIRLINES S7 항공	러시아	02-6399-6500	032-743-7010	S7	SBI	T1
Garuda Indonesia 가루다인도네시아항공	인도네시아	02-773-2092	032-744-1991	GA	GIA	T1
KOREAN AIR 대한항공	한국	1588-2001	1588-2001	KE	KAL	T2
DELTA 델타항공	미국	02-754-1921	032-744-6307	DL	DAL	T2
Lao Airlines 라오항공	라오스	02-6262-0808~0810	032-743-3585	QV	LAO	T1
로얄 에어 모로코	모로코	-	-	AT	RAM	T1
Lufthansa 루프트한자항공	독일	02-6022-4228	070-8686-2560	LH	DLH	T1
華信航空 만다린항공	대만	032-743-1513	032-743-1513	AE	MDA	T1
malaysia 말레이시아항공	말레이시아	02-7750-952	032-743-0883	MH	MAS	T1
MIAT 몽골항공	몽골	02-756-9761	032-744-6800	OM	MGL	T1
American Airlines Cargo 미국남부화물항공	미국	032-742-9257	032-742-9257	9S	SOO	T1
VietnamAirlines 베트남항공	베트남	02-757-8920	032-744-6565~6	VN	HVN	T1
vietjetAir.com 비엣젯항공	베트남	02-319-4560	032-743-0370	VJ	VJC	T1

항공사명	국적	대표연락처	공항연락처	IATA	ICAO	터미널
사천항공	중국	02-733-8778	032-743-5211	3U	CSC	T1
산동항공	중국	032-743-8202~3	032-743-8202~3	SC	CDG	T1
상하이항공	중국	02-518-0330	032-744-3780	FM	CSH	T1
세부퍼시픽항공	필리핀	02-3708-8599, 8998	032-743-5705, 5698	5J	CEB	T1
솔라시드 항공	일본	070-7545-2676	070-7545-2676	6J	SNJ	T1
스카이 앙코르 항공	캄보디아	02-752-2633		ZA	SWM	T1
스쿠트타이거항공	싱가포르	02-3483-5423	032-743-2537	TR	TGW	T1
실크웨이웨스트항공	아제르바이잔	02-779-8864	02-779-8864	7L	AZQ	T1
심천항공	중국	02-773-9233	032-744-3255	ZH	CSZ	T1
싱가포르항공	싱가포르	02-755-1226	032-744-6500~2	SQ	SIA	T1
씨에어	필리핀	632 8490101	632 8490101	XO	SGD	T1
아르헨티나 항공	아르헨티나	1577-2600	1577-2600	AR	ARG	T1
아메리칸항공	미국	02-3483-3909	032-743-7260~3	AA	AAL	T1

항공사명	국적	대표연락처	공항연락처	IATA	ICAO	터미널
ASIANA AIRLINES 아시아나항공	한국	1588-8000	032-744-2135	OZ	AAR	T1
AEROMEXICO 아에로멕시코	멕시코	02-754-6336	032-743-6620	AM	AMX	T1
ATLAS AIR 아틀라스항공	미국	02-752-6310	032-743-5220,3	5Y	GTI	T1
Alitalia 알리탈리아 항공	이탈리아	02-2222-7890	02-2222-7890	AZ	AZA	T1
Якутия 야쿠티아 항공	러시아	02-335-6944	032-744-6944	R3	SYL	T1
扬子江快运 YANGTZE RIVER EXPRESS 양쯔강익스프레스항공	중국			Y8	YZR	T1
Emirates 에미레이트항공	아랍에미리트	02-2022-8400	032-743-8101	EK	UAE	T1
EVA AIR 에바항공	대만	02-756-0015	032-744-3512	BR	EVA	T1
AIR MACAU 에어 마카오	중국	02-779-8899	032-743-8999	NX	AMU	T1
AirEuropa 에어 유로파	스페인	1588-2001	032-742-7654	UX	AEA	T1
AIR TAHITI NUI 에어 타히티 누이	프랑스령 폴리네시아			TN	THT	T1
AIRFRANCE 에어 프랑스	프랑스	02-3483-1033	032-744-4900~1	AF	AFR	T2
AeroLogic 에어로로직	독일		032-744-0884	3S	3SX	T1

항공사명	국적	대표연락처	공항연락처	IATA	ICAO	터미널
AEROFLOT 에어로플로트항공	러시아	032-744-8672~3	032-744-8672~3	SU	AFL	T1
AirBridgeCargo 에어브릿지	러시아	02-712-5803	032-744-1419	RU	ABW	T1
AIR SEOUL 에어서울	한국	1800-8100	1800-8100	RS	ASV	T1
air astana 에어아스타나	카자흐스탄	02-3788-9170	032-743-2620	KC	KZR	T1
AirAsia 에어아시아 필리핀	필리핀	050-4092-00525	050-4092-00525	Z2	APG	T1
에어아시아엑스	말레이시아	050-4092-00525	032-743-4333	D7	XAX	T1
AIR INDIA 에어인디아	인도	02-752-6310	032-743-0321	AI	AIC	T1
Air Incheon 에어인천 에어인천	한국	032-719-7890	032-719-7890	KJ	AIH	T1
AirJapan 에어재팬	일본			NQ	AJX	T1
AIR CANADA 에어캐나다	캐나다	02-3788-0100	032-744-0898~9	AC	ACA	T1
香港華民航空 air Hongkong 에어홍콩	중국		032)744-6766	LD	AHK	T1
Ethiopian 에티오피아항공	에티오피아	02-733-0325	032-743-5698	ET	ETH	T1

항공사명	국적	대표연락처	공항연락처	IATA	ICAO	터미널
ETIHAD 에티하드 항공	아랍에미리트	02-3483-4888	032-743-8760	EY	ETD	T1
BRITISH AIRWAYS 영국항공	영국	02-3483-3337	032-743-5703	BA	BAW	T1
Aurora 오로라항공	러시아	02-318-7033	032-741-6035	HZ	SHU	T1
UZBEKISTAN airways 우즈베키스탄항공	우즈베키스탄	02-754-1041	032-744-3700	HY	UZB	T1
UNITED 유나이티드항공	미국	02-751-0300	032-744-6666	UA	UAL	T1
UNI AIR 유니항공	대만	02-756-0015	032-744-3512	B7	UIA	T1
ups 유피에스항공	미국	1588-6886	032-744-3000, 3041	5X	UPS	T1
EASTAR JET 이스타항공	한국	1544-0080	070-8660-8175	ZE	ESR	T1
JAPAN AIRLINES 일본항공	일본	02-757-1711	032-744-3601~3	JL	JAL	T1
제이씨 인터내셔널 항공	캄보디아	02-720-2773	010-8921-1524, 010-3340-1688	QD	JCC	T1
JEJUair 제주항공	한국	1599-1500	1599-1500	7C	JJA	T1
JET AIRWAYS 제트 에어웨이즈	인도	-	-	9W	JAI	T1
AIR CHINA 중국국제항공	중국	02-774-6886	032-744-3255~6	CA	CCA	T1

항공사명	국적	대표연락처	공항연락처	IATA	ICAO	터미널
중국남방항공	중국	1899-5539	032-743-3455~6	CZ	CSN	T1
중국동방항공	중국	1661-2600	032-744-3780	MU	CES	T1
중국우정항공	중국		032-744-4785	CF	CYZ	T1
중국하문항공	중국	02-3455-1666		MF	CXA	T1
중국화운항공	중국	02-518-0330	032-744-3793	CK	CKK	T1
중화항공	대만	02-317-8888	032-743-1513~4	CI	CAL	T1
진에어	한국	1600-6200	032-743-1504	LJ	JNA	T1
체코항공	체코	1544-9474	1544-9474	OK	CSA	T1
춘추항공	중국			9C	CQH	T1
카고룩스항공	룩셈부르크		032-744-3711	CV	CLX	T1
카타르항공	카타르	02-3772-9000	032-744-3370~72	QR	QTR	T1
캄보디아 앙코르 항공	캄보디아	02-730-1900	02-730-1900	K6	VAV	T1
캐세이패시픽항공	중국	1644-8003	032-744-6777	CX	CPA	T1

항공사명	국적	대표연락처	공항연락처	IATA	ICAO	터미널
KLM 케이엘엠네덜란드항공	네덜란드	02-3483-1133	032-744-6700~1	KL	KLM	T2
QANTAS 콴타스항공	오스트레일리아	-	-	QF	QFA	T1
THAILAND 타이에어아시아엑스	태국	050-4092-00525	050-4092-00525	XJ	TAX	T1
THAI 타이항공	태국	02-3707-0114	032-744-3571	TG	THA	T1
TURKISH AIRLINES 터키항공	터키	02-3789-7054	032-744-3737	TK	THY	T1
텐진 에어라인	중국	-	-	GS	GCR	T1
t'way 티웨이항공	한국	1688-8686	1688-8686	TW	TWB	T1
팔익스프레스 항공	필리핀	02-2085-8720	032-744-3720~2	2P	GAP	T1
PAN PACIFIC AIRLINES 팬퍼시픽항공	필리핀	032-743-8700	032-743-8700	8Y	AAP	T1
FedEx. 페덱스	미국		032-744-6114, 6230	FX	FDX	T1
폴라에어카고	미국		032-744-4215	PO	PAC	T1
LOT 폴란드항공	폴란드	02-3788-0270	02-3788-0270	LO	LOT	T1
peach 피치항공	일본	02-2023-6764	032-743-5699	MM	APJ	T1

항공사명	국적	대표연락처	공항연락처	IATA	ICAO	터미널
핀에어	핀란드	02-730-0067	032-743-5698	AY	FIN	T1
필리핀항공	필리핀	1544-1717	032-744-3720~2	PR	PAL	T1
하와이안항공	미국	02-775-5552	032-743-7483	HA	HAL	T1
홍콩익스프레스항공	홍콩	007-988-523-8014	주중 9시~18시, 국내요금 적용	UO	HKE	T1
홍콩항공	홍콩	02-317-8899	032-743-1012	HX	CRK	T1

[부록 2] 세계 주요 도시 및 공항 코드

1) 한국지역

도시명	도시 코드	공항 코드	도시명	도시 코드	공항 코드
CHEONGJU	CJJ	CJJ	BUSAN	PUS	PUS
JEJU	CJU	CJU	SEOUL	SEL	ICN,GMP
JINJU	HIN	HIN	DAEGU	TAE	TAE
POHANG	KPO	KPO	ULSAN	USN	USN
GUNSAN	KUV	KUV	YEOSU	RSU	RSU
GWANGJU	KWJ	KWJ	YANGYANG	YNY	YNY
MOKPO	MPK	MPK			

2) 일본지역

도시명	도시 코드	공항 코드	도시명	도시 코드	공항 코드
AKITA	AXT	AXT	NAGASAKI	NGS	NGS
AOMORI	AOJ	AOJ	NAGOYA	NGO	NGO
ASAHIKAWA	AKJ	AKJ	NIGATA	KIJ	KIJ
FUKUI	FKJ	FKJ	OITA	OIT	OIT
FUKUOKA	FUK	FUK	OKAYAMA	OKJ	OKJ
FUKUSHIMA	FKS	FKS	OKINAWA	OKA	OKA
KAGOSHIMA	KOJ	KOJ	OSAKA	OSA	ITM, KIX
HIROSIMA	HIJ	HIJ	SAPPORO	SPK	CTS
KOCHI	KCZ	KCZ	SENDAI	SDJ	SDJ
KOMATSU	KMQ	KMQ	TAKAMATSU	TAK	TAK
KUMAMOTO	KMJ	KMJ	TOKYO	TYO	HND,NRT
ATSUYAMA	MYJ	MYJ	TOTTORI	TTJ	TTJ
MIYAZAKI	KMI	KMI	TOYAMA	TOY	TOY
YONAGO	YGJ	YGJ			

3) 중국 지역

도시명	도시 코드	공항 코드	도시명	도시 코드	공항 코드
BEIJING(北京)	BJS	PEK	QINGDAO(靑島)	TAO	TAO
GUANGZHOU(廣州)	CAN	CAN	SANYA(三亞)	SYX	SYX
CHANGCHUN(長春)	CGQ	CGQ	SHANGHAI(上海)	SHA	PVG
CHENGDU(成都)	CTU	CTU	SHENYANG(瀋陽)	SHE	SHE
DALIAN(大連)	DLC	DLC	TIANJIN(天津)	TSN	TSN
GUILIN(桂林)	KWL	KWL	WUHAN(武漢)	WUH	WUH
HARBIN(하얼빈)	HRB	HRB	XIAN(西安)	SIA	SIA, XIY
JINAN(濟南)	TNA	TNA	XIAMEN(厦门)	XMN	XMN
KUNMING(昆明)	KMG	KMG	YANJI(延吉)	YNJ	YNJ
NANJING(南京)	NKG	NKG	YANTAI(煙臺)	YNT	YNT

4) 아시아지역

도시명	도시 코드	공항 코드	도시명	도시 코드	공항 코드
BANGKOK	BKK	BKK	PHUKET	HKT	HKT
DENPARSAR	DPS	DPS	PENANG	PEN	PEN
HONG KONG	HKG	HKG	SINGAPORE	SIN	SIN
HANOI	HAN	HAN	TAIPEI	TPE	TPE
HOCHIMINH	SGN	SGN	KOTA KINABALU	BKI	BKI
JAKARTA	JKT	JKT	CHIANGMAI	CNX	CNX
KUALALUMPER	KUL	KUL	MUMBAI	BOM	BOM
MANILA	MNL	MNL			

5) 대양주 지역

도시명	도시 코드	공항 코드	도시명	도시 코드	공항 코드
AUCKLAND	AKL	AKL	GUAM	GUA	GUM
BRISBANE	BNE	BNE	SYDNEY	SYD	SYD
CAIRNS	CNS	CNS	SAIPAN	SPN	SPN
CHRISTCHURCH	CHC	CHC			

6) 미주 / 캐나다 지역

도시명	도시 코드	공항 코드	도시명	도시 코드	공항 코드
ANCHORAGE	ANC	ANC	MEXICO CITY	MEX	MEX
ATLANTA	ATL	ATL	MIAMI	MIA	MIA
BOSTON	BOS	BOS	MONTREAL	YUL	YUL
CALGARY	YYC	YYC	NEW YORK	NYC	JFK , LGA, EWR
CHICAGO	CHI	CHI	PHILADELPIA	PHL	PHL
DALLAS	DFW	DFW	SANFRANCISCO	SFO	SFO
DENVER	DEN	DEN	SEATTLE	SEA	SEA
HONOLULU	HNL	HNL	TORONTO	YYZ	YTO
LAS VEGAS	LAS	LAS	VANCOUVER	YVR	YVR
LOS ANGELES	LAX	LAX	WASHINGTON	WAS	IAD, DCA

7) 구주 중동 지역

도시명	도시코드	공항코드	도시명	도시코드	공항코드
ALMATY	ALA	ALA	HELSINK	HEL	HEL
AMSTERDAM	AMS	AMS, SPL	ISTANBUL	IST	IST
AMMAN	AMM	AMM	JEDDAH	JED	JED
ANKARA	ANK	ANK	LONDON	LON	LHR,LGW,STN
ATHENS	ATH	ATH	MADRID	MAD	MAD
BERLIN	BER	TXL, THF, SXF	MILAN	MIL	LIN, MXP
BRUSSELS	BRU	BRU	MOSCOW	MOW	SVO
COPENHAGEN	CPH	CPH	OSLO	OSL	OSL
CAIRO	CAI	CAI	PARIS	PAR	CDG, ORY
Dubai	DXB	DXB	PRAGUE	PRG	PRG
DUBLIN	DUB	DUB	ROMA	ROM	ROM
DUSSELDORF	DUS	DUS	SAINT PETERSBURG	LED	LED
FRANKFURT	FRA	FRA	VALDIVOSTOK	VVO	VVO
GENEVA	GVA	GVA	VIENNA	VIE	VIE
HAMBURG	HAM	HAM	Zurich	ZRH	ZRH

[부록 3] 항공 여행용어

Agency Commission	여행사가 직접 판매한 항공권이나 화물운송계약에 대해 항공사가 지불하는 수수료
Air Tariff	AC, BA, JL, SR 등의 항공사가 공동제작한 책자로 전세계 항공운임과 규정을 수록하고 있음
Airtel	Air와 Hotel을 합한 것으로 항공편과 호텔숙박만을 결합한 여행상품
Alliance	노선별 공동운항 및 상용고객 프로그램의 제휴 등을 통해 서비스를 확대하는 항공사 동맹체
APIS (Advance Passenger Information System)	출발지공항 항공사에서 승객의 정보를 상대국 법무부, 세관당국에 통보하는 사전심사제도
ARS	항공사의 스케줄 및 좌석현황, 당일 정상운항 여부 등을 전화로 알아 볼 수 있는 자동 응답 서비스
ASP (Advance Seating Product)	항공편 예약 시 원하는 좌석을 미리 예약할 수 있도록 하는 사전 좌석배정제도
ATA (Actual time of arrival)	실제 비행기가 도착하는 시간
ATD (Actual time of departure)	실제 비행기가 출발하는 시간
ATC Holding (Air Traffic Control Hondilng)	공항의 혼잡 또는 기타 이유로 관제탑의 지시에 따라 항공기가 지상에서 대기하거나 또는 공중에서 선회하는 것
ATR (Agent Ticketing Request)	자체발권을 할 수 없는 여행사에서 해당 항공사에 직접 발권의뢰
Baby Bassinet	기내용의 유아요람, 항공기 객실 앞의 벽면에 설치하여 사용하는 것임
Baggage	여행자가 여행할 때 소지한 짐으로써 Checked Baggage와 Unchecked Baggage가 있다.
Baggage Tag	수하물에 부착되는 꼬리표로서 승객의 목적지, 항공편 baggage claim번호 등이 적혀있다.
Baggage Claim	승객이 목적지공항에 도착하여 본인이 탁송한 수하물을 찾을 수 있도록 번호가 적힌 수하물표
Boarding Pass	승객의 탑승을 허용하는 카드로서 탑승구, 탑승시간, 좌석번호 등이 명기되어 있음

Boarding Time	승무원과 기내상태가 승객을 탑승시킬 준비가 완료되고 예정된 시간에 항공기가 이륙할 수 있도록 승객이 탑승을 시작해야 하는 탑승시간
Block Time	항공기가 움직이기 시작(push back)해서 다음 목적지까지 착륙하여 정지(engine shut down)할 때까지의 시간
BSP (Billing Settlement Plan)	항공사와 여행사 간 항공권 판매대금 정산을 은행에서 대행하는 제도
Catering	기내에서 소모되는 물품(기내식, 음료 등)을 공급하는 업무로서 항공회사 자체가 기내식 공장을 운영하며 CATERING을 행하는 경우도 있으나 대부분 CATERING 전문회사에 위탁하고 있다.
Cabotage	한 국가 영토 내의 상업적인 운송규제로 외국항공사가 타 국가 내에서 국내선 구간만을 운송하는 것을 금하는 것
Charter Flight	정기적으로 운항하는 정기편 항공운송과 달리 운항구간, 운항시기, 운항 SKD 등이 부정기적인 항공운송 형태
Checked Baggage	여행자가 항공여행 시 화물로 부치는 짐. 여행자가 항공기 내에 들고 들어가는 것은 Hand Carry Baggage라 한다.
Check-in	항공회사의 체크인 카운터에서 항공권을 제시하고 탑승권(Boarding pass)으로 바꾸는 절차. 이때 여권, 비자 확인, 수하물 접수, 탁송한다.
C.I.Q.	Customs(세관), Immigration(출입국), Quarantine(검역)의 첫 문자로 정부기관에 의한 출입국 심사를 의미한다.
City Terminal	공항 외에 시내에서 이용할 수 있는 공항 터미널
CMBS (Corporate Milege Bonus System)	상용고객우대제도(FTBS)의 개인별 혜택에 추가하여 소속기업 또는 단체에 추가 혜택을 부여하는 제도
Codeshare	다른 항공사의 좌석을 일정부분 임차하고, 편명을 부여하여 고객들에게 판매하는 항공편을 말한다.
Connection Time	연결 항공편을 갈아타는 데 필요한 시간
CRS (Computer Reservation System)	항공사가 사용하는 예약 전산시스템으로서, 단순 예약기록의 관리뿐 아니라 각종 여행정보를 수록하여 광범위한 대고객 서비스를 제공함
CRT (Computer Ray Tube)	컴퓨터에 연결되어 있는 전산장비 일종으로 Main Computer에 저장되어 있는 정보를 조회하고 입력할 수 있는 단말기

DBC (Denied Boarding Compensation)	초과예약이 되어서 승객이 예정된 시간에 탑승을 못하는 경우 항공사 측에서 숙박비나 위로금 등을 지불해주는 일종의 보상금
DCS (Departure Control System)	공항에서의 탑승수속 및 탑제관리 업무를 전산화한 시스템
Declation Of Indemnity (Letter Of Indemnity)	동반자 없는 소아 여행자, 환자, 기타 면책사항에 관한 항공회사에 만일의 경우에도 책임을 묻지 않는다는 요지를 기입한 서약서를 말한다.
Delay	항공기가 기상이나 정비 등의 사정으로 늦게 출발하거나 도착하는 경우
Deportee	입국한 승객이 도착국가의 관계당국에 의해 강제로 추방되는 것
Divert	항공기가 기상 및 위급상황으로 인해 예정공항에 착륙하지 못하고 인근 공항에 착륙하는 것
Dupe Booking	동일한 승객이 1회의 여행기간 동안 동일노선에 대해 중복 예약하는 것
E/D Card (Embarkation/Disembarkation Card)	출입국 기록카드
Endorsement (양도허용)	한 항공사로 여행하도록 발권한 항공권이 다른 항공사로 여행할 수 있도록 양도를 허락하는 행위
ETA (Estimated Time of Arrival	항공기 도착 예정시간
ETD (Estimated Time of Departure)	항공기 출발 예정시간
E-Ticket	전자항공권
Excess Baggage Charge	초과 수화물운송을 위한 요금으로 국제선의 경우 1kg당 여행자가 탑승하는 등급에 관계없이 대인편도 1등석 운임의 1% 수준이다.
Embargo	어떤 항공사가 특정구간에 있어 특정 여객 및 화물에 대해 일정기간 동안 운송을 제한 또는 거절하는 것
Embarkation / Disembarkation card	해외여행자가 출입국 시에 의무적으로 기입해서 제출해야 하는 양식
ETD (Estimated Time of Departure)	출발예정시간
Excess Baggage Charge	무료수하물량을 초과할 경우 부과되는 수하물 요금

Family Care Service	해외여행 시 도움을 필요로 하는 고객을 위해 예약, 발권, 운송 및 객실 등 전 분야에 걸쳐 제공되는 서비스
FBA (Free Baggage Allowance)	무료 위탁수하물 허용량
Ferry Flight	유상탑재물을 탑재하지 않고 실시하는 비행을 말하며 항공기 도입, 정비, 전세 운항 등이 이에 속한다.
Free Baggage Allowance	여객운임 이외에 별도의 요금 없이 운송할 수 있는 수하물 허용량
FTBS (Frequent Traveller Bonus System)	대한항공 상용 고객에게 제공하는 사은 서비스로서 탑승거리에 따라 무료 항공권 제공 등을 포함한 다양한 혜택이 주어짐
Freighter	승객 이송을 위한 여객기가 아닌 상품 또는 화물을 수송하는 항공기
Galley	승객에게 식사나 음식물을 서비스하기 위해 음식, 음료수, 기타 소모품을 탑재, 보관할 뿐만 아니라 음식의 조리 등 일반 주방으로서의 기능도 하는 기내 공간
Go Show	예약이 확정되지 않은 승객이 해당 비행편의 잔여좌석 발생 시 탑승하기 위해 공항에 나오는 것
Greenwich Mean Time (GMT)	영국 그리니치 천문대를 통하는 자오선에서의 평시를, 세계 공통의 표준시각으로 한 것. 항공기 운항이나 항공관제에서 통상적으로 GMT가 사용된다. Z(주르)로 표시된다.
GTR (Goverment Transportation Request)	공무로 해외여행을 하는 공무원 및 이에 준하는 사람들에 대한 서비스를 말하며 국가적인 차원에서 국적기 보호육성, 정부예산절감, 외화 유출방지 등의 효과가 있음
Hand Carried Baggage	기내 반입 수하물로 가로, 세로, 높이 합이 115cm 이내 되는 것으로 승객이 항공기 내로 직접 운반하여 좌석 밑이나 선반에 올려놓음
IATA (International Air Transport Association)	국제항공운송협회
INAD (Inadmissible Passenger)	visa 미소지, 여권유효기간 만료, visa 목적 외 입국 등 입국자격의 결격사유로 관계당국에 의해 입국이 거절된 승객
Inbound	해외에 있는 외국인 또는 내국인이 국내로 들어오는 것
Inclusive Tour	항공운임, 호텔비, 식비, 관광비 등을 포함하여 판매되는 관광을 말하며 Package Tour라고도 한다.

Intermediate Point	항공기가 운송상이나 기술상의 목적으로 정기적으로 착륙하도록 지정된 중간지점
Issuing Carrier	타지권 교환발행 시에 그 신항공권을 발행한 발권항공회사, 또는 최초에 요금을 영수하여 항공권을 발행한 회사는 Original Issuing Carrie라고 한다.
Joint Operation	항공협정상의 문제나 경쟁력 강화를 위하여 2사 이상의 항공회사가 공동 운항을 하는 것. 운항은 1사만이 행하고 상대회사는 주로 영업면에서 협력한다.
Late Show Passenger	탑승수속(check-in) 마감 후에 탑승수속 Counter에 나타나는 여행자
Local Time	항공여행의 도착지(국가, 도시 등)인 현지의 시간
M/A (Meet & Assist)	VIP, CIP 등 특별취급이 필요한 승객에 대해 공항에서의 영접
MCO (Miscellaneous Charges Order)	항공사에서 추후 발행될 항공권의 운임 또는 항공여행 중 부대서비스 Charge를 징수한 경우 등에 발행되는 지불증표
MCT (Minimum Connection Time)	여정 중 특정 공항에서 연결편에 탑승하는 데 필요한 최소 연결시간
Load Factor	각 비행구간의 공급량에 대한 수송량 점유율
Lost & Found	수하물의 분실물 처리와 찾은 짐을 승객에게 연결시켜 주는 일
Non Revenue Passenger	정상운임의 25% 미만을 지불한 무상승객
No-Record	승객은 예약확약 된 항공권을 제시했으나 항공사에서 예약기록이 없는 상태
No Show	사전에 예약이 확정된 승객이 예약 취소 없이 공항에 나타나지 않는 경우
OAG (Official Airlines Guide)	미국의 Read Travel Group에서 여행객의 항공예약을 위해 전세계 항공사의 운항 스케줄을 포함한 많은 정보를 월 1회, 북미판과 세계판 2종으로 발간하는 항공예약책자이다.
Off Line	자사항공기가 운항하지 않는 지점이나 노선
Outbound	국내에 있는 내국인 또는 외국인이 해외로 여행하는 것
Over Booking	항공사에서 예약 승객이 공항에 나타나지 않는 경우를 대비하고 효율적인 항공좌석의 판매를 위해 일정한 비율의 승객에 대해 실제 판매가능 좌석수보다 초과하여 예약을 받는 것
Open ticket	돌아오는 날짜를 구체적으로 정하지 않고 예약한 항공권
Passport	국가가 발행하는 국적증명서라고 할 수 있는 여권을 말함
Piece System	승객의 탑승수속 시 수하물의 계산을 짐의 개수로 기준하는 제도로서 주로 태평양 횡단노선에 적용

PNR (Passenger Name Record)	승객의 이름, 여정, 연락처 등이 기록된 모든 예약기록
PTA (Prepaid Ticket Advice)	타 도시에 거주하는 승객을 위해 운임을 사전에 지불하고 타 도시에 있는 승객에게 항공권을 발급해 주도록 하는 제도
Rerouting	본래의 운송장에 기록된 여정, 운임, 항공사, 기종, Class, 비행편, 유효기간을 바꾸는 것
Safety belt	기내 좌석에서 승객의 안전을 위해 착용하는 안전벨트로 이륙, 착륙, 기상변동으로 인한 흔들림 시에는 안전을 위하여 반드시 착용해야 함
Segment	특정 비행편의 운항구간 중 관광자의 여정이 될 수 있는 모든 구간
SPA (Special Proration Agreement)	특정구간에 대해 정상적인 정산가보다 낮은 금액으로 정산할 것을 항공사 상호 간 합의함
Stand By Go Show	항공예약 없이 공항에서 탑승대기자로 등록하는 경우를 말하며 좌석상황에 따라 좌석을 배정 받게 됨
Stop-over	여정의 중간지점에서 24시간 이상 체류하는 것
SUBLO (Subject To Load)	사전예약은 할 수 없고 잔여좌석이 있을 때 탑승이 가능한 경우로 무상 혹은 할인요금으로 탑승하는 승객이나 항공사 직원에게 적용됨
Technical Landing	착륙의 목적이 승객이나 화물의 하기가 아닌 승무원의 교체나 급유, 기내식 보충을 위해 일시적으로 착륙하는 것
Ticket Time Limit	예약 후 일정시점까지 항공권을 구입해야 하는 항공권 구입시한
Transit	항공기를 갈아탈 때 파생되는 포괄적 용어로 공항 밖으로 나가지 않고 면세구역 내에서 항공기를 갈아타기 위해 대기하는 통과여객
TWOV (Transit Without Visa)	비자 없이 특정국가에 단기 체류하는 것으로서, 여행객이 규정된 조건하에 입국비자 없이 입국하여 단기간 동안 체류할 수 있는 것
UM (Unaccompanied Minor)	만 5세~12세 미만의 어린이가 성인보호자 없이 혼자 여행하는 비동반 소아를 일컬음
Up Grade	항공사 좌석의 하위 Class에서 상위 Class로의 변경을 말함
Visa	방문하는 국가의 입국허가서
Weight System	승객의 수하물을 무게로 계산하는 제도
Waiting Close	좌석상태가 심각하게 포화 예약되어 있어 대기자 예약도 받을 수 없음

[부록 4] 국내운항 주요 항공기 종류

– 항공기종별 좌석현황 및 배치도

1) A380–800 – 에어버스 300–800시리즈	2) A330–200(332L) – 에어버스 330–200시리즈
3) A330–300(333L) – 에어버스 330–300시리즈	4) B747–400 – 보잉 747–400시리즈
5) B777–200ER(772K) – 보잉 777–200시리즈	6) B777–300(773L) – 보잉 777–300시리즈

1) A380–800

1. 클래스별 특징

First Class Kosmo Suites	Prestige Sleeper Seat	New Economy Seat
하늘에서 경험하는 최상의 Space Kosmo Suites	Prestige Class에서 경험하는 180도 침대형 좌석 Prestige Sleeper Seat	인체공학적 설계로 슬림해진 좌석이 주는 여유 New Economy Seat
ㅇ 대형 파티션을 통한 프라이버시 강화 ㅇ 모던한 디자인과 우드톤의 고급 외장 ㅇ 16:9 고해상도 와이드 스크린의 23인치 대형 LCD 모니터 ㅇ 좌석의 기울기와 높낮이를 자유자재로 조절 가능한 원터치 버튼 ㅇ 넓고 안정감 있는 테이블 ㅇ 다양한 수납공간	ㅇ 기존 프레스티지석 대비 대폭 확대된 앞 좌석과의 간격이 만들어내는 넓고 여유로운 휴식 공간 ㅇ 15.4인치 와이드 스크린형 LCD 모니터 ㅇ 간편한 조작으로 다양한 기능을 구현하는 최신형 리모컨 ㅇ 편리한 원터치 좌석 조절 버튼 ㅇ 더욱 넓어진 좌석 간 파티션과 눈높이에 맞게 빛의 방향과 밝기 조절이 자유로운 개인 독서등	ㅇ 최대 34인치의 넓은 좌석간 간격으로 차별화된 일반석 ㅇ 좌석등받이를 뒤로 기울임과 동시에 방석 부분이 앞으로 이동하여 안락함 증대 ㅇ 다양한 방식으로 조절 가능한 Headrest ㅇ 전 좌석 10.6인치 와이드 스크린형 LCD 모니터 ㅇ 슬라이딩 기능으로 테이블과 좌석 간 간격을 조절할수 있으며, 반으로 접을수 있어 한층 여유로운 공간 활용이 가능한 테이블 ㅇ 좌석마다 설치된 개인 옷걸이

좌석 간 간격	83inch (211cm)
좌석 폭	27inch (69cm)
좌석 기울기 각도	180도
개인용 모니터 크기	23inch (58cm)

좌석 간 간격	74inch (188cm)
좌석 폭	22inch (56cm)
좌석 기울기 각도	180도
개인용 모니터 크기	15.4inch (39cm)

좌석 간 간격	33~34inch (84~86cm)
좌석 폭	18inch (46cm)
좌석 기울기 각도	118도
개인용 모니터 크기	10.6inch (27cm)

2. 기재 특징

Layout	- 2층 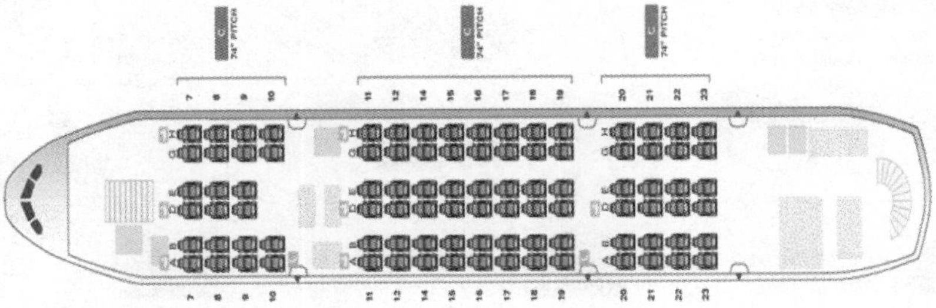 - - 1층 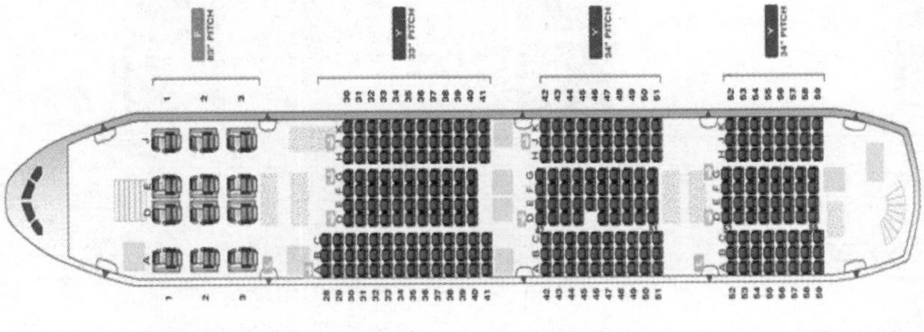 -
전원 공급 장치 	o 다양한 형태의 플러그 사용 가능 o 공급 전원 : 110V/60Hz
충전용 USB 포트 	o 카메라, MP3, 휴대폰 등 충전용 o 전 좌석 설치
기재 개요	o 제작사 : 에어버스 (Airbus) o 최대 운항 거리 : 15,000km o 최대 운항 시간 : 14시간 32분 o 항공기 길이/폭/ 높이 : 73m/80m/24m (240ft/262ft/79ft)

2) A330-200(332L)

1. 클래스별 특징

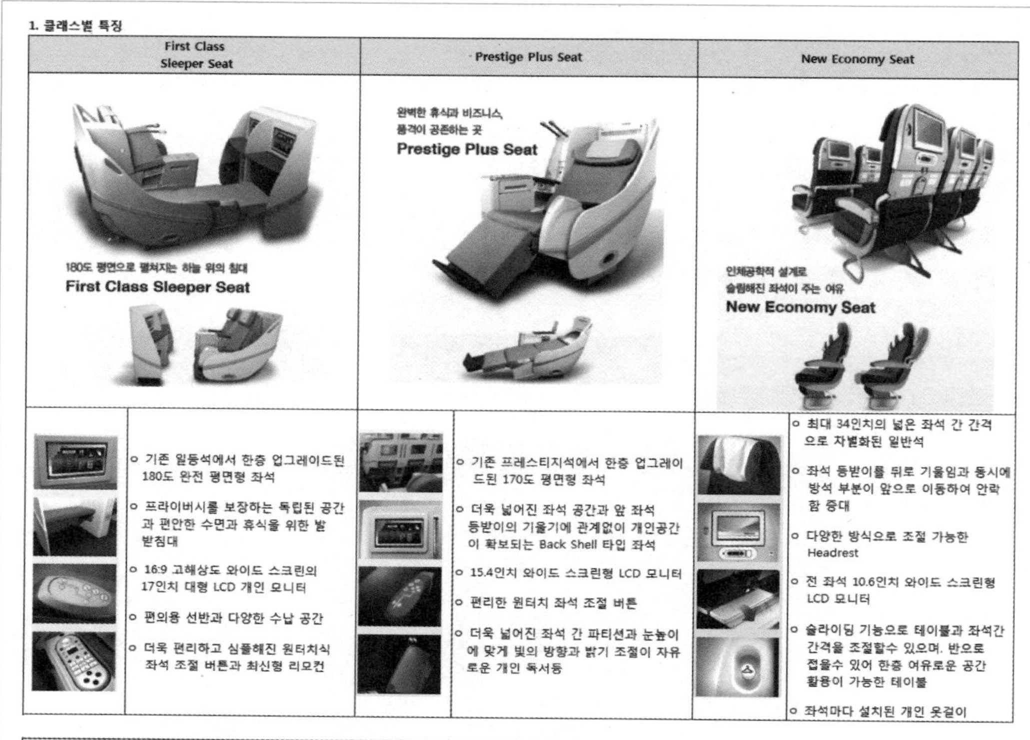

First Class Sleeper Seat	Prestige Plus Seat	New Economy Seat
180도 평면으로 펼쳐지는 하늘 위의 침대 **First Class Sleeper Seat**	완벽한 휴식과 비즈니스, 품격이 공존하는 곳 **Prestige Plus Seat**	인체공학적 설계로 슬림해진 좌석이 주는 여유 **New Economy Seat**
ㅇ 기존 일등석에서 한층 업그레이드된 180도 완전 평면형 좌석 ㅇ 프라이버시를 보장하는 독립된 공간과 편안한 수면과 휴식을 위한 발 받침대 ㅇ 16:9 고해상도 와이드 스크린의 17인치 대형 LCD 개인 모니터 ㅇ 편의용 선반과 다양한 수납 공간 ㅇ 더욱 편리하고 심플해진 원터치식 좌석 조절 버튼과 최신형 리모컨	ㅇ 기존 프레스티지석에서 한층 업그레이드된 170도 평면형 좌석 ㅇ 더욱 넓어진 좌석 공간과 앞 좌석 등받이의 기울기에 관계없이 개인공간이 확보되는 Back Shell 타입 좌석 ㅇ 15.4인치 와이드 스크린형 LCD 모니터 ㅇ 편리한 원터치 좌석 조절 버튼 ㅇ 더욱 넓어진 좌석 간 파티션과 눈높이에 맞게 빛의 방향과 밝기 조절이 자유로운 개인 독서등	ㅇ 최대 34인치의 넓은 좌석 간 간격으로 차별화된 일반석 ㅇ 좌석 등받이를 뒤로 기울임과 동시에 방석 부분이 앞으로 이동하여 안락함 증대 ㅇ 다양한 방식으로 조절 가능한 Headrest ㅇ 전 좌석 10.6인치 와이드 스크린형 LCD 모니터 ㅇ 슬라이딩 기능으로 테이블과 좌석간 간격을 조절할수 있으며, 반으로 접을수 있어 한층 여유로운 공간 활용이 가능한 테이블 ㅇ 좌석마다 설치된 개인 옷걸이

좌석 간 간격	83inch (211cm)
좌석 폭	21inch (53cm)
좌석 기울기 각도	180도
개인용 모니터 크기	17inch (43cm)

좌석 간 간격	65inch (165cm)
좌석 폭	20inch (51cm)
좌석 기울기 각도	170도
개인용 모니터 크기	15.4inch (39cm)

좌석 간 간격	33~34inch (84~86cm)
좌석 폭	18inch (46cm)
좌석 기울기 각도	118도
개인용 모니터 크기	10.6inch (27cm)

2. 기재 특징

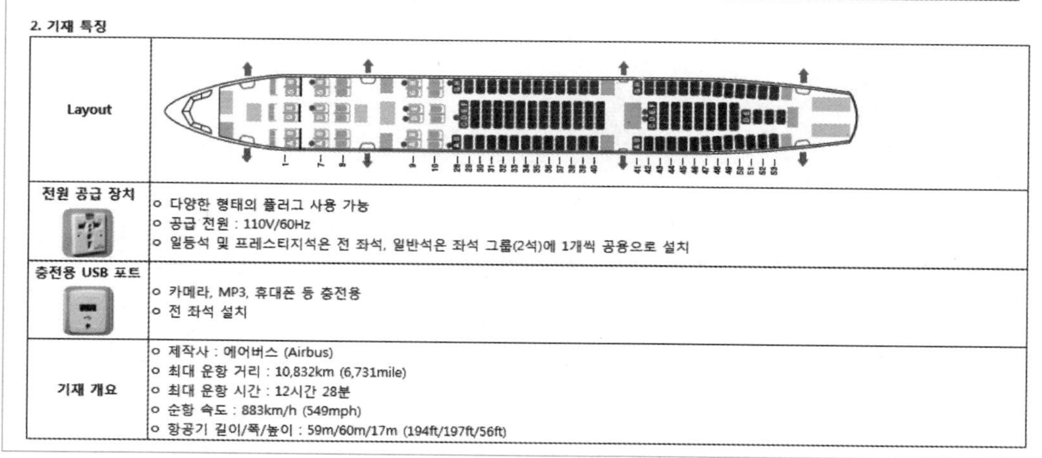

Layout	
전원 공급 장치	ㅇ 다양한 형태의 플러그 사용 가능 ㅇ 공급 전원 : 110V/60Hz ㅇ 일등석 및 프레스티지석은 전 좌석, 일반석은 좌석 그룹(2석)에 1개씩 공용으로 설치
충전용 USB 포트	ㅇ 카메라, MP3, 휴대폰 등 충전용 ㅇ 전 좌석 설치
기재 개요	ㅇ 제작사 : 에어버스 (Airbus) ㅇ 최대 운항 거리 : 10,832km (6,731mile) ㅇ 최대 운항 시간 : 12시간 28분 ㅇ 순항 속도 : 883km/h (549mph) ㅇ 항공기 길이/폭/높이 : 59m/60m/17m (194ft/197ft/56ft)

3) A330-300(333L)

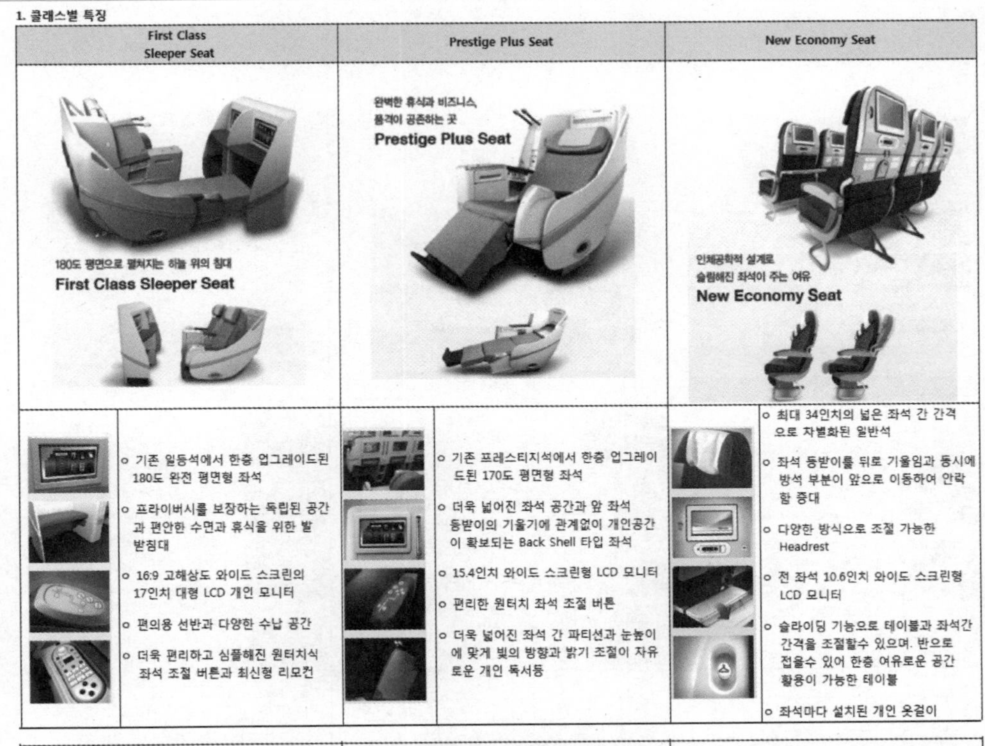

1. 클래스별 특징

First Class Sleeper Seat	Prestige Plus Seat	New Economy Seat
180도 평면으로 펼쳐지는 하늘 위의 침대 First Class Sleeper Seat	완벽한 휴식과 비즈니스, 품격이 공존하는 곳 Prestige Plus Seat	인체공학적 설계로 슬림해진 좌석이 주는 여유 New Economy Seat
ο 기존 일등석에서 한층 업그레이드된 180도 완전 평면형 좌석 ο 프라이버시를 보장하는 독립된 공간과 편안한 수면과 휴식을 위한 발 받침대 ο 16:9 고해상도 와이드 스크린의 17인치 대형 LCD 개인 모니터 ο 편의용 선반과 다양한 수납 공간 ο 더욱 편리하고 심플해진 원터치식 좌석 조절 버튼과 최신형 리모컨	ο 기존 프레스티지석에서 한층 업그레이드된 170도 평면형 좌석 ο 더욱 넓어진 좌석 공간과 앞 좌석 등받이의 기울기에 관계없이 개인공간이 확보되는 Back Shell 타입 좌석 ο 15.4인치 와이드 스크린형 LCD 모니터 ο 편리한 원터치 좌석 조절 버튼 ο 더욱 넓어진 좌석 간 파티션과 눈높이에 맞게 빛의 방향과 밝기 조절이 자유로운 개인 독서등	ο 최대 34인치의 넓은 좌석 간 간격으로 차별화된 일반석 ο 좌석 등받이를 뒤로 기울임과 동시에 방석 부분이 앞으로 이동하여 안락함 증대 ο 다양한 방식으로 조절 가능한 Headrest ο 전 좌석 10.6인치 와이드 스크린형 LCD 모니터 ο 슬라이딩 기능으로 테이블과 좌석간 간격을 조절할수 있으며, 반으로 접을수 있어 한층 여유로운 공간 활용이 가능한 테이블 ο 좌석마다 설치된 개인 옷걸이

좌석 간 간격	83inch (211cm)
좌석 폭	21inch (53cm)
좌석 기울기 각도	180도
개인용 모니터 크기	17inch (43cm)

좌석 간 간격	65inch (165cm)
좌석 폭	20inch (51cm)
좌석 기울기 각도	170도
개인용 모니터 크기	15.4inch (39cm)

좌석 간 간격	32~33inch (81~84cm)
좌석 폭	18inch (46cm)
좌석 기울기 각도	118도
개인용 모니터 크기	10.6inch (27cm)

2. 기재 특징

Layout	
전원 공급 장치	ο 다양한 형태의 플러그 사용 가능 ο 공급 전원 : 110V/60Hz ο 일등석 및 프레스티지석은 전 좌석, 일반석은 좌석 그룹(2석)에 1개씩 공용으로 설치
충전용 USB 포트	ο 카메라, MP3, 휴대폰 등 충전용 ο 전 좌석 설치
기재 개요	ο 제작사 : 에어버스 (Airbus) ο 최대 운항 거리 : 9,560km (5,940mile) ο 최대 운항 시간 : 11시간 8분 ο 순항 속도 : 883km/h (549mph) ο 항공기 길이/폭/높이 : 64m/60m/17m (210ft/197ft/56ft)

4) B747-400

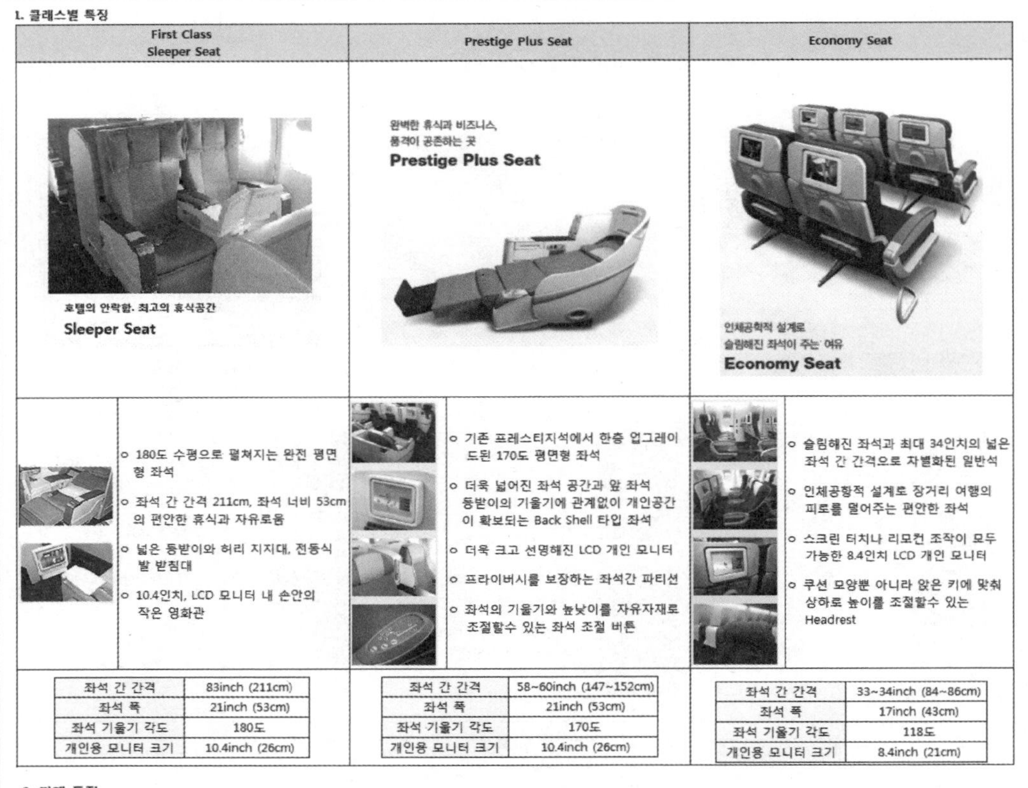

1. 클래스별 특징

First Class Sleeper Seat	Prestige Plus Seat	Economy Seat
호텔의 안락함. 최고의 휴식공간 **Sleeper Seat**	완벽한 휴식과 비즈니스, 품격이 공존하는 곳 **Prestige Plus Seat**	인체공학적 설계로 슬림해진 좌석이 주는 여유 **Economy Seat**
ㅇ 180도 수평으로 펼쳐지는 완전 평면형 좌석 ㅇ 좌석 간 간격 211cm, 좌석 너비 53cm의 편안한 휴식과 자유로움 ㅇ 넓은 등받이와 허리 지지대, 전동식 발 받침대 ㅇ 10.4인치, LCD 모니터 내 손안의 작은 영화관	ㅇ 기존 프레스티지석에서 한층 업그레이드된 170도 평면형 좌석 ㅇ 더욱 넓어진 좌석 공간과 앞 좌석 등받이의 기울기에 관계없이 개인공간이 확보되는 Back Shell 타입 좌석 ㅇ 더욱 크고 선명해진 LCD 개인 모니터 ㅇ 프라이버시를 보장하는 좌석간 파티션 ㅇ 좌석의 기울기와 높낮이를 자유자재로 조절할수 있는 좌석 조절 버튼	ㅇ 슬림해진 좌석과 최대 34인치의 넓은 좌석 간 간격으로 차별화된 일반석 ㅇ 인체공항적 설계로 장거리 여행의 피로를 덜어주는 편안한 좌석 ㅇ 스크린 터치나 리모컨 조작이 모두 가능한 8.4인치 LCD 개인 모니터 ㅇ 쿠션 모양뿐 아니라 앉은 키에 맞춰 상하로 높이를 조절할수 있는 Headrest

구분	First Class Sleeper Seat	Prestige Plus Seat	Economy Seat
좌석 간 간격	83inch (211cm)	58~60inch (147~152cm)	33~34inch (84~86cm)
좌석 폭	21inch (53cm)	21inch (53cm)	17inch (43cm)
좌석 기울기 각도	180도	170도	118도
개인용 모니터 크기	10.4inch (26cm)	10.4inch (26cm)	8.4inch (21cm)

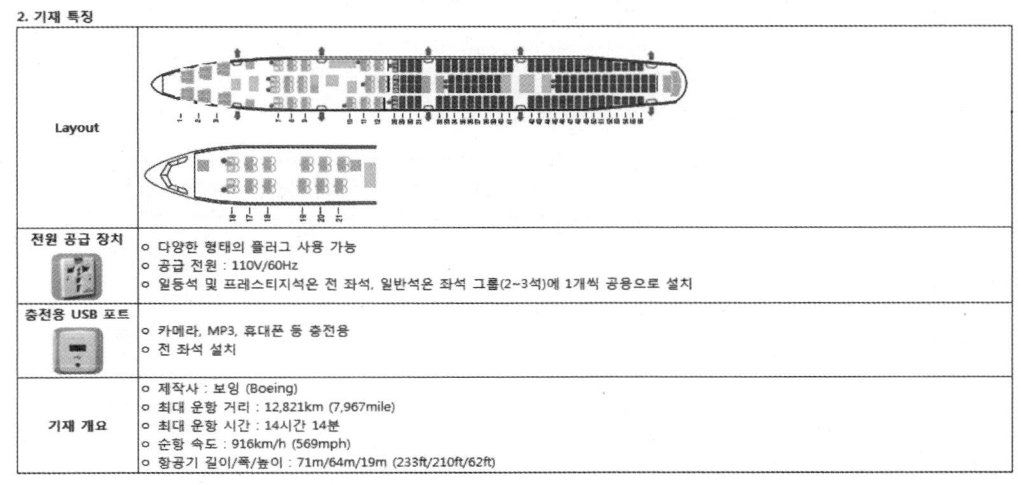

2. 기재 특징

Layout	
전원 공급 장치	ㅇ 다양한 형태의 플러그 사용 가능 ㅇ 공급 전원 : 110V/60Hz ㅇ 일등석 및 프레스티지석은 전 좌석, 일반석은 좌석 그룹(2~3석)에 1개씩 공용으로 설치
충전용 USB 포트	ㅇ 카메라, MP3, 휴대폰 등 충전용 ㅇ 전 좌석 설치
기재 개요	ㅇ 제작사 : 보잉 (Boeing) ㅇ 최대 운항 거리 : 12,821km (7,967mile) ㅇ 최대 운항 시간 : 14시간 14분 ㅇ 순항 속도 : 916km/h (569mph) ㅇ 항공기 길이/폭/높이 : 71m/64m/19m (233ft/210ft/62ft)

5) B777-200ER(772K)

1. 클래스별 특징

First Class Kosmo Sleeper Seat	Prestige Plus Seat	Economy Seat
프라이버시를 지켜주는 독립적인 공간에서 누리는 최고급 호텔의 아늑함과 격조 **Kosmo Sleeper Seat**	완벽한 휴식과 비즈니스, 품격이 공존하는 곳 **Prestige Plus Seat**	인체공학적 설계로 슬림해진 좌석이 주는 여유 **Economy Seat**
o 고려청자의 색감으로 은은한 아름다움과 안정감을 더한 고급외장 o 180도 수평으로 펼쳐지는 완전 평면형 좌석 o 더욱 크고 선명해진 대형 LCD 개인 모니터 o 편안한 휴식과 프라이버시를 제공하는 독립형 구조와 좌석간 파티션 o 좌석의 기울기와 높낮이 조절이 편리한 좌석 조절 버튼 o 집중 조명 방식으로 눈의 피로를 덜어주는 개인 독서등	o 기존 프레스티지석에서 한층 업그레이드된 170도 평면형 좌석 o 더욱 넓어진 좌석 공간과 앞 좌석 동반이의 기울기에 관계없이 개인공간이 확보되는 Back Shell 타입 좌석 o 더욱 크고 선명해진 LCD 개인 모니터 o 프라이버시를 보장하는 좌석간 파티션 o 좌석의 기울기와 높낮이를 자유자재로 조절할수 있는 좌석 조절 버튼	o 슬림해진 좌석과 최대 34인치의 넓은 좌석 간 간격으로 차별화된 일반석 o 인체공항적 설계로 장거리 여행의 피로를 덜어주는 편안한 좌석 o 스크린 터치나 리모컨 조작이 모두 가능한 LCD 개인 모니터 o 쿠션 모양뿐 아니라 앉은 키에 맞춰 상하로 높이를 조절할수 있는 Headrest

구분	First Class	Prestige Plus Seat	Economy Seat
좌석 간 간격	83inch (211cm)	60inch (152cm)	33~34inch (84~86cm)
좌석 폭	21inch (53cm)	20inch (51cm)	17inch (43cm)
좌석 기울기 각도	180도	170도	118도
개인용 모니터 크기	15.4inch (39cm)	10.4inch (26cm)	8.4inch (21cm)

2. 기재 특징

Layout	
전원 공급 장치	o 다양한 형태의 플러그 사용 가능 o 공급 전원 : 110V/60Hz o 일등석 및 프레스티지석은 전 좌석, 일반석은 좌석 그룹(3석)에 2개씩 공용으로 설치
충전용 USB 포트	o 카메라, MP3, 휴대폰 등 충전용 o 전 좌석 설치
기재 개요	o 제작사 : 보잉 (Boeing) o 최대 운항 거리 : 12,538km (7,791mile) o 최대 운항 시간 : 14시간 7분 o 순항 속도 : 905km/h (562mph) o 항공기 길이/폭/높이 : 64m/61m/19m (210ft/200ft/62ft)

6) B777-300(773L)

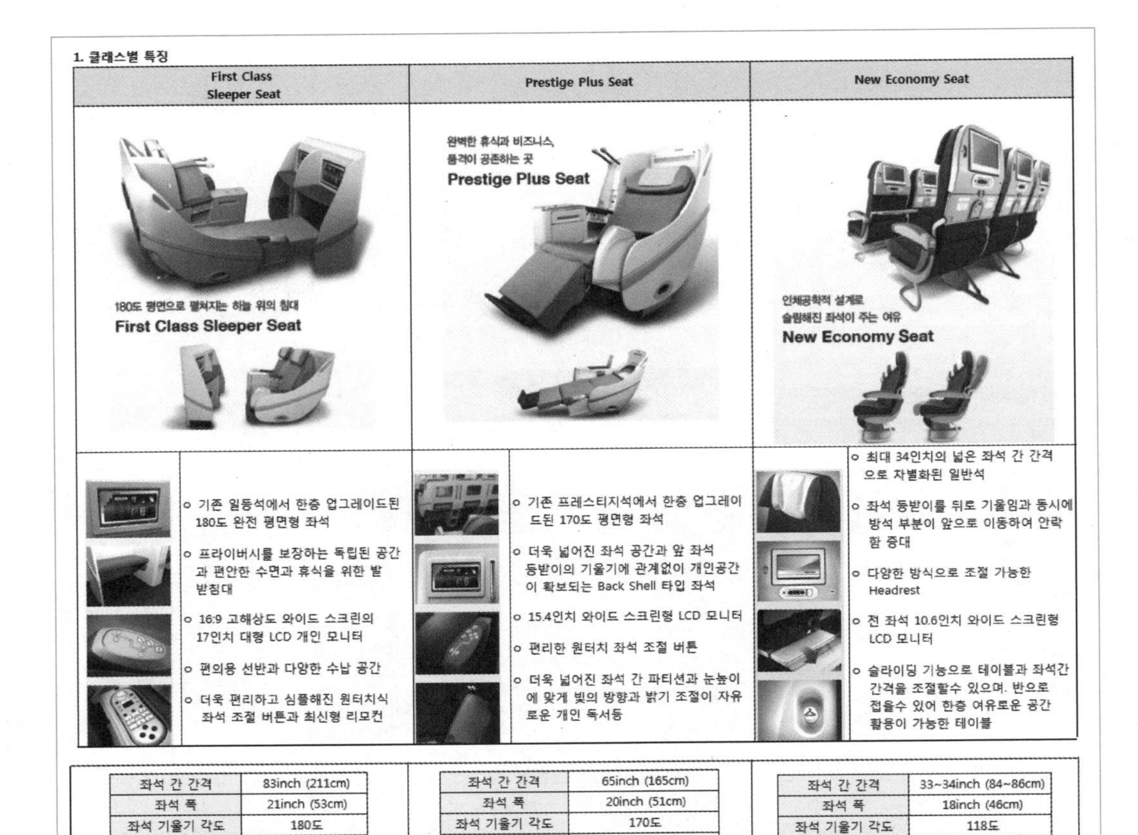

1. 클래스별 특징

First Class Sleeper Seat	Prestige Plus Seat	New Economy Seat
180도 평면으로 펼쳐지는 하늘 위의 침대 First Class Sleeper Seat	완벽한 휴식과 비즈니스, 품격이 공존하는 곳 Prestige Plus Seat	인체공학적 설계로 슬림해진 좌석이 주는 여유 New Economy Seat
ㅇ 기존 일등석에서 한층 업그레이드된 180도 완전 평면형 좌석 ㅇ 프라이버시를 보장하는 독립된 공간과 편안한 수면과 휴식을 위한 발 받침대 ㅇ 16:9 고해상도 와이드 스크린의 17인치 대형 LCD 개인 모니터 ㅇ 편의용 선반과 다양한 수납 공간 ㅇ 더욱 편리하고 심플해진 원터치식 좌석 조절 버튼과 최신형 리모컨	ㅇ 기존 프레스티지석에서 한층 업그레이드된 170도 평면형 좌석 ㅇ 더욱 넓어진 좌석 공간과 앞 좌석 등받이의 기울기에 관계없이 개인공간이 확보되는 Back Shell 타입 좌석 ㅇ 15.4인치 와이드 스크린형 LCD 모니터 ㅇ 편리한 원터치 좌석 조절 버튼 ㅇ 더욱 넓어진 좌석 간 파티션과 눈높이에 맞게 빛의 방향과 밝기 조절이 자유로운 개인 독서등	ㅇ 최대 34인치의 넓은 좌석 간 간격으로 차별화된 일반석 ㅇ 좌석 등받이를 뒤로 기울임과 동시에 방석 부분이 앞으로 이동하여 안락함 증대 ㅇ 다양한 방식으로 조절 가능한 Headrest ㅇ 전 좌석 10.6인치 와이드 스크린형 LCD 모니터 ㅇ 슬라이딩 기능으로 테이블과 좌석간 간격을 조절할수 있으며. 반으로 접을수 있어 한층 여유로운 공간 활용이 가능한 테이블

구분	First Class Sleeper Seat	Prestige Plus Seat	New Economy Seat
좌석 간 간격	83inch (211cm)	65inch (165cm)	33~34inch (84~86cm)
좌석 폭	21inch (53cm)	20inch (51cm)	18inch (46cm)
좌석 기울기 각도	180도	170도	118도
개인용 모니터 크기	17inch (43cm)	15.4inch (39cm)	10.6inch (27cm)

2. 기재 특징

Layout	
전원 공급 장치	ㅇ 다양한 형태의 플러그 사용 가능 ㅇ 공급 전원 : 110V/60Hz ㅇ 일등석 및 프레스티지석은 전 좌석, 일반석은 좌석 그룹(3석)에 2개씩 공용으로 설치
충전용 USB 포트	ㅇ 카메라, MP3, 휴대폰 등 충전용 ㅇ 전 좌석 설치
기재 개요	ㅇ 제작사 : 보잉 (Boeing) ㅇ 최대 운항 거리 : 9,352km (5,811mile) ㅇ 최대 운항 시간 : 10시간 26분 ㅇ 순항 속도 : 905km/h (562mph) ㅇ 항공기 길이/폭/높이 : 74m/61m/19m (243ft/200ft/62ft)

【자료】 보잉사, 에어버스사 및 항공사 홈페이지

[부록 5] IATA 회원 주요 항공사

Airline Name	IATA Designator	3-Digit Code	ICAO Designator	Country
Aer Lingus	E1	053	EIN	Ireland
Aero República	P5	845	RBP	Colombia
Aeroflot	SU	555	AFL	Russian Federation
Aerolineas Argentinas	AR	044	ARG	Argentina
Aeromexico	AM	139	AMX	Mexico
Air Algerie	AH	124	DAH	Algeria
Air Astana	KC	465	KZR	Kazakhstan
Air Baltic	BT	657	BTI	Latvia
Air Berlin	AB	745	BER	Germany
Air Canada	AC	014	ACA	Canada
Air China Limited	CA	999	CCA	China(People's Republic of)
Air Europa	UX	996	AEA	Spain
Air France	AF	057	AFR	France
Air India(NACIL)	AI/IC	098 and 058	AIC and IAC	India
Air Jamaica Limited	JM	201	AJM	Jamaica
Air Koryo	JS	120	KOR	Korea, Democratic People's Republic of
Air Macau	NX	675	AMU	Macao SAR, China
Air Madagascar	MD	258	MDG	Madagascar
Air Malta p.l.c.	KM	643	AMC	Malta
Air Namibia	SW	186	NMB	Namibia
Air New zealand	NZ	086	ANZ	New Zealand
Air Nigeria	VX	786	VGN	Nigeria
Air Niugini	PX	656	ANG	Papua New Guinea
Air Nostrum	YW	694	ANE	Spain
Air Pacific	FJ	260	FJI	Fiji
Air Tahiti	VT	135	VTA	French Polynesia

Airline Name	IATA Designator	3-Digit Code	ICAO Designator	Country
Air Tahiti Nui	TN	244	THT	French Polynesia
Air Transat	TS	649	TSC	Canada
Aircalin	SB	063	ACI	New Caledonia
Alaska Airlines	AS	027	ASA	United States
Alitalia	AZ	055	AZA	Italy
All Nippon Airways	NH	205	ANA	Japan
American Airlines	AA	001	AAL	United States
Arkia Israeli Airlines Ltd	IZ	238	AIZ	Israel
Asiana	OZ	988	AAR	Korea, Republic of
Atlasjet Airlines	KK	610	KKK	Turkey
Austral	AU	143	AUT	Argentina
Austrian	OS	257	AUA	Austria
AVIANCA	AV	134	AVA	Colombia
Bangkok Airways Co., Ltd.	PG	829	BKP	Thailand
Binter Canarias	NT	474	IBB	Spain
Blue Panorama	BV	004	BPA	Italy
Blue1	KF	142	BLF	Finland
British Airways	BA	125	BAW	United Kingdom
Brussels Airlines	SN	082	DAT	Belgium
Bulgaria air	FB	623	LZB	Bulgaria
Caribbean Airlines	BW	106	BWA	Trinidad and Tobago
Cathay Pacific	CX	160	CPA	Hong Kong SAR, China
China Airlines	CI	297	CAL	Chinese Taipei
China Cargo Airlines Ltd.	CK	112	CKK	China(People's Republic of)
China Eastern	MU	781	CES	China(People's Republic of)
China Southern Airlines	CZ	784	CSN	China(People's Republic of)
Continental Airlines	CO	005	COA	United States
Croatia Airlines	OU	831	CTN	Croatia

Airline Name	IATA Designator	3-Digit Code	ICAO Designator	Country
Cyprus Airways	CY	048	CYP	Cyprus
Czech Airlines	OK	064	CSA	Czech Republic
Delta Air Lines	DL	006	DAL	United States
DHL Air Ltd.	D0	936	DHK	United Kingdom
Dragonair	KA	043	HDA	Hong Kong SAR, China
Egyptair	MS	077	MSR	Egypt
EL AL	LY	114	ELY	Israel
Emirates	EK	176	UAE	United Arab Emirates
Ethiopian Airlines	ET	071	ETH	Ethiopia
Etihad Airways	EY	607	ETD	United Arab Emirates
Euroatlantic Airways	YU	551	MMZ	Portugal
Eurowings	EW	104	EWG	Germany
EVA Air	BR	695	EVA	Chinese Taipei
Federal Express	FX	023	FDX	United States
Finnair	AY	105	FIN	Finland
flybe	BE	267	BEE	United Kingdom
Freebird Airlines	FH	None	FHY	Turkey
Garuda	GA	126	GIA	Indonesia
Gulf Air	GF	072	GFA	Bahrain
Hainan Airlines	HU	880	CHH	China(People's Republic of)
Hawaiian Airlines	HA	173	HAL	United States
Hong Kong Airlines	HX	851	CRK	Hong Kong SAR, China
IBERIA	IB	075	075	Spain
Icelandair	FI	108	ICE	Iceland
Iran Air	IR	096	IRA	Iran, Islamic Republic of
Israir	6H	818	ISR	Israel
Japan Airlines	JL	131	JAL	Japan
Jet Airways	9W	589	JAI	India
Kenya Airways	KQ	706	KQA	Kenya

Airline Name	IATA Designator	3-Digit Code	ICAO Designator	Country
Kish Air	Y9	780	IRK	Iran, Islamic Republic of
KLM	KL	074	KLM	Netherlands
Korean Air	KE	180	KAL	Korea, Republic of
Kuwait Airways	KU	229	KAC	Kuwait
Lan Airlines	LA	045	LAN	Chile
Lan Perú	LP	544	LPE	Peru
LanEcuador	XL	462		Ecuador
Lauda Air	NG	231	LDA	Austria
Libyan Airlines	LN	148	LAA	Libyan Arab Jamahiriya
LOT Polish Airlines	LO	080	LOT	Poland
Lufthansa	LH	220	DLH	Germany
Luxair	LG	149	LGL	Luxembourg
Malaysia Airlines	MH	232	MAS	Malaysia
MALEV	MA	182	MAH	Hungary
Malmö Aviation	TF	276	SCW	Sweden
Meridiana fly	IG	736	ISS	Italy
Mexicana	MX	132	MXA	Mesico
MIAT	OM	289	MGL	Mongolia
Olympic Air	OA	050	OAL	Greece
Oman Air	WY	910	OAS	Oman
PAL	PR	079	PAL	Philippines
PGA-Portugália Airlines	NI	685	PGA	Portugal
Qantas	QF	081	QFA	Australia
Qatar Airways	QR	157	QTR	Qatar
Rossiya-Russian Airlines	FV	195	SDM	Russian Federation
Royal Air Maroc	AT	147	RAM	Morocco
Royal Brunei	BI	672	RBA	Brunei Darussalam
Royal Jordanian	RJ	512	RJA	Jordan
SAA	SA	083	SAA	South Africa

Airline Name	IATA Designator	3-Digit Code	ICAO Designator	Country
SAS	SK	117	SAS	Sweden
Saudi Arabian Airlines	SV	065	SVA	Saudi Arabia
Shandong Airlines Co.. Ltd.	SC	324	CDG	China(People's Republic of)
Shanghai Airlines	FM	774	CSH	China(People's Republic of)
Shenzhen Airlines Co. Ltd.	ZH	479	CSZ	China(People's Republic of)
SIA	SQ	618	SIA	Singapore
Siberia Airlines	S7	421	SBI	Russian Federation
Silkair	MI	629	SLK	Singapore
SKY Airlines	ZY	438	SHY	Turkey
Skyways	JZ	752	SKX	Sweden
South African Express Airways	XZ	083	EXY	South Africa
Spanair	JK	680	JKK	Spain
Srilankan	UL	603	ALK	Sri Lanka
Sudan Airways	SD	200	SUD	Sudan
Surinam Airways	PY	192	SLM	Suriname
SWISS	LX	724	SWR	Switzerland
TAP-Air Portugal	TP	047	TAP	Portugal
TAROM S.A.	RO	281	ROT	Romania
Thai Airways International	TG	217	THA	Thailand
THY-Turkish Airlines	TK	235	THY	Turkey
United Airlines	UA	016	UAL	United States
US Airways, Inc.	US	037	USA	United States
Vietnam Airlines	VN	738	HVN	Vietnam
Virgin Atlantic	VS	932	VIR	United Kingdom
Vladivostok Air	XF	277	VLK	Russian Federation

〈자료: www.Iata.org〉

[부록 6] 실용 여행영어 표현

✣ 입국수속

여권을 보여주십시오.
May I see your passport, please?

네. 여기 있습니다.
Yes, here it is.

방문목적은 무엇입니까?
What's the purpose of your visit?

관광(사업 / 형 방문)입니다.
Sightseeing(Business / To visit my brother).

영국에 얼마나 체류하실 겁니까?
How long are you going to stay in United Kingdom?

3일간(1주간 / 한 달간)입니다.
Three days(A week / A month).

영국 어디에서 체류합니까?
Where are you going to stay in United Kingdom?

킹스턴 호텔(형님 집)에 있을 것입니다.
At the Kingston Hotel(At my brother's place).

귀국 항공편 티켓은 있습니까?
Do you have a return ticket to Korea?

네. 여기 있습니다.
Yes, here it is.

❖세 관

여권과 세관 신고서를 보여주십시오.
Can I see your passport and declaration card, please.

네. 여기 있습니다.
Yes, here it is.

신고할 물건이 있습니까?
Do you have anything to declare?

아니오, 없습니다.
No, I don't.

❖환 전

여행자 수표를 현금으로 바꾸고 싶습니다.
I'd like to cash these traveler's checks.

얼마나 바꿔 드릴까요?
How much do you want to change?

300 파운드.
300 pounds.

돈은 어떻게 드릴까요?
What denominations would you like?

20파운드짜리 10장, 10파운드짜리 5장, 5파운드짜리 8장, 1파운드짜리 10장 주십시오.
I want ten 20's, five 10's, eight 5's and ten 1's.

한화를 파운드화로 바꿀 수 있습니까?
Could you exchange Korean won into UK pound?

✜교 통

택시 타는 곳이 어디입니까?
Where can I get a taxi?

택시를 불러 주십시오.
Can you please call a taxi for me?

어디로 갈까요?
Where to, sir.

킹스턴 호텔로 갑시다.
To the Kingston Hotel, please.

(택시 요금은) 얼마입니까?
How much is it?

근처에 지하철역이 있습니까?
Is there a subway station around here?

킹스턴역에 가는 왕복 티켓 한 장 주십시오.
A return ticket to Kingston, please.

실례합니다. 대영박물관에 가는 버스는 어디에서 탑니까?
Excuse me. Where can I get the bus to British Museum?

B7 버스를 타십시오.
Just take the B7 bus.

이 버스가 트라팔가 스퀘어에 정차합니까?
Does this bus stop at Trafalgar Squire?

옥스퍼드행 표 있습니까?
Can I get a ticket to Oxford?

언제 가실 겁니까?
When would you like to leave?

오늘 오후입니다.
This afternoon.

7시에 있습니다.
We have a train leaving at 7 p.m.

그것으로 주십시오.
I'll take it.

워털루행 열차 플랫폼 맞습니까?
Is this the right platform for Waterloo?

✤호 텔

무엇을 도와 드릴까요?
May I help you?

(미예약 시) 빈 방 있습니까?
Do you have any rooms available?

(예약 시) 예약을 했습니다.
I made a reservation.

어떤 방으로 드릴까요?
What kind of room would you like?

싱글룸으로 주십시오. 1박에 얼마입니까?
A single room, please. How much is it per night?

2인용 객실을 원합니다.
I'd like a twin room.

좀 싼(좋은 / 큰) 방은 없습니까?
Do you have anything cheaper(better / larger) room?

얼마나 묵으실 예정입니까?
How long will you be staying?

3일간(1주간)입니다.
Three days(A week).

체크아웃 하겠습니다.
I'd like to check out now.

알겠습니다. 계산서입니다.
All right. Here is your bill.

이 금액은 무엇입니까?
What's this charge?

그것은 국제전화 이용료입니다.
This charge is for the international phone call.

내일 아침 5시에 모닝콜 해주십시오.
Wake-up call, tomorrow morning at 5 o'clock, please.

수신자부담 전화(국제 전화)를 걸고 싶습니다.
I'd like to make a collect call(an international call) to Korea.

전화번호와 받는 분 성함을 말씀해 주십시오.
The number and person's name, please.

성함과 방 번호가 어떻게 됩니까?
May I have your name and room number, please?

홍길동이고 1120호입니다.
This is Gildong, Hong Rm 1120.

끊지 말고 잠시 기다려 주십시오.
Please hold the line.

어디에서 인터넷을 할 수 있습니까?
Where can I use the internet?

1층 비즈니스센터로 가십시오.
Go to business center on ground floor.

객실에서 제 노트북으로 인터넷을 사용할 수 있습니까?
Can I use the internet with my notebook in my room?

예, 그렇습니다.
For sure.

인터넷 이용료는 얼마입니까?
Thank you. How much is it to use the internet?

하루에 20달러입니다.
It costs $20 per day.

✤ 레스토랑, 식사

근처에 좋은 레스토랑을 소개해 주시겠습니까?
Can you recommend a good restaurant near here?

어떤 종류의 음식을 원하십니까?
What kind of food would you like to eat?

해산물요리를 먹고 싶습니다.
I'd like to have some seafood.

이 부근에 중국 음식점이 있습니까?
Is there a Chinese restaurant around here?

금요일 저녁 7시에 8명 자리를 예약하고 싶습니다.
I'd like to reserve a table for 8 at seven on Friday.

(미예약) 지금 빈자리가 없습니다. 기다리시겠습니까?
Our tables are full now. Could you wait for a little while?

얼마나 기다려야 합니까?
How long do we have to wait?

약 10분 정도 걸릴 것 같습니다.
We may have a table in 10 minutes.

(예약) 7시에 예약했습니다. 저는 홍길동입니다.
I have a reservation at seven. My name is Gil-Dong Hong.

주문하시겠습니까?
May I take your order, sir?

조금 있다가 하겠습니다.
I need a few more minutes, please.

추천요리는 무엇입니까?
What would you recommend?

어떤 것이 빨리 됩니까?
What can you serve quickly?

스테이크를 요리를 어떻게 해드릴까요?
How would you like your steak?

잘(중간으로 / 약하게) 익혀 주십시오.
Well-done(Medium / Rare), please.

음료는 어떤 것으로 하시겠습니까?
What would you like to drink?

어떤 맥주가 있습니까?
What brand of beer do you have?

계산서를 주십시오.
Can I have the bill, please?

✤관 광

관광안내소는 어디에 있습니까?
Where is the tourist information office?

센트럴 미술관에 가려면 어떻게 갑니까?
How can I get to the Central Museum of Art?

지하철을 타고 '7번 스트리트'역에서 내리십시오.
Take the underground(subway), and get off at '7th Street.'

오늘 대영박물관은 문을 엽니까?
Is the British Museum open today?

몇 시에 문을 닫습니까?
What's the closing time?

어떤 종류의 투어가 있습니까?
What kind of tours do you have?

입장료는 얼마입니까?
How much is the admission?

안에서 사진을 찍을 수 있습니까?
Is it okay that I take pictures inside?

❖ 비정상 상황(분실, 도난, 환자)

여기서 가장 가까운 경찰서(분실물 센터)가 어디에 있습니까?
Where is the nearest police station(lost and found)?

여권(여행자 수표)을 잃어버렸습니다.
I lost my passport(traveler's checks).

이 부근에 병원이 있습니까?
Is there a hospital near here?

의사(앰뷸런스)를 불러 주십시오.
Call a doctor(an ambulance), please.

진단서를 받을 수 있습니까?
Can I have a medical certificate?

복통(감기)약 있습니까?
Do you have anything for stomachache(a cold)?

네. 여기 있습니다.
Here you are.

어떻게 먹는 겁니까?
How do I take this medicine?

하루 세 번 식전(식후)에 복용하십시오.
Three times a day before(after) a meal, please.

✣쇼 핑

무엇을 도와드릴까요?
May I help you?

그냥 구경 좀 하려고 합니다.
I'm just looking around.

이 지방의 특산품은 무엇입니까?
What are some special products of this local?

이거 좀 입어 봐도 되겠습니까?
May I try these on?

여행자 수표(신용카드)로 계산해도 됩니까?
Do you accept traveler's check(credit card)?

물론입니다.
Sure.

✣항 공

여보세요. 예약을 재확인하고 싶습니다.
Hello. Reconfirm, please.

성명과 항공편을 말씀해 주십시오.
What's your name and flight number?

홍길동, 인천으로 돌아가는 KE907편입니다.
My name is Gil-Dong Hong, and the flight number is KE907 to ICN.

예약을 변경하고 싶습니다.
I'd like to change my reservation.

어떻게 변경하고 싶으십니까?
How do you want to change it?

내일로 변경해 주십시오.
I'd like to change the date for tomorrow.

대한항공 탑승하려면 어느 청사로 가야 합니까?
What is the terminal number to check-in at Koreanair?

References

국내문헌

김병헌, "인터넷과 IT기술발전에 의한 항공여행 유통구조 변화", 항공진흥 제49호, 2008.
김병헌, "항공여객 발권실무", 기문사, 2013.
김병헌 · 송미선, 항공여객예약실무, 기문사, 2012.
김병헌 · 윤문길, "인터넷발전과 유통구조 변화", 한국항공경영학회 추계학술발표대회, 2008.
박시사, 투어에스코트 바이블, 백산출판사, 1997.
윤대순, 여행사경영론, 기문사, 1997.
윤문길 · 이휘영 · 윤덕영 · 이원식, 항공운송서비스경영, 한경사, 2008.
이선희, 여행업경영개론, 대왕사, 1997.
이유재, 서비스마케팅, 학현사, 2009.
이태원, 현대항공수송입문, 기문사, 2010.
이항구, 국제관광학, 서울: 탐구당, 1987.
이현동, 국외여행인솔자 가이드북, 남두도서, 2009.
임헌국, 여행사경영론, 기문사, 1997.
정익준, 최신여행사경영론, 형설출판사, 1995.
최기종, 관광전문연출자 Tour Conductor, 형설출판사, 2006.
한국관광공사, 국외여행안내실무, 1998.
허희영, 항공경영학, 2002.

국토해양부, http://www.mltm.go.kr
대한항공, http://www.koreanair.com
모두투어, http://www.modetour.co.kr
아시아나 항공, http://flyasiana.com/index.htm
외교통상부, http://www.mofat.go.kr
인천국제공항공사, http://www.airport.or.kr
토파스여행정보, http://www.topas.net
하나투어, http://www.hanatour.co.kr
한국관광공사, http://www.knto.or.kr

한국관광협회중앙회, http://www.koreatravel.or.kr
한국일반여행업협회, http://www.kata.or.kr
한국항공진흥협회, http://www.airtransport.or.kr

해외문헌

Cohen, E., "The Tourist Guide the Orgins Structure and Dynamics of a Role," Annals of Tourism Research, Vol.42, pp. 384-395, 1995.

Coltman, Michael M., "Introduction to Travel and Tourism: An International Approach", New York : Van Nostrand Reinhold, 1989.

Geba, A., Goldman, A., "Satisfaction Measurement in Guided Tours", Annals of Tourism Research, 18(2), pp. 177-185, 1991.

Gronroos, C., "Service Management and Marketing", Lexington, MA: Lexington Books, 1990.

Lovelock, C., Wirtz, J., Keh, H. T., "Services Marketing in Asia. Managing People, technology and Strategy," Singapore: Prentice Hall, 2002.

Mancini, Marc, "Conducting Tours", West Los Angeles College, 1996.

Martha Sarbey de Souto, "Group Travel", Delmar Cengage Learning, (3rd ed., 1993), 1985.

McIntosh, R. W., and Goeldner, C. R., "Tourism: Principles, Practices, Philosophies", New York: John Wiley & Sons, Inc.15.(5th ed. 2008), 1986.

Medlik, S.,"Dictionary of Travel, Tourism and Hospitality", Butterworth-Heinemann, 2003.

Reilly, R. T., "Handbook of Professional Tour Management", Delmar Pub; 2 Sub edition, 1991.

Sasser, W. Earl, Olsen, R. Paul and Wyckoff, D. Daryl, "Management of Services Operations", Massachusetts: Allyn & Bacon, 1978.

Shostack, G., "Breaking Free from Product Marketing," Journal of Marketing, 1977.

Stephen Shaw, "Airline Marketing and Management", Ashgate, UK, 2004.

Wahab, S. A., "Tourism Marketing", Tourism International Press, p. 23, 1975.

Zeithaml, V. and Bitner M. J., "Services Marketing", Singapore: McGraw-Hill, 1996.

Zeithaml, Valerie and Bitner, Mary, "Services Marketing", McGraw-Hill, 2000.

IATA(International Air Transport Association), http://www.iata.org
UNWTO(World Tourism Organization), http://www.unwto.org

저자약력

김병헌(金炳憲)

· 서울대학교 사범대학 졸업(문학사)
· 인하대학교 경영대학원 교통학과 마케팅전공(경영학 석사)
· 한국항공대학교 대학원 경영학과(경영학 박사)
· 서울대학교 경영대학원 한진 MBA(KEDP) 수료

· 토파스여행정보(주) 상무이사
  – 토파스(www.topasweb.net) 교육 및 영업 담당
· (주)대한항공 국내외 지점근무 및 지점장(London, Moscow, Baghdad, 진주, 수원, 서울여객지점)
  – (주)대한항공 근무(교육원, 영업본부, 여객영업부, 한국지역서비스센터)
  – (주)대한항공 교육원 경영관리 교육 담당(전임강사)
· 육군 제3사관학교 교수부 교관(교양학처 전임강사)

· 국토부(한국공항공사) 주관 지방공항활성화 민간 자문교수 참여
· 고용노동부(한국산업인력공단) 주관 국가직무능력표준(NCS) 여행서비스 및 항공운송서비스 개발 참여
· 전) 한국관광대학교 관광경영과 교수(학과장, 교학처장 역임)
  한림국제대학원대학교 컨벤션이벤트경영학과 교수(겸임)
  광운대학교, 남서울대학교, 호서직업전문학교 관광경영학과 외래교수
· 현) 한국관광진흥학회 회장(www.kotes.or.kr)
  한국항공대학교 경영연구소 연구위원
  한국항공전략연구원 연구위원

[저서 및 주요 논문]
· 관광학세미나, 백산출판사
· 서비스론, 지식인
· 항공여객 예약실무, 기문사
· 항공여객 발권실무, 기문사
· UTAUT 모형을 이용한 항공사 e-서비스의 고객수용과 이용행태에 대한 연구, 관광레저연구, 한국관광레저학회
· 항공여객 e-서비스에 대한 고객의 수용과 이용행태에 관한 통합적 연구(박사학위 논문)
· 관광진흥을 위한 주요 국가 관광 거버넌스(Governance) 비교 연구, 관광진흥연구, 한국관광진흥학회
· 관광 및 항공정책의 상호작용과 연계성에 대한 연구, 관광진흥연구, 한국관광진흥학회

[학회 및 관광관련 활동]
· 한국관광진흥학회 회장
· 한국관광레저학회, 한국항공경영학회 이사
· 네이버 카페 : tourismindustry 운영자

[해외 주재 및 여행경력]
· London(3년), Moscow(3년), Baghdad(3년) 주재 근무 경력
· 유럽(영국, 프랑스, 이탈리아, 스페인, 그리스, 스위스, 베네룩스, 러시아, 헝가리 및 동유럽 국가 등); 미주(미국, 캐나다, 멕시코 등); 아시아 및 대양주(일본, 중국, 홍콩, 대만, 필리핀, 태국, 말레이시아, 인도네시아, 호주 등); 중동(이집트, 이라크, 사우디아라비아, 쿠웨이트 등) 세계 주요국가 도시 개인 및 단체관광 경험(40여 국가, 100여 도시)

저자와의
합의하에
인지첩부
생략

국외여행인솔자
Tour Conductor 업무론

2012년 3월 10일 초 판 1쇄 발행
2021년 2월 25일 제4판 1쇄 발행

지은이 김병헌
펴낸이 진욱상
펴낸곳 백산출판사
교 정 편집부
본문디자인 편집부
표지디자인 오정은

등 록 1974년 1월 9일 제406-1974-000001호
주 소 경기도 파주시 회동길 370(백산빌딩 3층)
전 화 02-914-1621(代)
팩 스 031-955-9911
이메일 edit@ibaeksan.kr
홈페이지 www.ibaeksan.kr

ISBN 979-11-6639-141-5 93980
값 23,000원